U0257950

GREEN BOOK

智 库 成 果 出 版 与 传 播 平 台

生态安全绿皮书

GREEN BOOK OF ECOLOGICAL SECURITY

中国林业和草原生态安全评价报告
（2022~2023）

REPORT ON THE EVALUATION OF FORESTRY AND GRASSLAND ECOLOGICAL
SECURITY IN CHINA (2022-2023)

顾　　问／刘东生　王前进　陆诗雷　戴广翠
　　　　　王永海　李　冰　王月华
主　　编／袁继明　张大红
副 主 编／菅宁红　吴柏海
执行主编／陈雅如

社会科学文献出版社
SOCIAL SCIENCES ACADEMIC PRESS（CHINA）

图书在版编目（CIP）数据

中国林业和草原生态安全评价报告.2022~2023 /
袁继明，张大红主编.--北京：社会科学文献出版社，
2023.12
（生态安全绿皮书）
ISBN 978-7-5228-2617-2

Ⅰ.①中… Ⅱ.①袁… ②张… Ⅲ.①林业-生态安
全-安全评价-研究报告-中国-2022-2023 ②草原-生态
安全-安全评价-研究报告-中国-2022-2023 Ⅳ.
①S718.5 ②S812

中国国家版本馆 CIP 数据核字（2023）第 193245 号

生态安全绿皮书
中国林业和草原生态安全评价报告（2022~2023）

主　　编 / 袁继明　张大红
副 主 编 / 菅宁红　吴柏海
执行主编 / 陈雅如

出 版 人 / 冀祥德
责任编辑 / 王　展
责任印制 / 王京美

出　　版 / 社会科学文献出版社·皮书出版分社（010）59367127
　　　　　　地址：北京市北三环中路甲 29 号院华龙大厦　邮编：100029
　　　　　　网址：www.ssap.com.cn
发　　行 / 社会科学文献出版社（010）59367028
印　　装 / 三河市东方印刷有限公司

规　　格 / 开　本：787mm×1092mm　1/16
　　　　　　印　张：18.75　字　数：276 千字
版　　次 / 2023 年 12 月第 1 版　2023 年 12 月第 1 次印刷
书　　号 / ISBN 978-7-5228-2617-2
定　　价 / 158.00 元

读者服务电话：4008918866

"生态安全绿皮书"为连续出版系列皮书。《中国林业和草原生态安全评价报告（2022~2023）》在国家林业和草原局规划财务司的支持和指导下，由国家林业和草原局发展研究中心、北京林业大学、中国农业大学、青岛农业大学等单位组织编撰并发布。

编委会

主要编撰者简介

刘东生 中国治沙暨沙业学会会长，自然资源智库指导委员会副主任委员，全国林业专业学位研究生教育指导委员会主任委员，林草碳汇研究院专家委员会副主任委员，中国人民政治协商会议第十三届全国委员会常务委员，国家林业和草原局原副局长，九三学社中央委员会农林委员会副主任，享受国务院政府特殊津贴专家，二级研究员，北京大学、北京林业大学、华南农业大学等高校兼职教授。长期从事林业经济、生态保护修复、重大生态工程管理、国有林场改革、集体林权制度改革、林草产业发展、有害生物防治、林草碳汇等方面的工作。近年来，参加或主持研究课题40多项，多次获得国家或省部级科技进步一、二、三等奖。

王前进 中国林业经济学会秘书长，原国家林业局发展计划与资金管理司巡视员。长期从事林业和草原发展战略、中长期规划、年度生产计划的制定与监督实施工作，牵头多项林业经济理论与实践、生态补偿等领域研究，促进了林业经济的学科建设。

陆诗雷 云南省林业和草原局林业双中心原主任，曾任国家林业和草原局规划财务司区域处处长，长期从事生态安全研究和管理工作，牵头开展了林草生态安全指数、构建生态安全评价指标体系、长江流域和黄河流域生态安全评价等重大课题。

戴广翠　国家林业和草原局国际合作司原副司长（正司局级），管理学博士，研究员，享受国务院政府特殊津贴。曾任国家林业和草原局经济发展研究中心副主任、党委书记，长期从事森林资源与环境经济政策、森林资源核算等领域研究。

王永海　国家林业和草原局科技发展中心（国家林业和草原局植物新品种保护办公室）主任、书记。曾任国家林业和草原局经济发展研究中心党委书记，从事林草维护生态安全和生物安全研究，目前负责林草转基因、新品种创制、外来物种等管理工作。

李　冰　国家林业和草原局林场种苗司司长、教授级高级工程师。曾任国家林业和草原局发展研究中心主任，从事林业草原、国家公园改革发展中的重大政策、重大改革、重大工程等研究，目前负责国有林场、林草种苗、森林公园和森林旅游等管理工作。

王月华　国家林业和草原局发展研究中心副主任，研究员。长期从事林业经济理论与政策、林业和草原重点工程社会经济效益监测等领域研究，主持或参与多项林业和草原重大改革方案、重要政策文件、中长期发展规划的制定与试点实施工作。

袁继明　国家林业和草原局发展研究中心主任、党委书记。从事林业和草原改革发展综合性政策研究，牵头林业和草原重大问题调研，主持自然保护地整合优化、濒危物种保护、湿地保护、生态保护修复、生态安全评估等多项重大政策的研究和制定工作。

张大红　博士，北京林业大学教授、博士生导师。主要从事农林经济管理、技术经济、生态经济研究与教学。近十几年来专注于生态评价、林草生态安全指数和生态环境承载力研究，带领团队在生态安全指数理论、指标、方法和实评上做了开创性工作。

　菅宁红　国家林业和草原局发展研究中心党委副书记、纪委书记。长期从事林草生态扶贫，脱贫攻坚一线干部思想动态，拓展脱贫攻坚成果与乡村振兴有效衔接，林业和草原支持乡村振兴发展战略、中长期规划等重大政策研究。

　吴柏海　国家林业和草原局发展研究中心副主任，教授级高级工程师。长期从事自然资源和环境管理、经济政策分析、马克思主义法学理论、生态安全理论与战略等领域研究，牵头承担多项国家级、省部级重大课题，获得福建省科技进步一等奖。

　陈雅如　国家林业和草原局发展研究中心生态安全研究室副处长，副研究员。主要从事生态文明建设理论与实践、生态安全评价预警与政策措施、林草应对气候变化、国家公园体制机制创新等领域研究。

前　言

　　改革开放以来，我国经济社会快速发展，但自然资源耗竭、环境污染、生态系统退化日趋严峻，生态安全问题已经成为关系民生福祉和民族兴亡的大事。党的十八大以来，以习近平同志为核心的党中央高度重视国家安全体系和能力现代化工作，指出要重视统筹发展与安全，强调要以新安全格局保障新发展格局。习近平总书记指出，既重视传统安全，又重视非传统安全，构建集政治安全、国土安全、军事安全、经济安全、文化安全、社会安全、科技安全、信息安全、生态安全、资源安全、核安全等于一体的国家安全体系。生态安全是国家安全的重要组成部分，是经济社会可持续发展的重要保障，是强国建设和民族复兴的生态根基。

　　"生态安全"的提出可追溯到 20 世纪后半叶，指"一个国家赖以生存和发展的生态环境处于不受或少受破坏与威胁的状态"，通常具有两重含义：一是指生态系统自身是否安全，即其自身结构是否受到破坏，功能是否健全；二是指生态系统对于人类是否安全，即生态系统所提供的服务是否能满足人类生存发展的需要。生态安全与政治安全、军事安全和经济安全一样，都是事关大局、对国家安全具有重大影响的安全领域。生态安全是其他安全的载体和基础，同时又受到其他安全的影响和制约。当一个国家或地区所处的自然生态环境状况能够维系其经济社会的可持续发展时，它的生态就是安全的；反之"覆巢之下无完卵"，生态环境一旦遭到严重破坏，生态不再安全，必然影响社会稳定，危及国家安全。

　　生态安全首先指生态系统的安全，包括森林、草原、荒漠、湿地、海洋等；其次是指人工生态系统的安全，包括城乡、经济、社会的安全。森林、草原、湿地、荒漠等生态系统作为生态安全的重要载体，对维护生态平衡和生物多样性具有至关重要的作用。基于对当前生态安全问题的深刻认识和对未来生态安全发展的长远考虑，2013年由国家林业和草原局规划财务司牵头并指导，召集国家林业和草原局发展研究中心、北京林业大学、中国农业大学等科研机构开启了一系列林草生态安全研究工作。在研究过程中，研究人员积极借鉴国内外先进经验，运用多种科学方法和手段，不断完善和深化研究内容，通过深入调查和数据分析，逐步揭示了我国生态安全的现状和面临的挑战，并提出了切实可行的政策建议和措施。

在理论研究层面，遵照"一建三试一推"的思路层层推进，在充分借鉴国内外相关研究成果的基础上，创新性地提出林草生态安全的内涵，包括生态系统状态、其承受的压力、地区差异三个核心内容。基于状态—压力框架模型，以森林、草原、湿地、荒漠、雪域五大生态系统指标体系为主体指标，以类型指标、时空指标及解析指标为辅助指标，构建了生态安全指标体系。设计并研发了生态安全评价技术支撑平台，包括数据模块、计算模块、表达模块三部分，实现生态安全基础数据的统一收集、标准化计算、动态表达、人机交互。

在实证研究层面，首次选取长江流域、黄河流域、青藏高原和粤港澳大湾区等生态安全重要区域为研究对象，分别开展生态安全评价。在实地调研、问卷调查和专家评分的基础上，收集整理了大量数据资料，构建了具有针对性的各区域生态安全评价指标体系，并对生态安全指数进行五个安全等级的阈值界定，从全流域、支流流域、省域、重点区域、典型县域等不同空间维度对生态安全指数进行定量分析和评价。

生态安全研究的系列成果得到了各级林业和草原主管部门、中国林学会、北京林业大学等政府部门、科研院所的高度评价和认可，部分成果已经取得了较好的经济和社会效益。不仅为制定林草生态保护政策和区域经济发展政策提供了科学的决策依据，同时也为社会各界关注的生态环境污染治理、生态保护修复等问题提供了参考和借鉴，为推动生态文明建设和可持续发展注入了强大动力。

　　今年 5 月 30 日，习近平总书记在二十届中央国家安全委员会第一次会议上强调，要全面贯彻党的二十大精神，深刻认识国家安全面临的复杂严峻形势，正确把握重大国家安全问题，加快推进国家安全体系和能力现代化，以新安全格局保障新发展格局，努力开创国家安全工作新局面。目前，林业和草原领域的国家生态安全研究已经取得了一些成果，但是离立足世界百年未有之大变局和实现中华民族伟大复兴的战略全局，坚持并不断发展总体国家安全观，加快推进国家生态安全体系建设，还有一定的差距。因此，要坚持底线思维和极限思维，更加注重协同高效、有机衔接、联动集成，不断加强生态安全理论与战略、评价与预警、政策与措施等重大问题研究，为筑牢祖国生态安全屏障做出更大贡献。

编著者

2023 年 10 月

摘　要

生态兴则文明兴、生态衰则文明衰。纵观世界发展史，保护生态环境就是保护生产力，改善生态环境就是发展生产力。生态安全是国家安全的重要组成部分，是人类生存发展的基本条件。生态问题不仅关系到人民群众的日常生活和身体健康，更直接关系到国家经济发展和长治久安，事关国家兴衰和民族存亡。

习近平总书记强调："森林和草原对国家生态安全具有基础性、战略性作用；森林是水库、钱库、粮库、碳库；国家公园是我国自然生态系统最重要、自然景观最独特、自然遗产最精华、生物多样性最富集的区域，是美丽中国的重要象征，在维护国家生态安全中居于首要地位。"保障林草生态安全具有重要战略意义，对生态安全具有基础性、战略性作用，对保护生物多样性具有决定性作用，对应对气候变化具有特殊作用，对区域发展战略具有支撑作用。林草领域生态安全包含森林、草原、湿地、荒漠四个生态系统，野生动植物生物多样性，以及以国家公园为主体的自然保护地，这一"4+1+1"体系，是本书的研究范围。

本书总报告阐述了总体国家安全观以及国家生态安全的内涵，系统阐释了保障林草生态安全的战略意义，总结归纳了党的十八大以来保障国家生态安全的实践与探索，并提出对策建议，旨在为推动实现人与自然和谐共生的中国式现代化做出更大贡献。

方法篇阐述了生态安全相关理论，包括生态安全内涵、生态安全基础理论、生态安全评价基础框架、生态安全评价主要方法。基于状态—压力框架

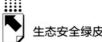

模型，以森林、草原、湿地、荒漠、雪域五大生态生态系统指标体系为主体指标，以类型指标、时空指标及解析指标为辅助指标构建生态安全指标体系。运用双权法确定指标权重，运用极差法进行指标归一化处理，以综合指数法构建生态安全指数，并将生态安全指数分为五级。此外，设计并研发了生态安全评价技术支撑平台，包括数据模块、计算模块、表达模块三部分，实现生态安全基础数据的统一搜集，对全国区县级数据运用专家咨询法、熵权法、双权法计算权重，完成生态安全指数计算，初步分析影响某一区域生态安全状况格局的主要因素，通过对外交互功能将评价结果进行可视化呈现。

区域篇以生态安全重要区域——长江流域、黄河流域、青藏高原和粤港澳大湾区为研究范围，分别开展生态安全评价。①长江流域森林生态状况处于较安全状态，草原生态状况与湿地生态状况处于临界安全状态，荒漠生态状况处于较安全状态。长江流域全流域应共抓大保护、不搞大开发，长江上游以预防保护为主、中游以保护恢复为主、下游以治理修复为主。②黄河流域上游处于较不安全状态，中、下游介于较不安全状态和安全状态之间。黄河流域森林与草原生态安全状况均处于临界安全状态，湿地处于较不安全状态，荒漠处于较安全状态。黄河上游重在治理，不断提升水源涵养能力；黄河中游重在保护，不断增强水土保持能力；黄河下游重在防险，不断完善水沙调控体系。③青藏高原应建立以自然为主体的生态系统免疫机制，强化森林综合保护与科学管理，合理规划草原利用方式，强调湿地创新保护与利用，运用现代化技术开展冰川监测与集成研究，因地制宜开展荒漠防治；实施政府、企业、公众多主体参与策略；搭建数据完整的、系统动态的、科学现代的生态安全大数据平台。④本报告以粤港澳大湾区内地九市为研究对象，构建生态环境与经济发展系统评价指标体系及模型，运用耦合度模型定量分析2010~2018年两个系统耦合关系的时空演变规律。结果表明9个城市生态环境与经济发展耦合度和耦合协调度均存在较大差异性，协调经济发展与生态环境保护的关系是粤港澳大湾区未来发展中需要重点关注的问题。

范例篇从生态保护修复扎牢生态根基、建立国家公园推进美丽中国建设、持续深化改革赋能绿色发展、生态美百姓富诠释"两山"理论4个方面总结归纳了24个具有创新价值、地方特色、群众认可度高、示范效应强的典型案例，生动展示了林业和草原领域维护国家生态安全的智慧和贡献。

关键词：　生态安全　林业草原　生态文明

目 录 ↰

Ⅰ 总报告

Ⅱ 方法篇

Ⅲ 区域篇

Ⅳ 范例篇

皮书数据库阅读**使用指南**

总 报 告

General Report

G.1

中国林业和草原生态安全评价

陈雅如 余琦殷 张欣晔 张灵曼*

摘 要： 生态安全是国家安全的重要组成部分，是人类生存发展的基本条件，是国泰民安的坚固基石，是经济社会可持续发展的重要保障。本文系统阐释了总体国家安全观以及国家生态安全的内涵，阐述了保障林草生态安全的战略意义，总结归纳了党的十八大以来保障国家生态安全的实践与探索，最后从提升生态系统多样性、稳定性、持续性，加强立法与监管，强化科技支撑，提高全社会意识，开展国际交流与合作五个方面提出对策建议，旨在为推动实现人与自然和谐共生的中国式现代化做出更大贡献。

---

* 陈雅如，博士，国家林业和草原局发展研究中心副研究员，研究方向为生态文明建设理论与实践、林草应对气候变化、国家公园体制机制创新等；余琦殷，国家林业和草原局发展研究中心工程师，研究方向为生态安全；张欣晔，国家林业和草原局发展研究中心工程师，研究方向为自然资源管理、资源核算和生态保护修复政策；张灵曼，国家林业和草原局发展研究中心助理工程师，研究方向为农林经济管理、农村区域发展等。

关键词： 国家总体安全观　生态安全　林业和草原　国家公园　野生动植物

一　总体国家安全观和保障国家生态安全

（一）总体国家安全观的战略意义

随着全球政治、经济、科技和军事的发展，尤其是信息技术的迅猛发展，国际安全形势复杂多变，新型安全威胁不断涌现。传统安全威胁和非传统安全威胁相互交织，国家安全面临空前压力。为应对这一形势，党的十八大以来，党对国家安全的认识进一步深化。2014 年 4 月 15 日，习近平总书记在中央国家安全委员会第一次会议上提出，要准确把握国家安全形势变化新特点新趋势，坚持总体国家安全观，走出一条中国特色国家安全道路。总体国家安全观是以习近平同志为核心的党中央对国家安全理论和实践的重大创新，是新形势下指导国家安全工作的强大思想武器，体现了我们党奋力开创国家安全工作新局面的战略智慧和使命担当。

总体国家安全观对我国国家安全具有强大的现实意义和指导作用。一是提供了科学的分析框架。总体国家安全观为全面、准确判断国内外安全环境提供了科学的分析框架，有利于对安全问题形成客观、全面、深入的认识。二是确立了战略目标和任务。总体国家安全观为开展国家安全工作提供了明确的战略目标和任务，确保国家安全战略方针政策的科学性、有效性。三是明确了国家安全责任主体和机制。总体国家安全观为构建现代国家安全制度体系奠定了基础，强调在全党全国范围内提高安全意识，明确党的领导地位和领导责任体系。四是有利于全面推进国家安全战略布局。总体国家安全观提供了保障国家安全的战略思考和战略指导，有利于全面推进国家安全战略布局，确保国家利益的有效维护。

（二）总体国家安全观的内涵与要求

总体国家安全观这一科学体系强调大安全理念，既包括政治、国土、军事等传统安全，也包括经济、文化、社会、网络、生态等非传统安全；既包括当下的安全领域，也包括太空、深海、极地、生物等新型领域；既包括物的安全，也包括人的安全。总体国家安全观对国家安全的内涵和外延的概括，可归纳为五大要素和五对关系。五大要素，就是以人民安全为宗旨，以政治安全为根本，以经济安全为基础，以军事、文化、社会安全为保障，以促进国际安全为依托。五对关系，就是既重视外部安全，又重视内部安全；既重视国土安全，又重视国民安全；既重视传统安全，又重视非传统安全；既重视发展问题，又重视安全问题；既重视自身安全，又重视共同安全。

运用总体国家安全观指导实践，核心在于全面把握国家安全的内外要素和各领域的安全问题，系统谋划和组织国家安全工作。第一，认识国家安全的多维性，强调要从政治安全、经济安全、军事安全、社会安全、信息安全、生态安全、文化安全等多个层面确保国家安全。第二，认识国家安全的综合性，强调要在国内与国际两个层面综合施策。第三，认识国家安全的主体性，强调国家安全的实现离不开国家主体的行动和积极参与。第四，认识国家安全的预警性，强调要提高识别和应对各类安全风险的能力。第五，认识国家安全的共享性，强调国家安全工作要坚持国家利益与人民利益的统一，实现国家安全与人民安全的共享。

总体国家安全观，明确坚持维护各领域国家安全，构建国家安全体系，走中国特色国家安全道路，其中生态安全占据至关重要的地位，对国家安全战略的制定和实施具有举足轻重的作用。我国是一个领土、人口大国，随着经济社会的快速发展，资源约束趋紧，环境污染严重，生态系统退化，生态问题日益成为经济社会可持续发展中的焦点问题。维护生态安全直接关系人民群众福祉、经济可持续发展和社会长久稳定，生态安全成为国家安全体系的重要组成部分和基石。

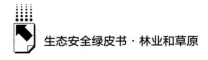

（三）生态安全是保障国家安全的重要组成部分

习近平总书记指出："生态兴则文明兴、生态衰则文明衰。"纵观世界发展史，保护生态环境就是保护生产力，改善生态环境就是发展生产力。生态安全是国家安全的重要组成部分，是人类生存发展的基本条件。生态问题不仅关系到人民群众的日常生活和身体健康，更直接关系到国家经济发展和长治久安，事关国家兴衰和民族存亡。

国家生态安全内涵是指一国具有较为稳定的、完整的、不受或少受威胁的、能够支撑国家生存发展的生态系统；其外延是指维护这一系统的能力，以及应对周边区域性和全球性生态问题的能力。2015 年，我国颁布实施《中华人民共和国国家安全法》，将生态安全作为维护国家安全的重要任务之一，明确提出"国家完善生态环境保护制度体系，加大生态建设和环境保护力度，划定生态保护红线，强化生态风险的预警和防控，妥善处置突发环境事件，保障人民赖以生存发展的大气、水、土壤等自然环境和条件不受威胁和破坏，促进人与自然和谐发展"。

维护生态安全与加强生态文明建设是一脉相承的。维护生态安全是加强生态文明建设的题中应有之义，是生态文明建设必须达到的基本目标，是我们必须守住的基本底线，是践行创新、协调、绿色、开放、共享的新发展理念的必然要求。党的十八大以来，在以习近平同志为核心的党中央坚强领导下，各地区、各部门认真学习贯彻落实总体国家安全观和习近平生态文明思想，持续推进生态文明建设，不断完善维护国家生态安全体制机制，坚持不懈推动绿色低碳发展，深入打好污染防治攻坚战，不断提升生态系统质量和稳定性，提高生态环境领域国家治理体系和治理能力现代化水平，积极推动全球生态文明建设。

二　保障林草生态安全的战略意义

林草领域生态安全包含森林、草原、湿地、荒漠四个生态系统，野生动植物生物多样性，以及以国家公园为主体的自然保护地。森林、草原、湿地、荒漠和以国家公园为主体的自然保护地在保障国家生态安全战略目标中具有重要作用。

（一）对生态安全具有基础性、战略性作用

森林是陆地生态系统的主体，是自然生态系统的顶层，是人类生存的根基，对国家生态安全具有基础性、战略性作用。草原素有"地球皮肤"之称，不仅是防风固沙的重要生态屏障，还有涵养水源、保持水土、净化空气和维护生物多样性等多重功能。湿地具有涵养水源、净化水质、防洪抗旱、调节气候、控制污染、控制土壤侵蚀、维系生物多样性、美化环境等多种生态功能，被誉为"地球之肾"。健康稳定的湿地生态系统是生态安全体系的重要组成部分。荒漠是重要的自然生态系统，是荒漠地区人类社会发展的基本自然保障，它的恶化直接影响经济社会发展和人民群众生存生活条件[①]。我国拥有 28412.59 万公顷（42.62 亿亩）林地、26453.01万公顷（39.68 亿亩）草地和 5635 万公顷（8.45 亿亩）湿地，约占我国陆地面积的 60%。截至 2014 年，我国共有荒漠化土地 261.16 万平方公里、沙化土地 172.12 万平方公里。森林、草原、湿地和荒漠生态系统的健康和稳定是维护我国生态安全的基石，是构建我国生态安全格局的骨架支撑。

（二）对保护生物多样性具有决定性作用

国家公园是我国自然生态系统最重要、自然景观最独特、自然遗产最精华、生物多样性最富集的区域，是美丽中国的重要象征，在维护国家生态安全中居于首要地位。党的十八届三中全会以来，习近平总书记亲自谋划、亲自部署、亲自推动国家公园工作。通过总体规划、空间布局、体制机制创新

---

① 陈雅如：《充分发挥森林和草原的基础性、战略性作用筑牢祖国生态安全屏障》，《绿色中国》2022 年第 8 期，第 8~13 页。

等顶层设计逐步构建起国家公园体制的"四梁八柱"。2021年，我国正式设立三江源、大熊猫、东北虎豹、海南热带雨林、武夷山等第一批国家公园，保护面积达23万平方公里。我国还有2676个自然保护区、6514个自然公园，各级各类自然保护地约覆盖我国陆地面积的18%，有效保护了90%的典型陆地生态系统类型、85%的野生动物种群和65%的高等植物群落。此外，森林草原火灾、林草有害生物入侵等灾害严重威胁我国生态安全，对人民生命财产和公共安全产生极大危害。2021年，全国森林火灾次数、受害森林面积、因灾伤亡人数同比分别下降47%、50%、32%，受害草原面积同比下降62%。我国针对美国白蛾、红火蚁等外来物种实行重点区域重点防控，全国林业、草原有害生物防治面积分别达1000万公顷、1373万公顷。

（三）对应对气候变化具有特殊作用

森林通过光合作用吸收二氧化碳释放氧气，被联合国认为是最有效的生物固碳方式。据测算，每1立方米森林蓄积量，平均吸收1.83吨二氧化碳，放出1.62吨氧气。同时，森林是陆地生态系统最大的碳库，湿地被誉为重要的"吸碳器"，草原土壤的固碳能力也不容忽视。只要不腐烂、不燃烧，木质类林产品中的碳就会长期固存下去。实现"双碳"战略目标，是我国实现可持续发展、高质量发展的内在要求。我国把增加林草碳汇作为应对气候变化国家自主贡献目标之一，习近平总书记庄严承诺2030年森林蓄积量将比2005年增加60亿立方米。造林绿化、森林可持续经营以及林业生态保护修复等均可增加森林碳汇，抵消温室气体排放。2020年，全国林草碳汇量达12.62亿吨，约占当年碳排放总量的12.75%（根据《世界能源统计年鉴》，2020年我国碳排放总量达98.99亿吨）。森林和草原不仅可以减缓气候变化，还能起到适应气候变化的作用。林草生态系统能调节气候、涵养水源、保持水土和维护生物多样性，有利于增强环境稳定性，提高生态环境对气候变化的适应能力。

（四）对区域发展战略具有支撑作用

我国重要生态系统保护和修复重大工程规划以国家生态安全战略格局为基础，统筹考虑生态系统的完整性、地理单元的连续性和经济社会发展的可持续性，以国土空间规划确定的国家重点生态功能区、生态保护红线、国家级自然保护地等为重点，充分发挥京津冀协同发展、长江经济带发展、粤港澳大湾区建设、海南全面深化改革开放、长三角一体化发展、黄河流域生态保护和高质量发展等国家重大战略的生态支撑作用。深入贯彻落实"生态优先、绿色发展"的区域发展战略，例如长江经济带发展"共抓大保护，不搞大开发"、黄河流域生态保护和高质量发展"共同抓好大保护，协同推进大治理"等赋予了林草生态建设新使命。2016~2020 年，长江经济带累计造林 2.15 亿亩、森林抚育 2.13 亿亩，实现林业产业总产值 18.00 万亿元；黄河流域累计造林 2.07 亿亩、森林抚育 1.42 亿亩，实现林业产业总产值 7.67 万亿元。京津冀协同发展、粤港澳大湾区建设、长三角生态绿色一体化发展，三大城市群通过统一生态环境管理构架，推动生态环境持续改善，促进了一体化示范区经济社会生态绿色高质量发展。

三　保障林草生态安全的实践与探索

党的十八大以来，以习近平同志为核心的党中央站在中华民族永续发展、实现人类福祉的战略高度，提出林草兴则生态兴，森林是水库、钱库、粮库、碳库，山水林田湖草沙一体化保护和系统修复，"绿水青山就是金山银山"等重要战略思想，部署了建立国家公园体制、全面保护和修复森林草原湿地荒漠等自然生态系统、全面禁止非法野生动物交易、革除滥食野生动物陋习、碳达峰碳中和等重大战略决策，有效保障了国家生态安全，推动了绿色发展，增进了人类福祉。

（一）深入开展大规模国土绿化

绿色是大自然的底色，也是美丽中国的主基调。习近平总书记连续十年参加首都义务植树，对国土绿化工作做出指示："我国总体上仍然是一个缺林少绿、生态脆弱的国家，植树造林，改善生态，任重而道远。"[1] 要增加森林面积、提高森林质量，提升生态系统碳汇增量，为实现我国碳达峰碳中和目标、维护全球生态安全做出更大贡献。生态系统保护和修复、生态环境根本改善不可能一蹴而就，仍然需要付出长期艰苦努力，必须锲而不舍、驰而不息。

一是统筹推进山水林田湖草沙一体化保护和系统治理，森林面积和蓄积量持续保持双增长。坚持大工程带动大发展，深入实施全国重要生态系统保护和修复、天然林保护、退耕还林还草、三北防护林、长江防护林等重大生态工程，坚定不移走生态优先、绿色发展之路，统筹推进山水林田湖草沙一体化保护和系统治理，科学开展国土绿化，提升林草资源总量和质量。十年完成造林 9.6 亿亩、森林抚育 12.4 亿亩。全国森林面积和蓄积量持续保持双增长，森林面积由 31.2 亿亩增加到 34.6 亿亩，森林覆盖率由 21.63% 提高到 24.02%，森林蓄积量从 151.37 亿立方米增加到 194.93 亿立方米。森林植被生物量达 218.86 亿吨。林草植被总碳储量达到 114.43 亿吨，年碳汇量达 12.8 亿吨。我国开展大规模国土绿化，为全球贡献了约 1/4 的新增绿化面积，人工林保存面积达到 13.14 亿亩，居世界首位，成为全球森林资源增长最快最多的国家。2012 年以来，北京市实施了两轮百万亩造林工程，增加绿化面积 228 万亩，森林覆盖率明显提高，北京的绿色更加浓郁、景色更加优美，广大市民推窗见绿、出门进园[2]。

二是草原生态保护修复扎实推进，草原生态功能和生产力进一步提升。2018 年机构改革后，针对草原生态保护的短板，精心组织实施退牧还草、退耕还草、京津风沙源治理、退化草原修复等生态保护修复工程项目，持续

---

[1] 《为子孙后代留下美丽家园——习近平总书记关心推动国土绿化纪实》，新华社，2022 年 3 月 29 日。

[2] 黄俊毅：《厚植美丽中国绿色本底》，《绿色中国》2022 年第 19 期，第 3 页。

推进草原禁牧和草畜平衡，累计落实中央资金 2100 多亿元，完成种草改良 5.14 亿亩，草原综合植被盖度提高到 50.32%，重点天然草原牲畜超载率从 28% 下降到 10.1%，划定基本草原面积 37 亿亩，有效促进了 38.1 亿亩草原恢复，草原鲜草产量达 5.9 亿吨，比 2012 年增长了 6%，草原生态功能和生产能力不断提升。创新开展 39 处草原自然公园及国有草场建设试点，草原保护利用的新模式初步建立。

三是荒漠化和沙化土地面积持续双缩减，贡献了引领全球防沙治沙的"中国方案"。严格保护沙区生态，实施了京津风沙源治理二期、石漠化综合治理等重点工程项目，累计完成防沙治沙 3.05 亿亩、石漠化治理 5385 万亩，沙化土地封禁保护面积达到 2658 万亩，创建了 41 个全国防沙治沙综合示范区、128 个国家沙漠（石漠）公园。经过不懈努力，实现了从"沙进人退"到"绿进沙退"的历史性转变。全国荒漠化和沙化土地面积分别较 2009 年减少 7500 万亩和 6495 万亩，荒漠化土地面积由 20 世纪末年均扩展 1.04 万平方公里，转变为目前年均缩减 2424 平方公里；沙化土地面积由 20 世纪末年均扩展 3436 平方公里，转变为目前年均缩减 1980 平方公里。沙区植被平均盖度较 2009 年增加 2.59 个百分点，"十三五"期间沙尘天气较"十一五"期间减少 29%。毛乌素、浑善达克、科尔沁三大沙地和库布齐沙漠均实现了从"沙进人退"到"绿进沙退"的历史性转变[①]。我国与《联合国防治荒漠化公约》秘书处在宁夏共建全球首个国际荒漠化防治知识管理中心，《联合国防治荒漠化公约》秘书处称赞："世界荒漠化防治看中国。"我国的成功实践，形成了可复制、可推广、可持续的治沙模式，为世界医治"地球癌症"开出了"中国药方"。

四是湿地保护修复全面推进，湿地保护管理体系基本建成。实行湿地面积总量控制，把重要湿地纳入生态保护红线，国土"三调"将湿地列为一级地类，实施湿地保护修复项目 3400 多个，新增和修复湿地 1200 多万亩，湿地面积达到 8.5 亿亩左右。指定了 82 处国际重要湿地，设立了 901 处国

---

① 卢燕：《非凡十年　林草建设的完美答卷》，《绿色中国》2022 年第 19 期，第 22~35 页。

家湿地公园，湿地保护率超过46%。13个城市获得"国际湿地城市"称号。每年开展的国际重要湿地生态状况监测表明，我国湿地生态状况明显改善，生态功能有效发挥，总体呈向好趋势。杭州西溪、大理洱海、东营黄河口、盘锦辽河口等大美湿地成为亮丽的生态名片。

五是全民义务植树活动持续深入开展，科学绿化迈出重要步伐。习近平总书记身体力行、率先垂范，各地各部门带头履"植"尽责，植纪念树、种纪念林蔚然成风。各级绿化委员会和林草系统加强宣传发动，创新工作机制，将义务植树尽责形式拓展为造林绿化、抚育管护、认种认养、捐资捐物等八大类，在15个省份开展"互联网+全民义务植树"试点，建立一批"互联网+全民义务植树"基地，打通了义务植树尽责"最后一公里"，让"云端植树""码上尽责"成为现实，全民义务植树进入线上线下融合发展新阶段。10年来全国适龄公民55.03亿人次参加义务植树，植树216.86亿株（含折算），尊重自然、爱护自然的理念厚植人心，生态文明理念得到社会各界广泛认同。认真贯彻科学生态节俭绿化理念，坚持规划引领、因地制宜、精细管理，统筹山水林田湖草沙系统治理，以水而定、量水而行，宜林则林、宜草则草、宜荒则荒，开展40个国土绿化试点示范项目建设，启动山东、辽宁、宁夏、河南、重庆等5个科学绿化试点示范省份建设①。

（二）加快构建以国家公园为主体的自然保护地体系

自然保护地是生态建设的核心载体、中华民族的宝贵财富、美丽中国的重要象征，在维护国家生态安全中居于首要地位。党的十八大以来，以习近平同志为核心的党中央站在实现中华民族永续发展的战略高度，做出一系列重大战略部署，采取一系列重大举措，推进建立国家公园体制，加快建立以国家公园为主体的自然保护地体系，切实加大自然生态保护力度。

一是国家公园体制试点任务顺利完成，第一批国家公园正式设立。2015年以来，陆续启动三江源、东北虎豹、大熊猫、祁连山、海南热带

---

① 黄俊毅：《我国国土绿化创造发展奇迹》，《绿色中国》2022年第11期，第8~11页。

雨林、武夷山、神农架、香格里拉普达措、钱江源和南山等 10 个国家公园体制试点。在建立管理体制、探索运行机制、严格保护生态、推动社区融合发展、凝聚国家公园共识等方面取得明显成效。扎实推进试点区内矿业权、小水电、永久基本农田、人工商品林分类处置，稳妥开展生态移民搬迁，探索自然资源统一确权，加强生态修复和资源管护，基本形成国家公园制度体系和管理体制，为全面建设国家公园奠定了坚实基础。2021年 10 月 12 日，习近平主席在《生物多样性公约》第十五次缔约方大会领导人峰会上宣布，我国正式设立三江源、大熊猫、东北虎豹、海南热带雨林、武夷山等第一批国家公园。国务院已批准 5 个国家公园设立方案，范围涉及青海、四川、吉林、海南、福建等 10 个省份，保护面积达 23 万平方公里，涵盖近 30%的陆域国家重点保护野生动植物种类。第一批国家公园的设立，标志着国家公园这项重大制度创新落地生根，国家公园建设迈入新阶段。

二是国家公园制度体系和空间布局逐渐完善，全世界最大的国家公园体系加快构建。我国出台了《建立国家公园体制总体方案》《关于建立以国家公园为主体的自然保护地体系的指导意见》等文件，构建起以国家公园为主体的自然保护地体系的"四梁八柱"，推动国家公园在理论创新、体制改革、生态保护等方面取得重大突破。《国家公园空间布局方案》依据全国自然生态地理格局和生态特征，科学规划国家公园空间布局。优先考虑在青藏高原、黄河流域、长江流域等生态区位重要、生态功能良好的区域建设一批国家公园，逐步把我国自然生态系统最重要、自然景观最独特、自然遗产最精华、生物多样性最富集的区域严格保护起来。发布了国家公园标识，建立了国家级自然保护地专家评审委员会，成立了国家公园和自然保护地标准化技术委员会，制定了自然保护地分级分类标准、国家级自然公园评审规则。国家标准化委员会发布了国家公园设立、规划技术、考核评价、监测及自然保护地勘界立标等 5 项国家标准。国家林草局与中科院共建国家公园研究院，指导推动地方和高校建立了一批国家公园研究平台，设立了海南长臂猿、藏羚羊、东北虎豹、亚洲象、穿山甲等研究中心。

三是统筹就地保护与迁地保护，启动国家植物园体系建设。2021年10月，习近平总书记宣布，本着统筹就地保护与迁地保护相结合的原则，启动国家植物园体系建设。2022年4月，国家植物园在北京正式挂牌运行；2022年7月，华南国家植物园在广州正式挂牌。国家植物园体系将与以国家公园为主体的就地保护体系有机衔接、相互补充，有效实现中国植物多样性保护全覆盖和可持续发展利用。

四是开展自然保护地整合优化，搭建统一规范高效的管理体制。针对自然保护地多头管理、交叉重叠和碎片化孤岛化等问题，开展了全国自然保护地整合优化工作，建立部际联合审查和反馈工作机制。打破行政区划、资源分类的限制，开展自然保护地调查与评估、历史遗留问题与矛盾冲突调处，整合交叉重叠的自然保护地，归并优化相邻自然保护地，实行重组定位、统一设置、分级管理，促进实现自然生态系统完整、物种栖息地连通、保护管理统一的目标。经整合优化后，自然保护地布局更加合理，全国各类自然保护地面积约占陆域国土面积的17%以上，初步形成了以国家公园为主体、自然保护区为基础、各类自然公园为补充的自然保护地体系。

（三）不断加强生物多样性保护

野生动植物是地球上所有生命和自然生态体系的重要组成部分，它们的生存状况同人类可持续发展息息相关；中国人民自古崇尚自然、热爱植物，中华文明饱含着博大精深的植物文化。中国不断加大野生动植物保护力度，坚决打击野生动植物非法交易，落实禁食野生动物管理要求，生物多样性更加丰富。

一是全面加强珍稀濒危野生动植物及其栖息地拯救保护，种群数量稳中有升。系统实施濒危物种拯救工程，采取就地保护、迁地保护、回归自然、人工繁育等措施，实现大量珍稀濒危野生动植物种群恢复性增长，野生动物栖息地空间不断拓展。大熊猫野外种群增至1864只，朱鹮野外种群和人工繁育种群总数超过 7000 只，亚洲象野外种群增至 300 头，藏羚野外种群恢复到 30 万只以上，海南长臂猿野外种群数量从 40 年前的仅存两群不足 10 只增长到五群 36 只。百山祖冷杉成功培育子代 4000 多株，漾濞槭已超过万株，白旗兜兰通过野外放归有 200 余株已成活并开花。在我国野外曾一度消失的普氏野马、麋鹿等极度濒危野生动物和华盖木、峨眉含笑等极小种群野生植物重新建立了野外种群，且生存区域不断扩大。曾经野外消失的麋鹿在北京南海子、江苏大丰、湖北石首、湖南洞庭湖分别建立了四大种群保护基地，总数已突破 8000 只。成功实施了大熊猫、朱鹮、林麝、黑叶猴、扬子鳄、普氏野马及崖柏、苏铁、兰科植物野化放归。第二次全国重点保护野生动植物资源调查结果表明，全国珍稀濒危野生动植物种群数量总体稳中有升，65% 的高等植物群落、74% 的重点保护野生动植物物种得到有效保护。

二是持续深入开展制度建设和执法打击，全面禁止野生动植物非法交易。野生动物保护制度体系更加健全，修订《野生动物保护法》；调整发布了《国家重点保护野生动物名录》和《国家重点保护野生植物名录》，制定并实施相关配套管理制度。建立了打击野生动植物非法贸易部际联席会议制度，联合开展"清风"等专项行动，严厉打击乱采滥挖野生植物、网上非法交易野生动植物及其制品、破坏野生植物生长环境和违法经营利用野生植物行为，全面禁止象牙、犀牛角、虎骨及其制品贸易，高压态势基本形成。

三是贯彻落实全国人大常委会决定精神，坚决革除滥食野生动物陋习。全力抓好野生动物禁食后续工作，禁食野生动物处置率和补偿资金到位率均达到 100%，维护了养殖户和群众的利益，维护了社会稳定。举一反三，从源头上加快构建野生动物疫源疫病主动预警监测体系，建成以 742 处国家级监测站为主体、一大批省（市、县）级监测站为补充的野生动物疫源疫病监测防控网络，启用陆生野生动物疫源疫病监测防控信息管理系统，确保生物安全风险隐患早发现、早报告、早处置。

四是森林草原火灾、林草有害生物入侵等有效防控，灾害处置能力不断增强。坚持防灭火一体化，不断完善森林草原火灾预防、扑救、保障体系。开展包片蹲点，加强火源管理、防火巡护、监测预警、检查指导、宣传教育和防火基础设施建设，组织实施一批防火项目。全国重点区域火情瞭望覆盖率达到85.6%，通信覆盖率达到80.8%。开展火险隐患排查整治和查处违规用火行为专项行动，深入推进森林火灾风险普查和重点防火项目建设。开展森林雷击火防控技术攻关，在大兴安岭林区建成全覆盖的闪电定位探测网，定位监测雷电的频次、强度和位置，以便及时发现、及早处置雷击火。严格执行"有火必报"、卫星监测热点核查"零报告"等制度，森林、草原火灾受害率分别稳定在0.9‰和3‰以下，远低于世界平均水平。此外，实施松材线虫病防治五年攻坚行动计划，建立13个部门防控协作机制，对黄山、秦岭等重点区域实行联防联控，推行包片蹲点机制，实现松林小班精准化防治管理；开展松材线虫病防治"揭榜挂帅"科研攻关，松材线虫病疫情扩散趋势有所放缓，2021年发生面积、病死树数量同比分别下降5.12%、27.69%。重庆市、山东省松材线虫病疫情得到有效控制，黄山景区生态安全得到有效保护，泰山景区连续2年无疫情，威海市大发生态势得到扭转。针对美国白蛾、红火蚁等外来物种，实行关键区域重点防控，成功处置了2021年秋季美国白蛾局部成灾扰民事件。2021年全国林业、草原有害生物防治面积分别达1.51亿亩、2.06亿亩。

（四）认真践行"两山"理论，实现生态美百姓富

习近平总书记深刻指出，绿水青山就是金山银山，良好生态环境是最普惠的民生福祉；要提供更多优质生态产品，不断满足人民日益增长的优美生态环境需要。坚持生态优先、绿色发展，坚持生态为民、科学利用，充分发挥林草资源优势，协调推进林草资源保护与利用，守护绿水青山，做大金山银山，为决战决胜脱贫攻坚和全面建成小康社会做出了重要贡献。

一是生态扶贫为打赢脱贫攻坚战做出重要贡献，绿色富民成效显著。

将生态扶贫作为一项重要的政治任务，推动建立了中央统筹、行业主推、地方主抓的生态扶贫格局，通过生态补偿、国土绿化等重点生态工程、生态产业、生态公益岗位等扶贫方式，全面完成生态扶贫各项目标任务，为打赢脱贫攻坚战贡献了"林草力量"，实现了生态保护与精准扶贫"双赢"。其中，选聘建档立卡贫困人口生态护林员110.2万名，带动300多万贫困人口脱贫增收，新增林草资源管护面积近9亿亩；重点生态工程项目任务和资金安排向贫困地区倾斜，593个脱贫县实施退耕还林还草5852万亩，促进200多万建档立卡贫困户、近千万贫困人口脱贫致富；支持贫困地区组建扶贫造林（种草）专业合作社（队）2.3万个，吸纳160多万名建档立卡贫困人口参与生态工程建设，年人均增收3000多元；大力支持贫困地区发展油茶等木本油料、生态旅游和森林康养、林下经济、竹藤、种苗花卉等生态产业，通过分红、劳务等方式，带动1600多万贫困人口脱贫增收。贵州荔波县、独山县，广西罗城县、龙胜县等4个国家林草局定点扶贫县如期摘帽，5.98万户22.09万名建档立卡贫困人口全部脱贫。

二是持续做大做强林草产业，全力促进经济社会发展和维护粮油安全。林草产业规模不断扩大，较2012年增长超过1倍，培育了经济林、木竹材加工、生态旅游等三个年产值超过万亿元的支柱产业，林产品生产、贸易规模居世界第一，林产品对外贸易额达到1600亿美元，林产品进出口总值达到1876.6亿美元，较2012年增长48.2%。产业结构不断优化，三次产业的产值结构由2012年的35∶53∶12调整为32∶45∶23。木本油料、林下经济、花卉、生态旅游等新兴产业蓬勃发展，绿色生态产品供给能力持续增强，形成了若干区域特色明显的产业集群和产业带，经济林面积达到6亿亩，干鲜水果、森林食品等经济林产品产量达2亿吨，产值达到1.59万亿元，分别较2012年增加26%、47%和105%；全国油茶面积超过6700万亩，茶油年产量接近100万吨；林下经济经营和利用林地面积超过6亿亩，产值约为1.08万亿元；林草旅游游客总量增加至95亿人次，创造社会综合产值超过10万亿元。

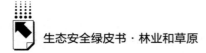

三是持续深化集体林权制度改革，促进了集体林业发展。不断完善集体林权制度，在 6 个地级市开展林业改革发展综合试点，着力解决集体林业产权不清、流转不畅、机制不活、政策不实等问题。截至 2023 年 4 月，集体林明晰产权、承包到户的改革任务基本完成，全国发放林权证 1 亿多本。推进集体林地所有权、承包权和经营权"三权分置"，规范林权流转，创新林权融资模式，完善森林保险政策。林权抵押贷款累计 6000 多亿元，贷款余额近 900 亿元。发展适度规模经营，构建社会化服务体系，家庭林场、专业合作社等新型经营主体接近 30 万个。大力发展林下经济和生态旅游，实现不砍树也能致富，集体林地产出每亩 300 元，比林改前提高 3 倍多。浙江省积极探索共富模式，实现资源变资产、农民变股东、林权变股权、收益有分红。

四是全面推进国有林区林场改革，优化了国有森林资源保护发展机制。国有林区作为国家木材生产基地，曾为国家经济建设做出历史性贡献。但由于长期过度采伐和管理体制机制僵化，国有林区可采森林资源逐步枯竭，林区经济社会发展滞后，民生问题十分突出。国有林区改革坚持问题导向，全面停止天然林的商业性采伐，结束了 100 多年来向森林过度索取的历史，标志着重点国有林区从开发利用转入全面保护的新阶段。重点国有林区实现政企事分开，建立精简高效的国有森林资源管理机构，创新森林资源管护和监管机制。剥离森工企业承担的政府职能和社会管理职能，移交给属地人民政府。通过增加管护岗位、发展特色产业、鼓励自主创业等途径，妥善安置转岗职工和富余职工。重点国有林区职工人均年收入提高到近 4.5 万元，较改革前增加 1.5 万元，职工社会保障基本实现全覆盖。国有林场是维护国家生态安全的重要基础设施，也是森林资源培育的重要基地，但长期实行的"事业单位、企业管理"体制，与其承担的保护和培育森林资源这一生态公益职责极不相适应，严重制约了国有林场可持续发展，也极不利于生态文明建设。改革启动以来，全国国有林场数量由 4855 个整合为 4297 个，且 95.5% 确定为公益类事业单位，每年减少森林资源消耗 556 万立方米，占改革前年采伐量的 51%。国有林场事业编制由 40 万人精简到 20.68 万人；职工年均工资达到 4.5 万元，是改革前的 3.2 倍；职工基本养老保险、基本医疗保险参保率由 75% 提高到 100%。国有林场职工住房无着落、工资无保障、社保不到位等长期没有解决的问题得到了解决。

（五）持续强化生态安全支撑保障体系

在各级党委、政府和各有关部门的大力支持下，我国林草支持保护制度不断完善，法治、政策和科技建设不断加强，林草部门履职尽责能力不断提高，林草高质量发展基础更加牢固。十年来，中央林草累计投入达 11518 亿元，为完成林草改革发展任务、推进林草现代化建设提供了有力支撑和重要保障。

一是法治体系和制度体系更加完善，以林长制促进林长治，林草治理体系和治理能力全面提升。经过长期努力，我国形成了以《森林法》《草原法》《野生动物保护法》为核心、有关法律法规和规章为补充的林草法律法规体系。党的十八大以来，林草立法加快推进，颁布了《湿地保护法》，修订了《森林法》《草原法》《种子法》《野生动物保护法》，正在组织制定国家公园法、自然保护地法和修改《森林法》实施条例、森林草原防火条例、自然保护区条例、风景名胜区条例等一批法规，制修订部门规章 25 部，形成了比较完善的林草法律法规体系。林草依法行政能力全面加强，重要文件合法性审核制度、规范性文件管理制度进一步完善。全面推行行政执法"三项制度"，林草行政许可、行政检查等主要执法活动得到有效规范。出台了天然林、湿地、沙化土地封禁保护修复等一系列制度方案，制定印发了涉及自然保护地、科学绿化、草原保护修复、深化集体林权制度改革等一系列重要政策文件，国家公园、集体林权、国有林区林场、自然保护地生态保护红线等制度及改革举措加快落实，基本形成了对所有生态系统实现全面覆盖保护修复的制度体系，基本覆盖了林草重点工作方方面面，基本搭建了生态文明建设林草领域制度体系的"四梁八柱"。以党政领导负责制为核心的林长制责任体系和考核体系基本建立并初步运行，地方各级党委、政府保护林草资源的责任得到全面压实，31个省（区、市）和新疆生产建设兵团建立林长制组织和制度体系，由党委、政府（兵团）主要负责同志担任总林长，全国各级林长约有120万人。林长制被纳入国务院督查激励范围，"齐抓共管、资源整合、部门协同、同向发力"工作新格局加快形成，"党委领导、党政同责、源头治理、全域覆盖"的长效机制不断完善。

二是林草资源监管能力不断提升，智慧管理平台建成使用。顺应信息化和精准化管理的发展趋势，组织各地将林地和森林落实到山头地块，第一次建成了统一标准、统一时点、无缝拼接的全国森林资源管理"一张图"系统，及时掌握森林资源现状及其动态变化。在实施专项调查基础上，采取遥感与现地调查相结合、图斑与样地监测相结合的方法，创新开展全国林草生态综合监测评价，实现了以国土"三调"数据为统一底版的森林、草原、湿地、荒漠资源全覆盖监测。从过去每五年出一次监测结果到现在一年一度产出监测结果，全面查清林草湿沙资源本底，及时掌握动态变化，为推进生态保护修复和林草资源科学精准管理打下了良好基础。推进林草生态网络感知系统建设和应用，形成总平台和五大类数据库。森林草原防火、沙尘暴灾害应急处置、森林资源监督管理、国家公园天地空一体化监测网络等业务系统已接入应用，资源动态管理、数据实时跟踪的精细化管理体系，以及"天上看、地面查、网络传"的闭环监管体系基本建立。

三是林草科技创新水平持续提高，科技支撑能力明显增强。各级林草部门坚持科技兴绿、创新驱动、强化应用，林草创新动力日趋强劲，研发经费投入持续增加，中央林草科技经费每年投入约10亿元，林草科技进步贡献率达58%，科技成果转化率达62%。高水平的科研成果不断涌现，40项成果获国家科技进步二等奖，新建局重点实验室48个、工程技术研究中心107个、生态定位观测研究站44个，发布国家及行业标准1700多项。林草科技创新机制持续深化，启动"揭榜挂帅"类、基础类、应用类等五大类19项局重点课题，松材线虫病防控、森林雷击火防控等科研攻关取得明显进展。科技平台建设取得新成效，建立了林草国家重点实验室、产业技术创新战略联盟、协同创新中心、国家林木种质资源平台、国家林业科学数据平台、国家创新人才培养示范基地等一批国家级科技创新平台。组建了一批国家、行业和地方科技创新团队，培养了一大批科技创新人才。

四 保障林草生态安全的对策建议

（一）提升生态系统多样性、稳定性、持续性

生态是统一的自然系统，是相互依存、紧密联系的有机链条。要统筹山水林田湖草沙系统治理，实施好生态保护修复工程，加大生态系统保护力度，提升生态系统稳定性和可持续性。

（1）加快实施重要生态系统保护和修复重大工程。从系统工程和全局角度谋划启动一批区域性山水林田湖草沙一体化保护和修复项目，不断完善系统治理的总体思路、规划布局、工程模式、技术措施与投入机制。走科学、生态、节俭的国土绿化之路，科学造林种草，合理安排用地用水，精准提升森林质量，加强森林经营。

（2）推进以国家公园为主体的自然保护地体系建设。高质量建设第一批国家公园，按照"成熟一个设立一个"的原则，建设世界最大的国家公园体系。创新完善管理机制以及自然生态系统保护修复、社区协调发展、支撑保障等制度。推动自然保护地整合优化预案落地，逐步解决历史遗留问题和现实矛盾冲突。

（3）推行草原、森林、河流、湖泊、湿地休养生息。全面保护天然林，推进退化草原人工种草修复，实行封山育林、闭山禁牧、退牧还草等生态保护制度，推进荒漠化石漠化综合治理，实施沙化土地封禁保护。提高良种化水平，加快良种选育和优质种苗生产。完善森林、草原、湿地生态补偿政策，探索建立荒漠、国家公园等自然保护地生态补偿机制，提高补偿标准。

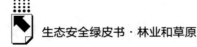

（4）构建生物多样性保护体系。抢救保护珍稀濒危野生动物，建设野生动物遗传资源基因库。开展迁地保护，加快推进国家植物园建设，促进珍稀濒危野生植物生境恢复及繁育放归野外。稳妥处置人兽冲突，加强预警预防，科学开展种群调控，完善致害补偿政策。强化森林草原火灾预防，全面落实防火各方责任，提高预警监测能力，加强野外火源管控和火情早期处理力度。加强有害生物防治，加强松材线虫病监测管控和严格检疫执法，推进松毛虫、美国白蛾、天牛等重大病虫害和草原鼠虫害区域联防联治和社会化防治。

（二）加强立法与监管

为确保林草生态安全，有效保护和合理利用自然资源，维护生态环境质量，应加强林草生态安全立法与监管，提高林草生态安全立法水平，优化监管手段，为实现国家生态安全战略目标提供法治支撑。

（1）完善立法体系。建立健全以保护和恢复林草生态为核心的立法体系，对现有法律法规进行审查修订，确保各项法律法规具备科学性、可操作性和可执行性，为林草生态安全提供有力法律保障。同时，注重立法间的协调一致，增强各类法律规章的配套性、连贯性和针对性。

（2）构建多元化监管机制。构建政府主导、多部门参与、社会监督相结合的监管机制。在现有制度基础上，支持民间环保组织和地方政府参与林草生态安全监管和执法工作，强化对企业、社会单位的自律管理。通过多元化监管，提高林草生态安全的监管效率和成效。

（3）健全责任制。全面推行林长制，建立完善地方党政领导保护发展林草资源责任体系，完善考核评价制度。强化监测监督管理，加强林地保护利用管理，强化自然保护地、林木采伐利用、草原保护利用、湿地保护修复、荒漠植被恢复等监管。明确政府、企业、公众等各方在林草生态安全中的责任和义务，按照依法治理、错位负责、执法和事后审核的原则，分层分类事先厘清权责。

（4）强化执法队伍建设。加大对林草执法队伍的培训与考核力度，提高执法人员的业务素质和执法能力。根据各地区林草生态特点，适时加强执法力量，确保执法工作落到实处。强化行政执法，持续深入开展"绿盾""绿卫""绿剑"等专项打击行动。

（三）强化科技支撑

科技进步为林草生态安全保障提供了重要支撑。借助先进科技手段，不仅可提高林草资源监测、管理及利用效率，还能为生态修复、生物多样性保护提供有效措施。

（1）构建动态监管、智慧监管体系。加强卫星遥感、无人机侦察等技术应用，构建"天空地网"一体化林草资源及生态状况综合监测体系，精确获取林草资源分布、生长状况等信息，实现对林草资源的动态监测。借助信息化、大数据、物联网等手段，推进生态网络感知系统应用，实现监管方式的数字化、智能化、可视化，提高对林草生态变化和突发事件的预警及应对能力，实现智慧监管。

（2）加强生态生物技术研究和推广。加大对生态修复技术的研发力度，如土壤修复、植被提升等技术，促进生态修复技术在退化林草地区的推广应用，提高生态修复质量。借助现代生物科技手段，加强林木种源研究和优良草种选育。通过基因编辑、分子育种、植物组织培养等创新技术，增强林草资源的抗性、生产力和生态服务功能。加强林木资源的遗传资源保护，确保种源多样性。

（3）提高资源利用效率。利用科技创新，提高林草资源利用效率。发展环保高效的木材加工和草业产业，减少资源消耗。加强对林草剩余物的再利用研究，如生物质能源、生态肥料等，充分实现林草资源的综合利用价值。

（4）加强科技创新体系建设。构建政府、企业、高校、研究机构等多方参与的科技创新合作体系。形成林草生态安全科技创新发展的良性循环，提高林草生态安全科技研究水平和产出转化能力。

（四）提高全社会意识

提高全社会林草生态安全意识是林草生态安全的重要保障。具备生态安全意识的公民会更愿意关心、倡导林草生态保护，从而形成良好的社会氛围。

（1）开展生态安全宣传教育。通过各种形式和途径，准确传播林草生态保护相关知识，提高社会对林草生态安全的认识。广泛宣传林草生态保护的意义、目标和原则，提高全社会的林草生态保护意识。鼓励并引导公众参与林草生态保护工作，通过线上线下活动、志愿服务等多种形式，提高公众的林草生态保护实践积极性。

（2）加强生态文明教育。将生态文明教育纳入国民教育体系，把培养生态文明意识作为教育的主要目标。通过校园教育、社会教育、家庭教育等多种途径，培养公民的生态文明意识和生态保护能力。

（3）引导企事业单位承担林草生态保护责任，实现绿色生产、绿色发展和绿色消费。同时，鼓励企事业单位参与林草生态保护宣传活动，提高员工的生态保护意识。

（4）加强对环境保护行为的激励和对违法违规行为的惩罚。通过生态补偿、绿色信用等手段，对在林草生态保护中做出贡献的组织和个人给予奖励。对于违法违规行为应予以惩罚，充分体现生态保护的利益导向。

（五）开展国际交流与合作

我国已成为全球生态文明建设的重要参与者、贡献者、引领者，主张加快构筑尊崇自然、绿色发展的生态体系，共建清洁美丽的世界。需要把本国人民利益同世界各国人民利益统一起来，朝着构建人类命运共同体的方向前行。在应对气候变化、保护生态系统和生物多样性以及荒漠化防治等方面积极贡献中国智慧和中国方案。

（1）参与国际履约谈判。全面深入履行《联合国防治荒漠化公约》《濒危野生动植物种国际贸易公约》《湿地公约》《联合国森林文书》等国际公约（文书），积极参与《世界遗产公约》《生物多样性公约》《联合国气候变化框架公约》《国际植物新品种保护公约》等履约谈判。推动联合国审议发布《联合国森林战略规划 2017－2030》，促进联合国将森林、湿地、荒漠化等相关指标纳入《联合国 2030 年可持续发展议程》。

（2）推动绿色"一带一路"建设。持续深化中国—中东欧国家、大中亚林业战略、中国—东盟、中日韩、"一带一路"荒漠化防治等林草合作机制，开展中美、中欧、中非等林草对口磋商，推动与日本的民间绿化组织合作。举办世界防治荒漠化与干旱日全球纪念活动暨"一带一路"高级别对话、库布齐国际沙漠论坛、世界竹藤大会等国际活动，面向亚非拉国家开展援外培训。

（3）持续开展国际联合保护和执法。稳妥推进大熊猫保护研究国际合作，与韩国、俄罗斯、比利时、德国、荷兰、马来西亚、印尼等国家开展大熊猫合作研究。与韩国、日本等国家开展朱鹮个体繁育合作研究，不断推动朱鹮种群保护与恢复。开展跨部门、跨区域和跨国联合执法行动，严厉打击珍稀濒危野生动植物走私，对野生动植物交易等违法活动采取零容忍态度。

参考文献

《国家生态安全知识百问》编写组：《国家生态安全知识百问》，人民出版社，2022。

《总体国家安全观干部读本》编委会：《总体国家安全观干部读本》，人民出版社，2016。

陈雅如：《充分发挥森林和草原的基础性、战略性作用筑牢祖国生态安全屏障》，《绿色中国》2022 年第 8 期。

国家林业局野生动植物保护司：《中国自然保护区管理手册》，中国林业出版社，2004。

 黄俊毅：《厚植美丽中国绿色本底》，《绿色中国》2022年第19期。

 黄俊毅：《我国国土绿化创造发展奇迹》，《绿色中国》2022年第11期。

 卢燕：《非凡十年　林草建设的完美答卷》，《绿色中国》2022年第19期。

方 法 篇

Method Reports

G.2

生态安全概念与理论

鞠立瑜 林进 谭晓鸣 李岩*

摘　要： 为了研究生态安全问题，本研究阐述了与生态安全有关的理论。首先明确生态安全的内涵，主要包含自然生态系统的自我调节与维持和社会经济系统与自然生态系统两大系统间关系的协调稳定。其次概述生态安全理论，包括可持续发展理论、生态承载力理论、生态系统服务理论、生态经济社会协调发展理论、系统安全理论、整体论与系统论。再次梳理生态安全基本原理，主要包括三类基本分析框架，分别是基于压力—状态—响应（PSR）及其扩展修正的模型框架、基于复合生态系统理论（社会—经济—自然）（SENCE）的框架、基于生态安全内涵和具体评价对象特征的模型框架。最后总结生态安全评价理论基础，

* 鞠立瑜，管理学博士，青岛农业大学经济管理学院讲师，研究方向为农林经济管理、林业生态扶贫、生态安全指数等；林进，国家林业和草原局发展研究中心工程师，研究方向为国有林场改革、国家公园经济社会效益监测；谭晓鸣，青岛农业大学硕士研究生，研究方向为农林管理；李岩，博士，河南工业大学讲师，研究方向为生态经济学。

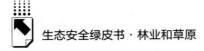
评价方法包括主观评价法、客观评价法及主客观相结合评价法。为评价篇长江流域、黄河流域、青藏高原及粤港澳大湾区生态安全评价提供理论基础。

关键词： 生态安全　可持续发展　生态承载力

一　生态安全概念

生态安全作为一个系统概念，最早被定义为在生物的生存和发展过程中，其自身内部与外部环境协调、可持续的一种状态。1989 年，该理论得到了扩展，国际应用系统分析研究所（IIASA）将生态安全界定为在自然、社会交汇的综合系统中，人类自身的生存与发展、身体健康和基本权利等都能得到保障、不受威胁的状态[①]。国内外学者对生态安全内涵的界定目前还没有共识，综合文献[②]，其内涵主要包含两大方面：一方面是自然生态系统的自我调节与维持，为生态安全的核心物质基础提供保障；另一方面是社会经济系统与自然生态系统两大系统之间关系的协调稳定，为人类社会发展的可持续性提供支撑。

生态安全是指在同一时空条件下，各生态系统与社会系统的关系及其变化趋势。生态系统总体来讲是指地球表面（海平面）上下 10 公里的生物圈，从区域覆盖上来讲包括陆地和海洋生态系统，其中前者包括以森林、湿

① Gerten Dieter, Rockström Johan, Heinke Jens, Steffen Will, Richardson Katherine, Cornell Sarah, Sustainability, "Response to Comment on 'Planetary Boundaries: Guiding Human Development on a Changing Planet'", *Science* (New York, N.Y.) 348 (6240), 2015: 1217-1217.

② 应凌霄、孔令桥、肖燚、欧阳志云：《生态安全及其评价方法研究进展》，《生态学报》2022 年第 5 期；叶鑫、邹长新、刘国华、林乃峰、徐梦佳：《生态安全格局研究的主要内容与进展》，《生态学报》2018 年第 10 期；王悦露、董威、张云龙等：《基于生态系统服务的生态安全研究进展与展望》，《生态学报》2023 年第 19 期。

地、草原、荒漠等为代表的自然生态系统以及农田、城市等自然-社会生态系统。社会系统重在空间上的划分，指人类生产生活及其他活动的综合体，这里一般指与自然生态系统存在能量物质转换的部分，并不包括人类纯精神活动的内容。生态安全是指一种状态，是一种社会系统与自然生态系统共存发展的状态，我们将这种和谐的状态叫作生态安全，把这种不和谐的状态叫作生态不安全。

在综合相关研究文献的基础上，我们从影响要素和内容组成两个方面来理解生态安全概念的核心点。

一是从影响要素来看，生态安全包含两重含义，分别是其自身状态和外界压力。首先是生态系统自身的状态，其次是生态系统所承受的外界的压力，这两方面共同作用于生态系统。前者是生态系统自身生态承载力情况的反映，主要表现为生态系统自身的物质资源状况、系统结构、物种多样性和生态服务功能多样性，可衡量系统自我调节和自我修复的能力，能力越强则表明生态系统越安全。后者则是人类社会经济活动直接或间接地对生态系统造成的干扰或维护情况的反映，主要通过人类消耗、占用、破坏和维护自然资源的行为和强度来表现，可衡量生态系统所承载压力的大小，压力越大则说明生态系统越不安全。因此，生态安全是指生态系统的生态承载力与外部压力达到平衡的状态。

二是从内容组成来看，本书所论述的林草领域生态安全包含森林、草原、湿地、荒漠四个生态系统和野生动植物生物多样性。①森林生态安全是指在一定的时间和空间范围内，森林自身能够提供有效的生态、经济、社会等功能，与此同时，在受到外界干扰时，能够实现自我调节和修复，从而维护森林生态系统的可持续性、复杂性、恢复性和服务性的状态。②草原生态安全是指能够维持草原生态系统的稳定性以及功能完整性，满足草原生态、社会和经济发展的要求，在外界环境的影响之下，通过自身调节与重建，达到平衡、安全的状态，促进人类社会、经济的永续性发展。③湿地生态安全是指保持湿地生态过程的连续性、生态系统结构的稳定性和生态系统功能的完整性，是在一定地域范围内，湿地与周边环境形成的长期稳定的反馈机制，在外界不利因素的影响下，通过自身不断调节，使湿地结构与功能不受或少受威胁，保持一种健康、平衡的状态，从而保障人类生存与社会经济的可持续发展。④荒漠生态安全是指荒漠生态系统能够进行自我恢复和更新，并提供一系列生态服务功能，同时，能够满足荒漠化地区社会经济持续发展的要求，必要的资源、社会秩序、人类适应环境变化的能力等不受到威胁的状态。⑤生物多样性是一个总称，指在特定时间和区域内，所有的生物，包括动物、植物和微生物，物种及其基因变异和生态系统的复杂性。它包括三个层次，依次是基因多样性、物种多样性和生态系统多样性。因此，生态安全是指森林、草原、湿地和荒漠生态系统均安全，同时生物多样性得到保障的状态。

二　生态安全基础理论

（一）可持续发展理论

生态学家最早提出了可持续性（Sustainability）的概念。可持续发展是指"既满足当代人的需求，又不损害后代人满足其需求的能力的发展"。这一概念从经济和生态环境的角度定义了可持续发展，也体现出了社会的可持续发展。可持续发展要取得实效，即生态环境、经济增长和社会发展形成持续、高效的协调运行机制，必须遵循公平性、可持续性、共同性和需求性原则。可持续发展是生态、经济、社会可持续性的统一体，三者相互关联、密不可分。孤立地追求经济的可持续发展，必然导致经济的崩溃；孤立地追求生态的可持续发展，最终也无法避免全球环境的恶化。生态可持续是基础，经济可持续是条件，社会可持续是目标，自然-经济-社会复合系统的持续、稳定、健康发展应该是人类的共同追求。

（二）生态承载力理论

1921 年，Park 首次在生态学领域提出了"承载力"这一概念[①]，他从种群数量角度出发定义了生态承载力的概念，即牧场在未受损的情况下提供的最大载畜量。国外对于生态承载力的研究，至今没有形成系统的理论，在生态承载力的界定方面，也还存在一定的争议，人们更多地从承载力应用分支的视角来看待生态承载力。但是从定义生态承载力方式的角度出发可以将它们分为两类：第一类定义以早期的种群承载力为源泉，强调绝对数量的多少，以种群或人口数量作为承载对象。例如 Smaal 认为生态承载力可以定义为在一个给定时间，一个给定的生态系统所能支持的最大种群数量[②]。Hudak 在研究南非土地管理时，认为生态承载力是植被在一定时期内所能支持的最大种群数量。可持续发展理论的引入拓展了生态承载力的承载主体，使其从粮食等单一要素逐渐拓展为生态系统复杂的整体。第二类定义是从生态系统的角度入手的[③]。

（三）生态系统服务理论

生态系统是自然界生物与周围环境的有机组合，是人类赖以生存和享受美好生活的服务供应者。人类的一切政治、经济和军事活动都必须以生态环境为依托。生态系统为人类提供必要的生命支持系统以及各种活动所需的各种物质资源。这就是生态系统服务（Ecosystem Service），它包括自然资本的物质流、能量流和信息流，它与制造资本、人力资本共同构成人类福祉，是人类生存和发展的重要基础。生态系统服务研究属于生态经济学的核心范畴，为从经济的视角分析生态系统奠定了科学的基础。

[①] Park E. P. , Watson B. E. , *Introduction to the Science of Sociology*, Chicago：The University of Chicago Press, 1970, pp. 1–12.

[②] Smaal A. C. , Prins T. C. , Dankers N. , et al. , "Minimum Requirements for Modeling Bivalve Carrying Capacity", *Aqutic Ecology* 31 （4）, 1998：423–428.

[③] Andrew, Hudak T. , "Rangeland mismanagement in South Africa：Failure to Apply Ecological Knowledge," *Human Ecology* 27 （1）, 1992：55–78.

（四）生态经济社会协调发展理论

生态经济协调发展的内涵就是生态与经济相互适应、相互兼顾、相互平衡、良性循环、同步发展。一方面，生态系统是社会经济系统的基础。稳定的生态系统为社会经济系统创造了有利的外部环境，只有基于生态系统的良性循环和生态资源持续、稳定的供给能力，社会经济系统才能正常运行。另一方面，社会经济系统的正常运行和科学技术的发展又为生态环境保护、调整、改善和重构提供了必要条件。人类的生存和发展以二者的协调发展为前提。由于森林生态系统的特性和森林生态问题的凸显决定了"森林生态—经济—社会"复合系统的首要和核心地位，在探讨区域可持续发展的过程中，分析"森林生态—经济—社会"复合系统的演变规律就显得举足轻重。

（五）系统安全理论

系统安全是人们开发、研究出来的一套安全理论、方法体系，目的是预防复杂系统事故。所谓系统安全，是指在系统生命周期内应用系统安全工程和管理方法，识别系统中的危险源，并采取控制措施使危险降至最低，使系统在规定性能、时间和成本范围内达到最佳的安全程度。系统安全理论认为，事故发生的根本原因是可能意外释放的能量，而未能有效控制住这种能量是事故发生的直接原因。安全评价以实现系统安全为目标，应用系统安全工程原理与方法，识别与分析系统中的危险和有害因素，判断系统发生职业危害和事故的可能性及其严重程度，为制定防范措施和管理决策提供科学依据。

（六）整体论与系统论

整体论（Holism）是 Smuts 于 1926 年提出的一种哲学思想，后来被许多科学家所发展[1]。整体论主张从整体和全局考察对象，反对将其中任何部分进行孤立研究以及思考和解决问题时仅从个别方面出发，注重系统作为一

---

[1] 王孟嘉：《论检察权人民性的回归及其制度修正》，《西北民族大学学报（哲学社会科学版）》2020年第5期。

个整体以及其内部所有要素之间的关联方式，包括层次性和有序性的系统结构。系统的性能同组成要素的性能以及结构有关，系统的功能由结构决定。系统和环境之间的物质、能量以及信息交换需得到重视，两者相互联系、相互作用，在一定条件下相互转化。系统的动态性需得到关注，系统作为客观实体是不断运动和发展变化的。

系统理论包含内容较多，其中层次、结构、功能、反馈、信息、平衡、消长、突变和自组织等都是其组成部分。层次指系统组织的等级有序性；结构是系统内部各组成要素间相对稳定的联系、组织秩序和时空表现；功能是指系统对外部环境所表现出的性质、能力和效能；反馈是系统输入与输出之间的相互作用，是系统自我调节的循环过程；信息是对不确定性的度量，是系统的组织程度和有序程度，是物质、能量、时空不均匀性的表现；平衡是指系统在一定条件下相对稳定的状态；消长又称为干扰或噪声，是系统偏离稳定平衡的状态；突变是指外部条件不断变化时，系统在跃迁临界点出现的不连续性；自组织是系统自发走向有序结构的性质和能力。

三　生态安全评价基础框架

生态安全评价的关键是构建科学的指标体系，这是开展生态安全评价的基础，其本身也是生态安全评价的重要组成部分。根据不同的工作目的，在选取评价指标时，所采取的方法与侧重点各有不同。目前，在生态安全评价指标体系构建方面，公认的主要有以下三种模式框架。

（一）基于压力—状态—响应（PSR）及其扩展修正的模型框架

一是压力—状态—响应（PSR）概念框架。如牛最荣等以甘肃省长江流域为研究区域，从生态、生活、生产3个空间角度构建基于压力—状态—响应模型的水生态安全评价指标体系①。余正军等构建了西藏旅游生态安全评

---

① 牛最荣、贾玲：《三生空间角度的甘肃长江流域水生态安全评价及障碍诊断》，《水生态学杂志》2023 年第 2 期。

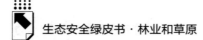

价 PSR 模型①。邓卓等以天山-帕米尔地区作为研究区，运用压力—状态—响应（PSR）模型，选取 20 个关键指标，对天山-帕米尔地区生态安全进行分析②。赵敏敏等基于压力—状态—响应模型对黑河中游生态安全评价指标体系进行了构建③。

二是扩展修正的模型框架。如刘祖军等构建 DPSIR 概念模型，运用熵权法对福建省森林生态安全进行评价分析④。史小蓉等基于 DPSIR 模型，从动力、压力、状态、影响和响应五个方面构建了石漠化评价体系⑤。柴丽娜等基于驱动力—压力—状态—影响—响应（DPSIR）模型及湖泊生态安全综合评估方法（"4+1"评估方法），建立了白马湖水生态安全评估指标体系⑥。王一山等应用生态系统服务价值（ESV）评估、景观生态安全指数（LES）、压力—状态—响应（PSR）模型共同构建乌鲁木齐市土地生态安全评价体系⑦。吕亚玲等以洞庭湖区域常德市为例，基于层次分析法与熵权法相结合确定指标权重的改进压力—状态—响应模型，综合评价了该区域的生态安全⑧。王大海等借助经典 EES-PSR 模型对黑龙江省哈尔滨市的土地生态安全进行评价⑨。

① 余正军、杨梦妮、韩朝阳：《基于 PSR 模型的西藏旅游生态安全分析》，《西藏民族大学学报（哲学社会科学版）》2023 年第 1 期。
② 邓卓、李文静、张豫芳等：《天山-帕米尔地区生态安全格局时空演变及其影响因素》，《浙江农林大学学报》2023 年第 2 期。
③ 赵敏敏、何志斌、蔺鹏飞等：《基于压力—状态—响应模型的黑河中游张掖市生态安全评价》，《生态学报》2021 年第 22 期。
④ 刘祖军、吴肇光、马龙波：《福建省森林生态安全的时空特征和成因分析》，《福建论坛（人文社会科学版）》2022 年第 6 期。
⑤ 史小蓉、张超、陈棋等：《基于 DPSIR 模型的 2003~2015 年文山州生态安全动态评价》，《西南林业大学学报（自然科学）》2022 年第 6 期。
⑥ 柴丽娜、张磊、孙兆海等：《平原河网区浅水湖泊生态安全评估与时空差异性分析：以江苏省白马湖为例》，《生态与农村环境学报》2021 年第 12 期。
⑦ 王一山、张飞、陈瑞等：《乌鲁木齐市土地生态安全综合评价》，《干旱区地理》2021 年第 2 期。
⑧ 吕亚玲、李巧云：《基于改进 PSR 模型的洞庭湖区生态安全评价及主要影响因素分析》，《农业现代化研究》2021 年第 1 期。
⑨ 王大海、张荣群、艾东等：《基于 EES-PSR 的土地生态安全物元模型评价方法实证研究》，《农业机械学报》2017 年第 S1 期。

（二）以社会—经济—自然复合生态系统理论（SENCE）为基础的框架

研究者们对区域社会、经济、资源、环境综合系统进行分析，构建了评价生态安全的指标体系。如周璐红等从生态服务能力、生态敏感性和生态组织结构 3 个方面构建生态安全综合评价体系①。史小蓉等选取经济、社会和环境指标构建文山州石漠化评价体系②。高天鹏等以环境、经济、社会发展等指标对甘南高原黄河上游生态功能区生态安全与经济发展的关系进行评价研究③。顾艳红等基于森林生态系统与自然、人类社会系统的交互关系，从森林资源状况、地理气候条件、地区社会经济压力、人类管护响应状况 4 个方面构建省域森林生态安全评价指标体系④。

（三）基于生态安全内涵与具体评价对象特征的模型框架

一是基于生态安全内涵的模型框架。如何雄伟等设置生态环境状况、生态安全压力、生态系统响应、生态风险免疫等分项指标，构建了生态安全评价与预警指标体系⑤。刘彦军等以海洋生态安全内涵为核心，以"DPSR+AHP"组合模型为基础构建评价指标体系⑥。杨沅志等从生态安全、生态经济、生态文化、生态治理等 4 个维度构建省级林业生态文明建设评价

---

① 周璐红、王盼婷、曹瑞超：《2000~2020 年延安市土壤侵蚀驱动因素分析及生态安全评价》，《生态与农村环境学报》2022 年第 4 期。

② 史小蓉、张超、陈棋等：《基于 DPSIR 模型的 2003~2015 年文山州生态安全动态评价》，《西南林业大学学报（自然科学）》2022 年第 6 期。

③ 高天鹏、薛伟、何月庆等：《甘南高原黄河上游生态功能区生态安全与经济发展思考》，《生态经济》2021 年第 10 期。

④ 顾艳红、张大红：《省域森林生态安全评价——基于 5 省的经验数据》，《生态学报》2017 年第 18 期。

⑤ 何雄伟、盛方富：《国家级自然保护区生态预警指标体系构建与生态安全评价——以江西鄱阳湖国家级自然保护区为例》，《生态经济》2021 年第 12 期。

⑥ 刘彦军、孟兆娟：《海洋生态安全指数的构建研究》，《生态经济》2021 年第 10 期。

指标体系①。

二是基于具体评价对象特征的模型框架。如马娟娟等以祁连山国家公园为研究对象，从自然资源条件和生态状况两方面选取 20 个指标构建评价体系②。杨振龙等以黄河流域九省区为研究对象，从人口城镇化、经济城镇化、社会城镇化、空间城镇化 4 个维度构建城镇化水平评价指标体系③。杨光明等以三峡库区为研究对象，基于 PSR 建立生态安全指标体系，对其生态安全进行评价④。张雅娴等以三江源区域为研究对象，从气候层、土层、地形层、生物层和水层等 5 个指标层选取共 18 个指标项构建三江源区域生态承载力评价指标体系⑤。

因此，本文在借鉴现有研究的基础上，从生态系统与人类社会系统相互作用的内在机理出发，依据生态安全的状态—压力概念框架，从生态系统的自身状态与人类活动产生的压力两个视角展开全面分析。

四 生态安全评价主要方法

生态安全评价的方法很多，学者针对不同地区、不同目标采用不同的评价方法，具体可分为主观评价法、客观评价法及主客观相结合评价法。

（一）主观评价法

一是层次分析法。如邓图南等采用层次分析法对 2008~2018 年河南省耕

---

① 杨沅志、邓鉴锋、姜杰等：《省级林业生态文明建设评价指标体系研究——以广东省为例》，《林业资源管理》2015 年第 5 期。
② 马娟娟、李晓兵、齐鹏：《基于不同生态系统的生态安全评价指标体系构建——以祁连山国家公园为例》，《国土与自然资源研究》2023 年第 2 期。
③ 杨振龙、左其亭、姜龙等：《黄河流域九省区城镇化与生态安全交互作用机制》，《南水北调与水利科技（中英文）》2022 年第 1 期。
④ 杨光明、桂青青、陈也等：《基于灰色关联理论的三峡库区 2015-2019 年生态安全时空演变特征研究》，《水土保持通报》2021 年第 5 期。
⑤ 张雅娴、樊江文、王穗子等：《三江源区生态承载力与生态安全评价及限制因素分析》，《兽类学报》2019 年第 4 期。

地安全及区域差异进行综合分析[①]。金辉等采用层次分析的方法分析和评价了武汉城市圈的生态安全状况[②]。张雅娴等采用层次分析法对三江源区域生态承载力和生态安全状况进行了评价[③]。万生新等采用 AHP 法确定各层指标权重并最终计算水生态安全指数[④]。车高红等运用层次分析法对河北省2005~2014 年生态环境安全进行评价[⑤]。

二是层次分析法与专家评价法相结合。如邢梦雅等采用层次分析法、专家评分法计算小流域生态承载力综合指数[⑥]。段文秀等综合运用层次分析法和专家意见法建立了水源地型水库水生态安全评价体系和方法[⑦]。汪雨琴等结合层次分析法和熵权法确定神农架林区土地生态安全指标权重[⑧]。刘孝富等在专家打分和层次分析的基础上确定指标权重，并采用加权叠加、分类分级的方法定量化地评价了东江湖流域生态安全指数[⑨]。

（二）客观评价法

客观评价法能深刻反映指标的区分能力、确定较好的权重，赋权更加客观，有理论依据，可信度也更加高，被学者广泛使用。

---

① 邓图南、鲁春阳：《基于 PSR 模型的河南省耕地生态安全诊断》，《河南师范大学学报（自然科学版）》2022 年第 5 期。

② 金辉、王思：《基于 PSR 模型的武汉城市圈生态安全评价及态势研究》，《安全与环境学报》2020 年第 1 期。

③ 张雅娴、樊江文、王穗子等：《三江源区生态承载力与生态安全评价及限制因素分析》，《兽类学报》2019 年第 4 期。

④ 万生新、王悦泰：《基于 DPSIR 模型的沂河流域水生态安全评价方法》，《山东农业大学学报（自然科学版）》2019 年第 3 期。

⑤ 车高红、刘辉、赵元杰：《河北省生态环境安全评价及可持续发展对策》，《江苏农业科学》2017 年第 7 期。

⑥ 邢梦雅、刘娅莉、杨小妹等：《基于生态红线划定的小流域生态保护开发研究》，《人民黄河》2021 年第 7 期。

⑦ 段文秀、朱广伟、刘俊杰等：《水源地型水库水生态安全评价方法探索》，《中国环境科学》2020 年第 9 期。

⑧ 汪雨琴、余敦、刘庆芳：《基于 TOPSIS 方法的土地生态安全评价——以神农架林区为例》，《江苏农业科学》2017 年第 19 期。

⑨ 刘孝富、邵艳莹、崔书红等：《基于 PSFR 模型的东江湖流域生态安全评价》，《长江流域资源与环境》2015 年第 S1 期。

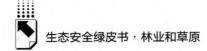

一是采用主成分分析法。如向丽等采用主成分分析法评价了湟水流域 2000~2019 年的湿地生态安全[①]。李航鹤等以沛县北部地区为研究对象，采用空间主成分分析法（SPCA）评价其生态安全状况[②]。温馨等采用时序全局主成分分析法计算粤港澳大湾区九市生态安全指数及其权重[③]。毛菁旭等采用空间主成分分析法对 2015 年东海沿岸县级行政区的陆域生态安全程度进行评价[④]。

二是采用熵权法。如牛最荣等运用熵值法评价甘肃省长江流域水生态安全状况等级[⑤]。何刚等借助熵权法赋权并计算 2013~2018 年生态安全指数来评价水资源生态安全水平[⑥]。杜元伟等引入平均效用熵权法计算了海洋牧场生态安全的评价指标权重[⑦]。李中锋等运用熵权模糊综合评价法对 2010~2020 年西藏全区及西藏七地市的草地生态安全状况进行评价[⑧]。

三是利用遥感技术。如陈春容等基于 GIS 和遥感技术，通过模糊数学模型对川西地区生态安全状况进行评价[⑨]。冯朝晖等采用遥感数据对青藏高原东部典型区域进行生态安全变化分析[⑩]。袁也等充分利用遥感技术与 GIS 优

① 向丽、周伟、任君等：《基于 DPSIRM 模型的高原城市湿地生态安全评价——以湟水流域西宁段为例》，《生态学杂志》2022 年第 10 期。

② 李航鹤、马腾辉、王坤等：《基于最小累积阻力模型（MCR）和空间主成分分析法（SPCA）的沛县北部生态安全格局构建研究》，《生态与农村环境学报》2020 年第 8 期。

③ 温馨、朱金勋、高维新：《异质体制下粤港澳大湾区九市生态安全协同效率实证分析——基于 PSR 和 GIS-DEA 组合模型》，《生态经济》2020 年第 4 期。

④ 毛菁旭、尹昌霞、李伟芳等：《东海海岸带生态安全评价及景观优化研究》，《海洋通报》2019 年第 1 期。

⑤ 牛最荣、贾玲：《三生空间角度的甘肃长江流域水生态安全评价及障碍诊断》，《水生态学杂志》2023 年第 2 期。

⑥ 何刚、赵疏航、杜宇：《基于 TQR-EGM 模型的水资源生态安全评价及动态预警》，《水资源与水工程学报》2021 年第 1 期。

⑦ 杜元伟、王一凡、孙浩然：《不确定环境下海洋牧场生态安全评价——以荣成市国家级海洋牧场示范区为例》，《资源科学》2021 年第 10 期。

⑧ 李中锋、高婕、钟毅：《西藏草地生态安全评价研究——基于生态系统服务价值改进的生态足迹模型》，《干旱区资源与环境》2023 年第 4 期。

⑨ 陈春容、仙巍、潘莹等：《基于 GIS 和模糊数学的川西地区生态安全评价》，《水土保持通报》2021 年第 2 期。

⑩ 冯朝晖、李宣瑾、胡健等：《基于景观格局的青藏高原东部典型区生态安全分析》，《生态学杂志》2022 年第 6 期。

势，从时空视角综合评价昆玉市的生态安全等级[①]。王重玲等借助ARCGIS空间数据处理系统中的空间分析、叠加与重分类等功能，对宁夏中部干旱带生态安全空间格局进行评价[②]。

（三）主客观相结合评价法

主观和客观相结合的方法能够将主、客观因素结合起来，同时发挥专家经验和客观数据的作用，从而得出更加准确的决策结果，在研究中被大多数学者所采用。

一是层次分析法与熵权法相结合。顾康康等运用层次分析法和熵权法确定指标权重，对引江济淮工程安徽段沿线区域进行生态安全评价[③]。杨天翼等分别采用层次分析法和熵权法计算了山东省水环境生态安全评价指标的主观和客观权重[④]。杨光明等运用层次分析法和熵值法综合评价思维，从三峡库区自然、经济、社会和生态方面选取19个指标，并计算出综合权重[⑤]。郭利刚等构建土地生态安全评价指标体系，采用层次分析法和熵值法确定指标权重，运用物元模型对汾河流域土地生态安全状况进行评价[⑥]。

二是层次分析法与GIS技术相结合。如李益敏等综合运用层次分析法和GIS空间分析技术对泸水市进行了区域生态安全评价[⑦]。彭哲等利用改

① 袁也、武文丽、付宗驰等：《新疆昆玉市生态安全评价及其时空分异特征研究》，《石河子大学学报（自然科学版）》2021年第6期。
② 王重玲、程淑杰、王林伶等：《基于GIS的宁夏中部干旱带生态安全空间格局的评价》，《西部林业科学》2020年第2期。
③ 顾康康、刘飞、汤晶晶等：《基于压力-状态-响应模型的引江济淮工程安徽段沿线区域生态安全评价》，《安徽建筑大学学报》2022年第5期。
④ 杨天翼、赵强、王奎峰、姚天、刘玉玉：《基于层次分析法和熵权法综合评价山东省水生态安全》，《济南大学学报（自然科学版）》2021年第6期。
⑤ 杨光明、陈也、张帆等：《基于PSR模型的三峡库区生态安全评价及动态预警研究》，《生态经济》2021年第4期。
⑥ 郭利刚、冯珍珍、刘庚等：《基于物元模型的汾河流域土地生态安全评价》，《生态学杂志》2020年第6期。
⑦ 李益敏、谢亚亚、刘雪斌等：《基于GIS的云南泸水市生态安全评价》，《人民长江》2019年第6期。

进 PSR 模型、层次分析法和 GIS 技术，对淅川县生态安全时空演变规律进行研究①。倪晓娇等采用层次分析法、GIS 技术等评价了长白山地区的生态安全状况②。

综上，不同的评价方法各有利弊，例如层次分析法，其定量数据较少、定性成分较多，结果不易让人信服；主成分分析法的优点是能够在一定程度上减少因素众多造成的信息重叠问题，缺点是最差因素的限制作用没有办法得到反映；综合指数法具有全面性和整体性，但在反映动态特征方面存在不足。在具体实践中，往往会将几种方法结合起来进行生态安全评价，通过比较分析得出相对全面和客观的评价结果。

参考文献

柴丽娜、张磊、孙兆海等：《平原河网区浅水湖泊生态安全评估与时空差异性分析：以江苏省白马湖为例》，《生态与农村环境学报》2021 年第 12 期。

车高红、刘辉、赵元杰：《河北省生态环境安全评价及可持续发展对策》，《江苏农业科学》2017 年第 7 期。

陈春容、仙巍、潘莹等：《基于 GIS 和模糊数学的川西地区生态安全评价》，《水土保持通报》2021 年第 2 期。

邓图南、鲁春阳：《基于 PSR 模型的河南省耕地生态安全诊断》，《河南师范大学学报（自然科学版）》2022 年第 5 期。

邓卓、李文静、张豫芳等：《天山-帕米尔地区生态安全格局时空演变及其影响因素》，《浙江农林大学学报》2023 年第 2 期。

杜元伟、王一凡、孙浩然：《不确定环境下海洋牧场生态安全评价——以荣成市国家级海洋牧场示范区为例》，《资源科学》2021 年第 10 期。

段文秀、朱广伟、刘俊杰等：《水源地型水库水生态安全评价方法探索》，《中国环境科学》2020 年第 9 期。

---

① 彭哲、郭宇、郝仕龙等：《丹江口库区生态安全的时空演变规律及其调控措施》，《水土保持通报》2019 年第 1 期。

② 倪晓娇、南颖、赵国志等：《基于 RS&GIS 的长白山地区生态安全评价研究》，《安全与环境学报》2015 年第 1 期。

冯朝晖、李宣瑾、胡健等：《基于景观格局的青藏高原东部典型区生态安全分析》，《生态学杂志》2022年第6期。

高天鹏、薛伟、何月庆等：《甘南高原黄河上游生态功能区生态安全与经济发展思考》，《生态经济》2021年第10期。

顾康康、刘飞、汤晶晶等：《基于压力-状态-响应模型的引江济淮工程安徽段沿线区域生态安全评价》，《安徽建筑大学学报》2022年第5期。

顾艳红、张大红：《省域森林生态安全评价——基于5省的经验数据》，《生态学报》2017年第18期。

呙亚玲、李巧云：《基于改进PSR模型的洞庭湖区生态安全评价及主要影响因素分析》，《农业现代化研究》2021年第1期。

郭利刚、冯珍珍、刘庚等：《基于物元模型的汾河流域土地生态安全评价》，《生态学杂志》2020年第6期。

何刚、赵疏航、杜宇：《基于TQR-EGM模型的水资源生态安全评价及动态预警》，《水资源与水工程学报》2021年第1期。

何雄伟、盛方富：《国家级自然保护区生态预警指标体系构建与生态安全评价——以江西鄱阳湖国家级自然保护区为例》，《生态经济》2021年第12期。

金辉、王思：《基于PSR模型的武汉城市圈生态安全评价及态势研究》，《安全与环境学报》2020年第1期。

李航鹤、马腾辉、王坤等：《基于最小累积阻力模型（MCR）和空间主成分分析法（SPCA）的沛县北部生态安全格局构建研究》，《生态与农村环境学报》2020年第8期。

李益敏、谢亚亚、刘雪斌等：《基于GIS的云南泸水市生态安全评价》，《人民长江》2019年第6期。

李中锋、高婕、钟毅：《西藏草地生态安全评价研究——基于生态系统服务价值改进的生态足迹模型》，《干旱区资源与环境》2023年第4期。

刘孝富、邵艳莹、崔书红等：《基于PSFR模型的东江湖流域生态安全评价》，《长江流域资源与环境》2015年第S1期。

刘彦军、孟兆娟：《海洋生态安全指数的构建研究》，《生态经济》2021年第10期。

刘祖军、吴肇光、马龙波：《福建省森林生态安全的时空特征和成因分析》，《福建论坛（人文社会科学版）》2022年第6期。

马娟娟、李晓兵、齐鹏：《基于不同生态系统的生态安全评价指标体系构建——以祁连山国家公园为例》，《国土与自然资源研究》2023年第2期。

毛菁旭、尹昌霞、李伟芳等：《东海海岸带生态安全评价及景观优化研究》，《海洋通报》2019年第1期。

倪晓娇、南颖、赵国志等：《基于RS&GIS的长白山地区生态安全评价研究》，《安全与环境学报》2015年第1期。

牛最荣、贾玲：《三生空间角度的甘肃长江流域水生态安全评价及障碍诊断》，《水生态学杂志》2023 年第 2 期。

彭哲、郭宇、郝仕龙等：《丹江口库区生态安全的时空演变规律及其调控措施》，《水土保持通报》2019 年第 1 期。

史小蓉、张超、陈棋等：《基于 DPSIR 模型的 2003～2015 年文山州生态安全动态评价》，《西南林业大学学报（自然科学）》2022 年第 6 期。

万生新、王悦泰：《基于 DPSIR 模型的沂河流域水生态安全评价方法》，《山东农业大学学报（自然科学版）》2019 年第 3 期。

汪雨琴、余敦、刘庆芳：《基于 TOPSIS 方法的土地生态安全评价——以神农架林区为例》，《江苏农业科学》2017 年第 19 期。

王大海、张荣群、艾东等：《基于 EES-PSR 的土地生态安全物元模型评价方法实证研究》，《农业机械学报》2017 年第 S1 期。

王孟嘉：《论检察权人民性的回归及其制度修正》，《西北民族大学学报（哲学社会科学版）》2020 年第 5 期。

王一山、张飞、陈瑞等：《乌鲁木齐市土地生态安全综合评价》，《干旱区地理》2021 年第 2 期。

王悦露、董威、张云龙等：《基于生态系统服务的生态安全研究进展与展望》，《生态学报》2023 年第 19 期。

王重玲、程淑杰、王林伶等：《基于 GIS 的宁夏中部干旱带生态安全空间格局的评价》，《西部林业科学》2020。

温馨、朱金勋、高维新：《异质体制下粤港澳大湾区九市生态安全协同效率实证分析——基于 PSR 和 GIS-DEA 组合模型》，《生态经济》2020 年第 4 期。

向丽、周伟、任君等：《基于 DPSIRM 模型的高原城市湿地生态安全评价——以湟水流域西宁段为例》，《生态学杂志》2022 年第 10 期。

邢梦雅、刘娅莉、杨小妹等：《基于生态红线划定的小流域生态保护开发研究》，《人民黄河》2021 年第 7 期。

杨光明、陈也、张帆等：《基于 PSR 模型的三峡库区生态安全评价及动态预警研究》，《生态经济》2021 年第 4 期。

杨光明、桂青青、陈也等：《基于灰色关联理论的三峡库区 2015～2019 年生态安全时空演变特征研究》，《水土保持通报》2021 年第 5 期。

杨天翼、赵强、王奎峰、姚天、刘玉玉：《基于层次分析法和熵权法综合评价山东省水生态安全》，《济南大学学报（自然科学版）》2021 年第 6 期。

杨沅志、邓鉴锋、姜杰等：《省级林业生态文明建设评价指标体系研究——以广东省为例》，《林业资源管理》2015 年第 5 期。

杨振龙、左其亭、姜龙等：《黄河流域九省区城镇化与生态安全交互作用机制》，《南水北调与水利科技（中英文）》2022 年第 1 期。

叶鑫、邹长新、刘国华、林乃峰、徐梦佳：《生态安全格局研究的主要内容与进展》，《生态学报》2018 年第 10 期。

应凌霄、孔令桥、肖燚、欧阳志云：《生态安全及其评价方法研究进展》，《生态学报》2022 年第 5 期。

余正军、杨梦妮、韩朝阳：《基于 PSR 模型的西藏旅游生态安全分析》，《西藏民族大学学报（哲学社会科学版）》2023 年第 1 期。

袁也、武文丽、付宗驰等：《新疆昆玉市生态安全评价及其时空分异特征研究》，《石河子大学学报（自然科学版）》2021 年第 6 期。

张雅娴、樊江文、王穗子等：《三江源区生态承载力与生态安全评价及限制因素分析》，《兽类学报》2019 年第 4 期。

张雅娴、樊江文、王穗子等：《三江源区生态承载力与生态安全评价及限制因素分析》，《兽类学报》2019 年第 4 期。

赵敏敏、何志斌、蔺鹏飞等：《基于压力—状态—响应模型的黑河中游张掖市生态安全评价》，《生态学报》2021 年第 22 期。

周璐红、王盼婷、曹瑞超：《2000～2020 年延安市土壤侵蚀驱动因素分析及生态安全评价》，《生态与农村环境学报》2022 年第 4 期。

Andrew, Hudak T., "Rangeland mismanagement in South Africa: Failure to Apply Ecological Knowledge", *Human Ecology* 27 (1), 1992.

David J. Rapport, Mikael Hildén, "An Evolving Role for Ecological Indicators: From Documenting Ecological Conditions to Monitoring Drivers and Policy Responses", *Ecological Indicators* 28 (28), 2013.

Gerten Dieter, Rockström Johan, Heinke Jens, Steffen Will, Richardson Katherine, Cornell Sarah, Sustainability, "Response to Comment on 'Planetary Boundaries: Guiding Human Development on a Changing Planet'", *Science* (New York, N. Y.) 348 (6240), 2015.

Park E. P., Watson B. E., *Introduction to the Science of Sociology*, Chicago: The University of Chicago Press, 1970.

Smaal A. C., Prins T. C., Dankers N, et al., "Minimum Requirements for Modeling Bivalve Carrying Capacity", *Aqutic Ecology* 31 (4), 1998.

G.3
生态安全评价指标体系和方法

马龙波　米　锋　樊吉香　王金龙　李亚云*

摘　要： 为了对长江流域、黄河流域、青藏高原及粤港澳大湾区生态安全进行评价，本文基于状态—压力框架模型，以森林、草原、湿地、荒漠、雪域五大生态系统指标为主体指标，以类型指标、时空指标及解析指标为辅助指标，构建生态安全指标体系。运用双权法确定指标权重，运用极差法进行指标归一化处理，运用综合指数法构建生态安全指数，并将生态安全指数分为五级。生态安全评价指标体系和方法能够有效支撑生态安全状态评价，生态安全工作成效评估、追责和奖励等。

关键词： 生态安全指数　生态系统　生态承载力

一　生态安全评价指标体系

生态安全的内涵应当包含以下三方面：一是生态自身安全，主要关注其自身状态的健康度、完整性和可持续性；二是考虑人类活动构成威胁的反向安全性，通过生态系统所承载的压力来体现；三是将人类维护生态系统安全的各项活动纳入生态安全范畴。生态安全指数（Ecological Security Index,

　　* 马龙波，博士，青岛农业大学副教授、硕士生导师，研究方向为林业经济；米锋，博士，北京林业大学经济管理学院教授，博士生导师，研究方向为林业经济理论与政策、林业产业与技术经济、森林生态与环境经济等；樊吉香，青岛农业大学硕士研究生，研究方向为农林经济管理；王金龙，中南林业科技大学副教授，硕士生导师，研究方向为森林生态与环境经济学；李亚云，北京林业大学硕士，研究方向为林业生态安全。

ESI）是用来表征森林、草原、湿地、荒漠、雪域（特定地区，如青藏高原）生态系统健康、完整和可持续，以及其中生物多样性达到安全程度的指数。生态安全评价指标体系是生态安全概念的完整刻画，是归结生态安全指数的基础。生态安全指标体系由主体指标和辅助指标两部分构成（见图1）。

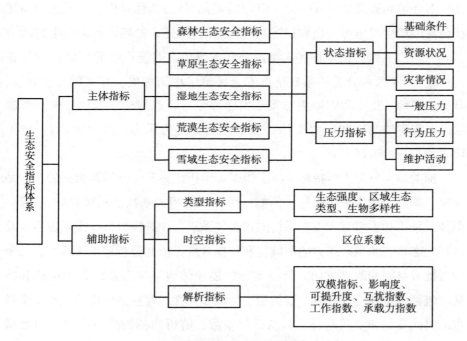

图 1　生态安全评价指标体系

　　主体指标按照生态系统类型可分为森林、草原、湿地、荒漠和雪域生态安全指标；按照指标作用功能可分为状态指标、压力指标。森林生态安全指标刻画森林生态安全概念，可归结为森林生态安全指数；草原生态安全指标刻画草原生态安全概念，可归结为草原生态安全指数；湿地生态安全指标刻画湿地生态安全概念，可归结为湿地生态安全指数；荒漠生态安全指标刻画荒漠生态安全概念，可归结为荒漠生态安全指数；雪域生态安全指标刻画雪域生态安全概念，可归结为雪域生态安全指数。状态指标刻画了生态系统环境条件、资源质量状况及遭受的自然灾害；压力指标描述了生态系统受到来自人类社会的各种损害及积极维护的情况。状态—压力指标构成了生态安全概念中最基本的关系：即安全性就是生态系统资源状况和经受社会压力的比较关系。状态指标组中：基础条件描述基本生态环境条件（正向描述），资源状况描述包括生物多样性在内的生态资源质量（正向描述），灾害情况描述生态环境和资源自然减损量（负向描述）。压力指标组中：一般压力描述社会发展产生的压力（负向描述），行为压力描述人的特定行为产生的压力（负向描述），维护活动描述人类活动和改善生态系统产生的积极作用（正向描述）。这两种分类体系在生态安全评价中相辅相成、有机融合。森林、草原、湿地、荒漠和雪域生态安全指标都包括状态指标（基础条件、资源状况、灾害情况）和压力指标（一般压力、行为压力、维护活动），详见附表。

辅助指标分为类型指标、时空指标、解析指标三类。辅助指标的作用是支撑、解释、分析主体指标，例如运用皮尔逊相关系数公式对森林、草原、湿地、荒漠和雪域五大生态系统的指标体系进行相关性分析，推导出所涉及区域生态状态和生态压力的影响度和可提升度，依此分析评价区域生态安全的可提升空间和改进方向。类型指标描述评估地区生态系统类型结构和特征，包括生态强度、区域生态类型、生物多样性；时空指标描述生态安全指数的时间变化和空间差异，包括区位系数；解析指标描述生态安全指数精度、生成原因和改进因子，包括双模指标、影响度、可提升度、互扰指数、工作指数、承载力指数。

二　生态安全指标计算方法

（一）主体指标

1. 生态安全状态指数

第一步，对森林（草原、湿地、荒漠、雪域）状态指标原始数据表中的每一列数据（表示各地区和全国各个年份某个指标的所有统计数据），确定一个满意值 $x_{i好}$ 和不允许值 $x_{i差}$：对于越大越好型指标（即正项指标），选取这些统计数据中的最大值作为满意值，将相应的最小值作为不允许值；对于越小越好型指标（即负向指标），选取这些统计数据中的最小值作为满意值，将最大值作为不允许值。

第二步，把状态指标原始数据表中的数据标准化：

把第 j 列数据 X_{ij}，$i=1，2，\cdots，n$，即第 j 个指标对应的所有数据（各个地区和全国各个历史年份的第 j 个指标的数据）化为标准数据，y_{ij}，$i=1$，$2，\cdots，n$，计算公式为 $y_{ij} = \dfrac{x_{ij} - x_{i差}}{x_{i好} - x_{i差}}$，其中 $x_{i好}$，$x_{i差}$ 分别为第 j 个指标的满意值和不允许值。

第三步，计算第 j 个指标的信息效用价值 h_j，$j=1，2，\cdots，s$，对标准化后的第 j 列数据 y_{ij}，$i=1，2，\cdots，n$，由公式 $h_j = 1 + \dfrac{\sum_{i=1}^{n} Y_{ij} \ln Y_{ij}}{\ln n}$ 得到第 j 个指标的信息效用价值 h_j，其中 $Y_{ij} = \dfrac{y_{ij}}{\sum_{i=1}^{n} y_{ij}}$，$i=1，2，\cdots，n$。

第四步，计算第 j 个指标的权重 w_j，$j=1，2，\cdots，s$，其中 s 为状态指标的个数。指标权重的计算公式为 $W_j = \dfrac{h_j}{\sum_{j=1}^{s} h_j}$，其中 s 为状态指标的个数。

第五步，计算各地区各年份森林（草原、湿地、荒漠、雪域）的状态评估值 I_z，根据每个指数数据（如第 i 行数据 y_{ij}，$j=1，2，\cdots，s$）以及上面计算出的各指标权重 w_j，求对应地区对应年份的状态评估值 I_z，计算公式为 $I_z = \sum_{j=1}^{s} w_j y_{ij}$，其中 s 为状态指标的个数，$w_j$ 为第 j 个状态指标的权重，y_{ij}，$j=1，2，\cdots，s$ 为标准化状态指标数据。

第六步，计算全国某年森林（草原、湿地、荒漠、雪域）的状态评估值 $I_{全z}$：

全国某年状态评估值直接计算形式：根据标准化数据 y_{ij}，$j = 1$，2，…，s，以及上面计算出的各指标权重 w_j 求全国对应年份的森林（草原、湿地、荒漠、雪域）状态评估值 I_{CZ}，计算公式为 $I_{cz} = \sum_{j=1}^{s} w_j y_{ij}$，其中 s 为状态指标的个数，w_j 为第 j 个状态指标的权重，y_{ij}，$j = 1$，2，…，s 为标准化状态指标数据。

全国某年森林（草原、湿地、荒漠、雪域）状态评估值区位加权形式：设 q_1，q_2，…为全国各个地区的区位状态系数，取 $q = q_1 + q_2 + \cdots$，则全国某年森林（草原、湿地、荒漠、雪域）的生态安全状态评估值为 $I_{cz}^* = \dfrac{\sum_{i=1}^{k} q_i I_{iz}}{q}$，其中 I_{iz} 为各个地区同一年的生态安全状态评估值，k 为参与统计计算的地区数。

2. 生态安全压力指数

生态安全压力指数刻画的是某地区的社会、经济对森林（草原、湿地、荒漠、雪域）生态系统直接或间接带来的生态安全方面的影响和造成的压力，故压力评估值越大，表示该地区生态安全压力越大。

第一步，对森林（草原、湿地、荒漠、雪域）压力指标原始数据表中的每一列数据（表示各地区和全国各个年份某个指标的所有统计数据），确定一个最大值 $x_{\max}$ 和不允许值 $x_{\min}$。

第二步，把压力指标原始数据表中的数据标准化：

把表 1 中第 j 列数据 x_{ij}，$i = 1$，2，…，n，即第 j 个指标对应的所有数据（各个地区和全国各个历史年份的第 j 个指标的数据）化为标准数据 y_{ij}，$i = 1$，2，…，n。

对于负向指标，其计算公式为 $y_{ij} = \dfrac{x_{ij} - x_{\min}}{x_{\max} - x_{\min}}$，其中 $x_{\max}$、$x_{\min}$ 分别为第 j 个指标的最大值和最小值。

对于正向指标，其计算公式为 $y_{ij} = \dfrac{x_{\max} - x_{ij}}{x_{\max} - x_{\min}}$，其中 $x_{\max}$、$x_{\min}$ 分别为第 j 个指标的最大值和最小值。

第三步，计算第 j 个指标的信息效用价值 h_j，$j=1$，2，$\cdots$，s 对标准化后的第 j 列数据 y_{ij}，$i=1$，2，$\cdots$，n，由公式 $h_j = 1 + \dfrac{\sum_{i=1}^{n} Y_{ij} \ln Y_{ij}}{\ln n}$ 得到第 j 个指标的信息效用价值 h_j，其中 $Y_{ij} = \dfrac{y_{ij}}{\sum_{i=1}^{n} y_{ij}}$，$i=1$，$2$，$\cdots$，$n$。

第四步，计算第 j 个指标的权重，w_j，$j=1$，2，$\cdots$，s，其中 s 为状态指标的个数。指标权重的计算公式为 $w_j = \dfrac{h_j}{\sum_{j=1}^{s} h_j}$，其中 s 为状态指标的个数。

第五步，计算各地区各年份森林（草原、湿地、荒漠、雪域）的压力评估值 I_Y，压力评估值的计算公式为 $I_Y = \sum_{j=1}^{t} w_j y_{ij}$，其中 t 为压力指标的个数，w_j，$i=1$，2，$\cdots$，t 为各压力指标的权重，y_{ij}，$j=1$，2，$\cdots$，t 为标准化后的压力指标数据。

第六步，计算全国某年森林（草原、湿地、荒漠、雪域）的压力评估值 I_{CY}

（1）全国某年压力评估值直接计算形式：全国某年森林（草原、湿地、荒漠、雪域）的压力评估值计算公式为 $I_{CY} = \sum_{j=1}^{t} w_j y_{ij}$，其中 t 为压力指标的个数，w_j，$j=1$，2，$\cdots$，t 为各压力指标的权重，y_{ij}，$j=1$，2，$\cdots$，t 为标准化后的全国的压力指标数据。

（2）全国某年压力评估值加权形式：

全国森林压力评估值 I_{CSY}^{*}：通过对各个地区某年森林的压力评估值 I_{iSY} 加权，计算全国该年的森林压力评估值 I_{CSY}^{*}，地区森林蓄积量占全国森林蓄积量比重越大，权重越小。计算公式为：$I_{CSY}^{*} = \prod_{i=1}^{k} (I_{iSY})^{\frac{P_i}{P}}$，其中 I_{iSY} 为各个地区同一年的森林生态安全压力评估值，k 为参与统计计算的地区数，P_i 为第 i 个地区森林蓄积量，$P = \sum_{i=1}^{k} P_i$ 为统计区森林蓄积量之和。

全国草原压力评估值 I_{CGY}^{*}：通过对各个地区某年草原的压力评估值 I_{iGY}

加权计算全国该年的草原压力评估值 I_{CGY}^*，地区草原面积占全国草原面积的比重越大，权重越小。计算公式为：$I_{CGY}^* = \prod_{i=1}^{k} (I_{iGY})^{\frac{P_i}{P}}$，其中 I_{iGY} 为各个地区同一年的草原生态安全压力评估值，k 为参与统计计算的地区数，P_i 为第 i 个地区草原面积，$P = \sum_{i=1}^{k} P_i$ 为统计区草原面积之和。

全国湿地压力评估值 I_{CWY}^* 和森林压力评估值计算类似。通过对各个地区某年湿地的压力评估值 I_{iWY} 加权计算全国该年的湿地压力评估值 I_{CWY}^*，地区湿地面积占全国湿地面积的比重越大，权重越小。计算公式为：$I_{CWY}^* = \prod_{i=1}^{k} (I_{iWY})^{\frac{P_i}{P}}$，其中 I_{iWY} 为各个地区同一年的湿地生态安全压力评估值，k 为参与统计计算的地区数，P_i 为第 i 个地区湿地面积，$P = \sum_{i=1}^{k} P_i$ 为统计区湿地面积之和。

全国荒漠压力评估值 I_{CDY}^*：通过对各个地区某年荒漠的压力评估值值 I_{iDY} 加权计算全国某年荒漠的压力评估值 I_{CDY}^*，地区荒漠面积占全国荒漠面积比重越大，权重越大。计算公式为：$I_{CDY}^* = \frac{1}{P} \sum_{i=1}^{n} (I_{iDY} * P_I)$，其中 I_{iDY} 为各个地区同一年荒漠的生态安全压力评估值，k 为参与统计计算的地区数，P_i 为第 i 个地区荒漠的面积，$P = \sum_{i=1}^{k} P_i$ 为全国荒漠的面积之和。

全国雪域压力评估值 I_{CXY}^*：通过对各个地区某年雪域的压力评估值 I_{iXY} 加权计算全国该年的雪域压力评估值 I_{CXY}^*，地区雪域面积占全国雪域面积比重越大，权重越小。计算公式为：$I_{CXY}^* = \prod_{i=1}^{k} (I_{iXY})^{\frac{P_i}{P}}$，其中 I_{iXY} 为各个地区同一年的雪域生态安全压力评估值，k 为参与统计计算的地区数，P_i 为第 i 个地区雪域面积，$P = \sum_{i=1}^{k} P_i$ 为统计区雪域面积之和。

3. 各生态系统生态安全指数

①某个地区（如第 i 个地区）某年份森林（草原、湿地、荒漠、雪域）的生态安全指数

地区森林（草原、湿地、荒漠、雪域）生态安全评估值 $\sqrt{(1-I_Y) \cdot I_Z}$，

其中I_Z、I_Y分别为该地区森林（草原、湿地、荒漠、雪域）的生态安全状态评估值、生态安全压力评估值。

地区森林（草原、湿地、荒漠、雪域）生态安全胁迫需求评估值$\dfrac{I_Y}{I_Z}$，其中，I_Z、I_Y分别为该地区森林（草原、湿地、荒漠、雪域）的生态安全状态评估值、生态安全压力评估值。

②全国某年份森林（草原、湿地、荒漠、雪域）的生态安全指数

全国森林（草原、湿地、荒漠、雪域）生态安全评估值：计算公式为$\sqrt{(1-I_{CY}) \cdot I_{CZ}}$，其中，$I_{CZ}$、$I_{CY}$分别为全国森林（草原、湿地、荒漠、雪域）的生态安全状态评估值、生态安全压力评估值。

全国森林（草原、湿地、荒漠、雪域）生态安全胁迫需求评估值：计算公式为$\dfrac{I_{CY}}{I_{CZ}}$，其中，I_{CZ}、I_{CY}分别为全国森林（草原、湿地、荒漠、雪域）的生态安全状态评估值、生态安全压力评估值。

4. 生态安全指数

根据前面各生态系统生态安全指数的计算公式$\sqrt{(1-I_Y) \cdot I_Z}$，可以分别得出各系统（森林、草原、湿地、雪域、荒漠）的生态安全评估值，分别记为I_1，I_2，I_3，I_4，I_5该地区 ESI 的计算公式为：

$$ESI = d_1 I_1 + d_2 I_2 + d_3 I_3 + d_4 I_4 + d_5 I_5$$

其中权重d_1，d_2，d_3，d_4，d_5分别表示该地区森林、草原、湿地、雪域、荒漠面积占五系统（森林、草原、湿地、雪域、荒漠）面积之和的比例。

（二）辅助指标

1. 类型指标

类型指标包括生态强度、区域生态系统、生物多样性。生态强度（缩写FD_i）是指森林面积、草原面积、湿地面积、荒漠面积、雪域面积之和占县域土地总面积比重的等级。

$FD_i =$（森林面积 + 草原面积 + 湿地面积 + 荒漠面积 + 雪域面积）/
县域土地总面积，$FD_i \in [0,1]$。

按照等分法，把某地区生态强度分为五级，详见表1。

表1　生态强度分级

FD_i	$[0,0.2]$	$(0.2,0.4]$	$(0.4,0.6]$	$(0.6,0.8]$	$(0.8,1]$
生态强度等级	一级	二级	三级	四级	五级

2. 时空指标

时空指标指区位系数。区位系数是基于生态区位定义的，本文构建了基于年降水量、年积温、年均气温、日照时数、日均风速、平均海拔、坡度、坡向等8个指标的生态区位系数。生态区位系数的高低反映了自然基础条件的好坏，可分为三种类型5个级别（见表2）：第一类指标包括年降水量、年积温、年日照时数、年均气温等4个指标，它们的数值越大越有利于植物生长；第二类指标的数值越小则越有利于植物的生长，如日均风速、平均海拔、坡度这3个指标；坡向属于第三类指标，对植物生长最有利的是朝南的坡向，其次是朝东或偏南，朝北的坡向最不利于植物生长。

（1）年降水量。降水可以补充土壤水分，提供植物必需的水分。降水还能提高森林的湿度，并降低森林的温度，因此可以降低森林火灾发生的概率。降水量越大，森林生态安全程度就越高。

（2）年积温。森林树木的生长过程还需要一定的热量。积温能有效反映热量的积累程度，它与温度之间的线性关系可用公式 $K = N \times (T - T_0)$ 来表达，其中 K 为有效积温（常数），N 为发育天数、T 为发育期间的平均温度、T_0 为生物发育起点温度（生物零度），而温度对森林植被的影响较大，它决定了植被的生产力水平，温度的上升会加速森林生长。

（3）年均气温。森林与气候相互依存，森林树木的生长季长度以及生长分布范围受年均气温影响，同时，温度会对植物光合作用、极端事件发生频率产生不同程度的影响。

（4）日照时数。日照时数越长，植物光合作用时间就越长，从而有利于植物的生长。

（5）日均风速。风速对森林植物的影响主要表现为蒸腾作用，它是指风引起的叶环境变化，包括对相对湿度、温度的影响，一般风速会提高植物的蒸腾速率，从而降低植物的温度。

（6）平均海拔。在低海拔地区，植被覆盖率随着海拔的增加而增加。在高海拔地区，植被覆盖率随着海拔的升高而降低。

（7）坡度。坡度主要通过对光照和土壤水分进行再分配来影响植被的垂直空间分布格局。

（8）坡向。坡向主要通过对土壤水分和积雪进行再分配来影响垂直空间分布格局。从坡向来看，因为长江经济带地处北半球，所以朝南的坡向有利于植物生长，其次是朝东或偏南、朝西或偏东、偏西或偏北，最不利于植物生长的是朝北的坡向。

表 2　生态区位系数分级标准

目标层	准则层	指标层	单位	一级	二级	三级	四级	五级
生态区位系数	气象区位系数	年降水量	mm	<200	20~400	400~600	600~1000	≥1000
		年积温	℃	≤1600	1600~3200	3200~4500	4500~8000	>8000
		年均气温	℃	≤2	2~9	9~14	14~22	>22
		日照时数	h	≤1200	1200~2000	2000~2600	2600~3000	>3000
		日均风速	m/s	≥32.6	20.8~32.6	10.8~20.8	3.4~10.8	<3.4
	地形区位系数	平均海拔	m	≥3500	1000~3500	500~1000	200~500	<200
		坡度	%	≥35	25~35	15~25	5~15	≤5
		坡向	—	北	偏西或偏北	西或偏东	东或偏南	南

区位系数的计算步骤如下：

第一步，依据评级标准计算指标层区位系数分值：

$$F_{ij} = \sum_{k=1}^{n} (S_{ijk} \times W_{ijk}) \tag{1}$$

式（1）中，F_{ij}、S_{ikj}、W_{ikj}分别为 j 指标的区位系数分值、评价指标现状值、权重值，n 为指标个数。

第二步，计算准则层区位系数分值：

$$F_i = \sum_{j=1}^{n} (F_{ij} \times W_{ij}) \tag{2}$$

式（2）中，F_i 是准则层 i 目标区位系数分值，F_{ij}、W_{ij} 分别是 j 指标的区位系数分值和权重值。

第三步，计算目标层区位系数综合分值：

$$F = \sum_{i=1}^{n} (F_i \times W_i) \tag{3}$$

式（3）中，F 为区位系数综合分值，W_i 是准则层 i 目标的权重值，n 是目标个数。

第四步，计算区位系数标准化值

$$F_{qw} = \frac{F - F_{min}}{F_{max} - F_{min}} \tag{4}$$

式（4）中，F_{qw} 为区位系数的标准化值。

3. 解析指标

（1）双模指数。双模指数是通过生态安全所处安全等级与综合指数变动趋势相结合，可以综合反映某地区生态安全优劣情况的一种指数模式。依据某地区的生态安全指数，将其生态安全分为五个级别。生态安全变动趋势指用时间序列指数变化阐述变动趋势，变动趋势分为上升、下降和平稳三种情况。其中上升趋势表示指数逐年上升，用"+"表示；下降趋势包括下降和无规则的波动两种情况，用"-"表示，因为在生态安全研究中，指数逐年下降和年际波动变化明显都是不利于生态安全的状态；平稳趋势即表示指数年际变化微弱，没有明显升降趋势，用"="表示。具体分级标准如下（见表3、表4）：

x =（当年的生态安全指数 - 上年的生态安全指数）/ 上年的生态安全指数 × 100%

表 3　生态安全变动趋势分级

指数相对改变量 x	$x>1\%$	$x\leqslant-1\%$	$-1\%<x<1\%$
变动趋势	+	−	=

表 4　状态+变动趋势 15 种子模式

模式	发展状态	发展趋势
【5+】模式(ESI) $\in(0.8,1]$	最好	上升态势
【5=】模式(ESI) $\in(0.8,1]$	最好	安全且稳定
【5−】模式(ESI) $\in(0.8,1]$	最好	下降态势
【4+】模式(ESI) $\in(0.6,0.8]$	良好	上升态势
【4=】模式(ESI) $\in(0.6,0.8]$	良好	安全且稳定
【4−】模式(ESI) $\in(0.6,0.8]$	良好	下降态势
【3+】模式(ESI) $\in(0.4,0.6]$	一般	上升态势
【3=】模式(ESI) $\in(0.4,0.6]$	一般	一般且稳定
【3−】模式(ESI) $\in(0.4,0.6]$	一般	下降态势
【2+】模式(ESI) $\in(0.2,0.4]$	较差	上升态势
【2=】模式(ESI) $\in(0.2,0.4]$	较差	较差且稳定
【2−】模式(ESI) $\in(0.2,0.4]$	较差	下降态势
【1+】模式(ESI) $\in(0.0,0.2]$	最差	上升态势
【1=】模式(ESI) $\in(0.0,0.2]$	最差	非常差且稳定
【1−】模式(ESI) $\in(0.0,0.2]$	最差	下降态势

（2）影响度。为了反映出状态指数、压力指数受各个指标影响程度的大小，对于主体指标中的各指标指数，根据指数的计算构成，本研究引入指标影响度进行分析。基于不同方法（熵权法、专家法、双权法）计算所得的指数，定义影响度如下：

$$Y_i = Ib_i \times W_i$$

其中 Y_i 为第 i 个指标的影响度，Ib_i 为第 i 个指标评价值，W_i 为第 i 个指标的权重。

（3）可提升度。为判断各指标对同一问题的提升幅度，本研究引入指标可提升度进行分析。对主体指标中的各指标指数，基于不同方法（熵权

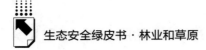

法、专家法、双权法）计算所得的指数，定义可提升度如下：

$$T_i = I - Ib_i \times W_i$$

其中 T_i 为第 i 个指标的可提升度，I 为指数，Ib_i 为第 i 个指标的评价值，W_i 为第 i 个指标的权重。

（4）互扰指数。互扰型生态安全指数 ESI_{new} 定义如下：

某县有 n 个邻县，某县与其 n 个邻县的距离分别为 L，L_1，$\cdots$，L_n；

某县的最大宽度为 H，生态安全指数为 ESI，其相邻县的生态安全指数分别为 ESI_1，$\cdots$，ESI_n，其 ESI 强度随距离的长度线性衰减。ESI_{new} 为所有临近县 ESI 叠加值，计算如下：$ESI_{new} = ESI + \sum_{i=1}^{n} \dfrac{ESI_i \times H}{n \times L_i}$

（5）工作指数。生态安全工作指数 ESWI 定义如下：

$$\text{ESWI} = ESI 变化率 \times P1 - 灾害发生率 \times P2 + 灾害防控率 \times$$
$$P3 + 投资完成率 \times P4 + 本地生态安全典型事件 \times P5$$

即：

$$\text{ESWI} = \left[d1 + \left(\frac{ESI 后 - ESI 前}{ESI 前} \right)(1 - d1) \right] \times P1 - \left[d2 + \frac{S 灾}{S 资}(1 - d2) \right] \times$$
$$P2 + \left[d3 + \frac{S 防}{S 资}(1 - d3) \right] \times P3 + \left[d4 + \frac{I 实}{I 计}(1 - d4) \right] \times$$
$$P4 + \left[d5(E 正 - E 负)u \right] \times P5$$

公式中，ESWI 是生态安全工作指数；$d1$ 是 ESI 变化率默认值 = 0.6，ESI 后是报告期生态安全指数，ESI 前是基期生态安全指数，$P1$ 是 ESI 变化率权重 = 0.6；$d2$ 是灾害发生率默认值 = 0.1，S 灾是灾害发生量（一般为面积（km^2），下同），S 资是资源量，$P2$ 是灾害发生率权重 = 0.1；$d3$ 是灾害防控率默认值 = 0.6，S 防是灾害防控量，$P3$ 是灾害防控率权重；$d4$ 是生态投资完成率默认值 = 0.7，I 实是同期投资实际完成额，I 计是同期投资计划额，$P4$ 是投资完成率权重 = 0.1；$d5$ 是生态安全典型事件默认值 = 0.5，E 正是生态正面典型事件数，E 负是生态负面典型事件数，u 是事件分 = 0.1，$P5$ 是典型事件权重 = 0.1。

（6）承载力指数。承载力是在一定条件下生态系统为人类社会提供最大生态服务的能力，尤其是资源子系统和环境子系统的最大供容能力。资源的持续供给和环境的持续容纳分别是承载力的基础条件和约束条件。计算某地区生态承载力指数的公式如下：

$$生态承载力指数 = 生态安全指数 - 0.7 \times 区位指数$$

（7）指数精度。在生态安全评价实际工作中，往往遇到指标数据缺失的状况，相比于指标数据完整的理想状态，根据不完整的指标数据得到的结果会出现偏差。因此，通过指数精度，可以衡量参与计算的指标数据的完整度。

假设参与计算的某生态系统状态指标总个数为 a_1，信息完全的状态指标个数为 b_1；该生态系统压力指标总个数为 a_2，信息完全的压力指标个数为 b_2，则该生态系统状态指数精度 $P1 = \frac{b_1}{a_1} \times 100\%$，压力指数精度 $P2 = \frac{b_2}{a_2} \times 100\%$，总指数精度 $P = \frac{b_1 + b_2}{a_1 + a_2} \times 100\%$。

三　指标权重设置

（一）专家咨询法

专家咨询法是以专家作为索取信息的对象，依靠专家的知识和经验，由专家通过调查研究对问题做出判断、评估和预测的一种方法。在指标体系构建过程中，项目组邀请林业经济、林学、生态学、荒漠化研究等行业 30 余位专家召开论证会。就评价方法而言，项目组邀请数学、林学、计算机科学等行业 10 余位专家召开多次座谈会，多轮讨论验证评价方法体系的科学性与可行性，并给予进一步修正。专家咨询法的具体步骤如下。

第一步，由专家对现行指标体系提出意见。

选择专家并要求他们不署名地提出自己的观点、意见或建议，并写在问

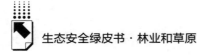
卷的项目中。先将每位参加者的意见加以归类处理，再将关于这次问卷的处于中间状态的信息反馈给每位参加者，并开始第二轮调查，以便确定所有参加者对这个中间状态信息同意或不同意的强度。

第二步，采用问卷调查的形式，请专家对指标的可获取性、可比性等9个方面进行评价，并向专家发放指标体系评议表。

第三步，请专家对指标打分。

	1	2	3	4	...	10
A						
B						
C						
D						
E						
F						
G						
H						
I						

第四步，最终整合专家意见完善指标体系。

对咨询结果进行整理，组成判断矩阵，以此计算指标的权重系数。假定准则层权重 $Y = \{y_1, y_2, \cdots, y_t\}$，各准则层下指标层权重 $X = \{x_1, x_2, \cdots, x_k\}$，则指标层对于方案层的权重 $Q = \{q_1^1, q_2^2, \cdots, q_p^t\}$（p＝t·k），其中：$q_i^j = y_i \cdot x_j$。

（二）熵权法

熵权理论是一种客观赋权方法，是一种在综合考虑各因素提供信息量的基础上计算一个综合指标的数学方法[①]。一般来说，在综合评价中，当各评

---

① 周文华、王如松：《基于熵权的北京城市生态系统健康模糊综合评价》，《生态学报》2005年第12期，第3244～3251页。

价对象的某项指标值相差越大时，信息熵越小，说明该指标提供的有效信息量越大，该指标的权重也应越大；反之，该指标的权重也应越小[①]。当各被评价对象的某项指标值完全相同时，信息熵达到最大，这就说明该指标对于评价而言不能提供有效信息，即意味着该指标未向决策提供任何有用的信息[②]，可以从评价指标体系中除去。因此，可以根据各评价对象指标值所提供的信息情况，利用信息熵计算出各指标的权重——熵权，从而克服凭经验确定指标权重的弊端。熵权法是一种客观赋权方法。它十分复杂，计算步骤如下：

第一步，构建各年份各评价指标的判断矩阵：

$$X = \begin{bmatrix} x_{11} & x_{12} & \cdots & x_{1n} \\ x_{21} & x_{22} & \cdots & x_{2n} \\ \vdots & \vdots & \vdots & \vdots \\ x_{m1} & x_{m2} & \cdots & x_{mn} \end{bmatrix}$$

第二步，将数据进行标准化处理，得到新的判断矩阵，其中元素的表达式为：

$$R = \{r_{ij}\}nm$$

第三步，根据熵的定义，n 个样本 m 个评价指标，可确定评价指标的熵为：

$$H = -\frac{[\sum_{i=1}^{n} \ln f_{ij}]}{\ln n},$$

$$f_{ij} = \frac{r_{ij}}{\sum_{i=1}^{n} r_{ij}},$$

式中：$0 \leq H_i \leq 1$，为使 $\ln f_{ij}$ 有意义，$f_{ij} = 0.00001$。

第四步，评估指标的熵权计算：

① 余正军、杨梦妮、韩朝阳：《基于 PSR 模型的西藏旅游生态安全分析》，《西藏民族大学学报（哲学社会科学版）》2023 年第 1 期，第 140~146、152 页。

② 马娟娟、李晓兵、齐鹏等：《祁连山国家公园生态安全评价》，《山地学报》2022 年第 4 期，第 504~515 页。

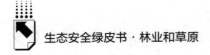
$$W_i = \frac{1 - H_i}{m - \sum_{i=1}^{n} H_i}$$

式中：W_i为评估指标的权重系数，且满足 $\sum W_i = 1$。

第五步，准则层下指标的熵权：

$$W'_i = \frac{W_i}{\sum_{i=1}^{n} W_i}$$

式中：i为各准则层指标的数目。

（三）双权法

双权法是将上述专家法和熵权法相结合的方法，即采用客观法和主观法相结合的双权重方法。第j个状态指标的权重计算公式为

$$W_j = \frac{Ws_j + Wz_j}{2},$$

式中，W_j是通过双权法得到的最终权重系数、Ws_j是通过熵权法得到的权重系数、Wz_j是通过专家法得到的权重系数。

基于重要性决策的计算，对于指标只选取指标权重最大值作为参考，专家法及熵权法确认重要的指标不会被忽略，所有指标之和必然大于1所以最后一步统一让步，即：

$$W_i = \text{Max}(Ws_i + Wz_i) \Big/ \sum_{i=1}^{n} \text{Max}(Ws_i + Wz_i)$$

其中n为指标的个数，Ws_i为第i个指标的熵权法权重，Wz_i为第i个指标的专家法权重。

四 生态安全评价等级

为了更好地将生态安全指数评估结果运用到维护生态安全的工作中，将

生态安全指数值进行等级划分。生态安全指数 ESI 取值为 [0，1]，根据以往研究[1]，照均分原则划分为五个等级，从最差到最好依次命名为不合格、较不合格、基本合格、较合格和合格五个等级[2]，如表 5 所示。

表 5　生态安全工作指数等级阈值划定

指数范围	[0，0.2]	(0.2，0.4]	(0.4，0.6]	(0.6，0.8]	(0.8，1]
生态安全等级	1 级	2 级	3 级	4 级	5 级
等级命名	不合格	较不合格	基本合格	较合格	合格

参考文献

曹伟、李仁杰：《粤港澳大湾区海岸带生态安全逻辑框架与策略》，《华侨大学学报（哲学社会科学版）》2021 年第 3 期。

李若凝、王晶、程柯：《云台山旅游景区生态安全评价与优化对策》，《北京林业大学学报（社会科学版）》2010 年第 1 期。

马娟娟、李晓兵、齐鹏等：《祁连山国家公园生态安全评价》，《山地学报》2022 年第 4 期。

---

[1] 夏吉昆、于龙：《县域城市生态安全评价研究——以云南省沾益县为例》，《安徽农业科学》2012 年第 3 期，第 1665~1667 页；张中浩、聂甜甜、高阳等：《长三角城市群生态安全评价与时空跃迁特征分析》，《地理科学》2022 年第 11 期，第 1923~1931 页；马小雯、郭精军：《黄河流域生态安全评价及障碍因素研究》，《统计与决策》2023 年第 8 期，第 63~68 页；曹伟、李仁杰：《粤港澳大湾区海岸带生态安全逻辑框架与策略》，《华侨大学学报（哲学社会科学版）》2021 年第 3 期，第 71~80 页；张小虎、雷国平、袁磊、李辉、田庆昌：《黑龙江省土地生态安全评价》，《中国人口·资源与环境》2009 年第 1 期，第 88~93 页。

[2] 秦鹏、张志辉、刘庆：《黄河三角洲滨海湿地生态安全评价》，《中国农业资源与区划》2020 年第 8 期，第 145~153 页；李若凝、王晶、程柯：《云台山旅游景区生态安全评价与优化对策》，《北京林业大学学报（社会科学版）》2010 年第 1 期，第 71~75 页；周祖光：《海南岛农业生态安全评价》，《农业现代化研究》2008 年第 2 期，第 198~200 页、第 212 页；赵维良、纪晓岚、柳中权：《主成分分析在城市生态安全评价中的应用——以上海为例》，《科技进步与对策》2009 年第 5 期，第 135~137 页；赵玲、于莉、刘洋、赵勇、杨耀东：《郑州市城市生态安全评价》，《河南科学》2010 年第 12 期，第 1609~1612 页。

马小雯、郭精军：《黄河流域生态安全评价及障碍因素研究》，《统计与决策》2023年第8期。

秦鹏、张志辉、刘庆：《黄河三角洲滨海湿地生态安全评价》，《中国农业资源与区划》2020年第8期。

夏吉昆、于龙：《县域城市生态安全评价研究——以云南省沾益县为例》，《安徽农业科学》2012年第3期。

余正军、杨梦妮、韩朝阳：《基于PSR模型的西藏旅游生态安全分析》，《西藏民族大学学报（哲学社会科学版）》2023年第1期。

张小虎、雷国平、袁磊、李辉、田庆昌：《黑龙江省土地生态安全评价》，《中国人口·资源与环境》2009年第1期。

张中浩、聂甜甜、高阳等：《长三角城市群生态安全评价与时空跃迁特征分析》，《地理科学》2022年第11期。

赵玲、于莉、刘洋、赵勇、杨耀东：《郑州市城市生态安全评价》，《河南科学》2010年第12期。

赵维良、纪晓岚、柳中权：《主成分分析在城市生态安全评价中的应用——以上海为例》，《科技进步与对策》2009年第5期。

周文华、王如松：《基于熵权的北京城市生态系统健康模糊综合评价》，《生态学报》2005年第12期。

周祖光：《海南岛农业生态安全评价》，《农业现代化研究》2008年第2期。

附表：生态安全评价指标体系

系统	结构	亚结构	编码	名称	计算公式
森林生态系统	森林状态	基础条件	J01	年降水量(+)	年降水量
			J02	土壤有机质(+)	土壤有机质
			J03	年平均气温(+)	年平均气温
			J04	年日照时数(+)	年日照时数
			J05	水土流失强度(−)	区域侵蚀产沙量/国土面积
		资源状况	F01	森林覆盖率(+)	森林面积/国土面积
			F02	单位面积森林蓄积量(+)	森林蓄积量/森林面积
			F03	林地面积比率(+)	林地面积/国土面积
			F04	林地物种丰度指数(+)	(0.6×有林地面积+0.25×灌木林面积+0.15×疏林地和其他林地面积)/国土面积
			F05	森林单位面积蓄积量(+)	森林蓄积量/森林面积
			F06	森林林龄指数(+)	(0.15×幼龄林面积+0.35×中龄林面积+0.5×近成过熟林面积)/森林面积
			F07	天然林比率(+)	天然林面积/森林面积
			F08	公益林比率(+)	公益林面积/森林面积
			F09	混交林比率(+)	混交林面积/森林面积
			F10	林场面积比率(+)	林场面积/森林面积
		灾害情况	F11	森林火灾受灾率(−)	森林火灾受灾面积/森林面积
			F12	森林有害生物成灾率(−)	森林有害生物成灾面积/森林
			F13	林地干旱致灾率(−)	林地干旱受灾面积/森林面积
			F14	林地洪涝致灾率(−)	林地洪涝致灾面积/森林面积
	社会压力	一般压力	Y01	人口密度(−)	年末总人口数/国土面积
			Y02	单位面积能源消耗(−)	能源消耗量/国土面积
		行为压力	Y03	单位面积二氧化硫排放强度(−)	工业二氧化硫排放量/国土面积
			Y04	林木采伐强度(−)	年林木实际采伐量/森林蓄积量
		维护活动	Y05	自然保护区面积比率（森林和植物类）(+)	森林和植物类自然保护区面积/国土面积
			Y06	政府投入强度(+)	政府投入/国土面积
			Y07	年度造林比率(+)	年造林面积/国土面积

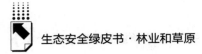

续表

系统	结构	亚结构	编码	名称	计算公式
草原生态系统	草原状态	基础条件	J01	年降水量（+）	年降水量
			J02	土壤有机质（+）	土壤有机质
			J03	年平均气温（+）	年平均气温
			J04	年日照时数（+）	年日照时数
		资源状况	G01	草原覆盖率（+）	草地面积/国土面积
			G02	人工草地面积占比（+）	人工草地面积/草地面积
			G03	典型草原面积占比（+）	典型草原面积/草地面积
			G04	荒漠草原面积占比（+）	荒漠草原面积/草地面积
			G05	高寒草甸面积占比（+）	高寒草甸面积/草地面积
			G06	草地物种丰度指数（+）	（A×典型草原面积+B×荒漠草原面积+C×高寒草甸面积+D×其他草原面积）/国土面积
			G07	草地退化面积占比（-）	草地退化面积/草地面积
			G08	单位面积牧草产量（-）	年均牧草总产量/草地面积
		灾害情况	G09	草地火灾面积占比（-）	草地火灾面积/草地面积
			G10	干旱致灾面积占比（-）	干旱致灾面积/草地面积
			G11	草地病虫鼠害面积占比（-）	草地病虫鼠害面积/草地面积
	社会压力	一般压力	Y01	人口密度（-）	年末总人口数/国土面积
			Y02	单位面积能源消耗（-）	能源消耗量/国土面积
		行为压力	Y03	草地载畜量（-）	（亩或公顷产草量×可利用率）/（牲畜日食草量×放牧天数）
			Y04	草地单位面积固体废弃物产生量（-）	草地固体废弃物产生量/草地
		维护活动	Y05	退牧还草面积占比（+）	退牧还草面积/草地面积
			Y06	围栏草场面积占比（+）	围栏草场面积/草地面积
湿地生态系统	湿地状态	基础条件	J01	年降水量（+）	年降水量
			J02	土壤有机质（+）	土壤有机质
			J03	年平均气温（+）	年平均气温
			J04	年日照时数（+）	年日照时数
		资源状况	W01	湿地率（+）	湿地面积/国土面积
			W02	自然湿地比重（+）	人工湿地面积/湿地面积
			W03	湖泊湿地面积比率（+）	湖泊湿地面积/湿地面积

续表

系统	结构	亚结构	编码	名称	计算公式
湿地生态系统	湿地状态	资源状况	W04	湿地物种丰度指数(+)	(A×近海与海岸湿地面积+B×河流湿地面积+C×湖泊湿地面积+D×沼泽湿地面积)/国土面积
			W05	单位水体中COD含量(-)	单位水体中COD含量
			W06	单位水体中氨氮含量(-)	单位水体中氨氮含量
			W07	单位水体中总氮含量(-)	单位水体中总氮含量
			W08	单位水体中总磷含量(-)	单位水体中总磷含量
			W09	单位水体中挥发酚含量(-)	单位水体中挥发酚含量
			W10	水域面积比率(+)	水域面积/国土面积
			W11	永久性淡水湖面积比率(+)	永久性淡水湖面积/(永久性淡水湖面积+永久性咸水湖面积)
			W12	湿草地面积比率(+)	湿草地面积/湿地面积
			W13	退耕还湿面积比率(+)	退耕还湿面积/国土面积
		灾害情况	W14	旱灾受灾率(-)	旱灾湿地面积/湿地面积
			W15	涝灾受灾率(-)	洪涝受灾面积/湿地面积
	社会压力	一般压力	Y01	人口密度(-)	年末总人口数/国土面积
			Y02	单位面积能源消耗(-)	能源消耗量/国土面积
		行为压力	Y03	二氧化硫排放强度(-)	工业二氧化硫排放量/国土面积
		维护活动	Y04	自然保护区面积占比(湿地类型)(+)	湿地型自然保护区面积/国土面积
			Y05	政府投入强度(+)	政府投入/国土面积
荒漠生态系统	荒漠状态	基础条件	J01	年降水量(+)	年降水量
			J02	土壤有机质(+)	土壤有机质
			J03	年平均气温(+)	年平均气温
			J04	年日照时数(+)	年日照时数
	社会压力	资源状况	D01	荒漠化面积比重(-)	荒漠化面积/国土面积
			D02	沙化土地面积比率(-)	沙化土地面积/荒漠化面积
			D03	原生荒漠面积占比(+)	原生荒漠面积/荒漠化面积
			D04	荒漠物种丰度指数(+)	(0.02×风蚀荒漠化面积+0.5×水蚀荒漠化面积+0.4×冻融荒漠化面积+0.08×土壤盐渍化面积)/国土面积

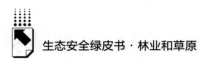

续表

系统	结构	亚结构	编码	名称	计算公式
荒漠生态系统	社会压力	资源状况	D05	戈壁面积比率(-)	戈壁面积/沙化土地面积×100%
			D06	中度以上荒漠化面积比率(-)	中度以上荒漠化土地面积/荒漠化面积
		灾害情况	D07	旱灾受灾率(-)	旱灾受灾面积/国土面积×100%
			D08	涝灾受灾率(-)	洪涝受灾面积/国土面积×100%
		一般压力	Y01	人口密度(-)	年末总人口数/国土面积
			Y02	单位面积能源消耗(-)	能源消耗量/国土面积
		行为压力	Y03	二氧化硫排放强度(-)	工业二氧化硫排放量/国土面积
		维护活动	Y04	自然保护区面积占比(荒漠类型)(+)	荒漠型自然保护区面积/国土面积
			Y05	政府投入强度(+)	政府投入/国土面积
雪域生态系统	雪域状态	基础条件	J01	年降水量(+)	年降水量
			J02	土壤有机质(+)	土壤有机质
			J03	年平均气温(+)	年平均气温
			J04	年日照时数(+)	年日照时数
		资源状况	S01	雪域面积比重(+)	雪域面积/国土面积
			S02	雪线(+)	雪线厚度
		灾害情况	S03	旱灾受灾率(-)	旱灾受灾面积/国土面积×100%
			S04	涝灾受灾率(-)	洪涝受灾面积/国土面积×100%
	社会压力	一般压力	Y01	人口密度(-)	年末总人口数/国土面积
			Y02	单位面积能源消耗(-)	能源消耗量/国土面积
		行为压力	Y03	二氧化硫排放强度(-)	工业二氧化硫排放量/国土面积
		维护活动	Y04	自然保护区面积占比(荒漠类型)(+)	雪域型自然保护区面积/国土面积
			Y05	政府投入强度(+)	政府投入/国土面积

G.4
生态安全评价技术支撑平台

王龙鹤 李林 郑海宁 彭帆*

摘 要： 生态安全评价技术支撑平台包括数据模块、计算模块、表达模块三部分。数据模块：完成生态安全基础数据的收集，从工作制度、数据收集流程上确保数据收集工作满足真实性、完整性、时效性、统一性的原则，为后续的研究提供可靠的数据支撑。计算模块：借助 C#语言的数学函数库，对全国区（县）数据完成专家咨询法、熵权法、双权法的具体实现以及不同计算模型对生态安全指数 ESI 的计算，分析某一区域的生态安全劣势指标、生态工作状况和增长潜力，是生态安全评价技术实现的核心。表达模块：对区域空间中的有关地理分布数据进行采集、储存、管理、运算、分析、显示和描述，通过 GIS 技术设定位置信息，对某地区的生态安全情况按照实用性、标准性、先进性、动态性的原则进行直观呈现，实现生态安全评价结果可视化与对外交互。

关键词： C#语言 GIS MVC 数据库设计 生态安全评价

---

* 王龙鹤，模式动物表型与遗传研究国家重大基础设施超算中心工程师，研究方向为软件与软件理论；李林，博士，中国农业大学信息与电气工程学院教授、博士生导师，研究方向为软件与软件理论、大数据管理与挖掘；郑海宁，北京大数据先进技术研究院科研工程师，研究方向为软件与软件理论；彭帆，万翼科技有限公司 AI 算法合伙人，研究方向为图像语义分割。

构建生态安全评价技术支撑平台是提升生态治理体系和治理能力现代化水平的具体举措，平台包括数据模块、计算模块和表达模块三个主体（见图1）。数据模块的设计初衷是为区（县）数据员填报数据提供便利，同时为省级数据审核员提供支撑，实现数据上报流程的简易化、标准化、规范化。计算模块是技术支撑平台的核心模块，前端对接数据模块，输入并接收数据；后端对接表达模块，将计算结果通过统计图、示意图、地形图等形式输出并表达。计算模块包括指数计算和解析计算两部分，分别对应生态安全评价指标体系的主体指标和辅助指标。表达模块是技术支撑平台的对外出口，以交互式界面、图表和图像展示生态安全评价结果，为生态安全监测、评价和预警等政策决策提供直观、清晰、形象的数据支撑。

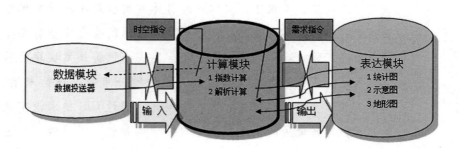

图1　技术支撑平台结构

一　数据模块

（一）系统设计

在生态安全评价指标、评价方法和模型的基础上，完成生态指数计算和评价系统与数据收集平台软件研发，用于全国林业系统生态安全基础数据的收集和计算。数据收集系统的设计原则如下。

第一真实性。真实性要求是生态安全指标体系计算系统县域数据填写与投送最基础也最重要的要求。数据的真实性是确保本研究方法四大功能正常、正确发挥的重要前提，若数据的真实性都不能得以保证，那计算、比较、解析和预警功能也不复存在。对于实际数据，各区（县）林业部门和森林经营单位应当如实填写，并在数据来源一栏中标注数据来源。数据来源共包括：A1.（省域、县域）统计年鉴；A2.（省域、县域）林业统计年鉴；A3.统计报表资料；A4.森林资源二类清查资料；A5.其他，并且标明具体名称。对于缺失数据，各县级林业部门和森林经营单位无须填写，但需要在缺失原因一栏中标注数据缺失的原因。缺失原因包括：B1.无该生态类型；B2.县级无此统计栏目；B3.县级有统计栏目，但无数据；B4.其他，并且标明具体原因。

第二完整性。完整性要求是县域数据填写与投送的核心要求。指数数据的完整性是生态安全指标体系计算系统县域数据填写与投送所期望达到的结果，但县域之间、统计年份之间、清查年份之间难免会存在差异，故完整性是本研究所期望的理想值。对于指数数据的填报，要尽量做到完整。在此，需要林业部门、水利部门、环保部门、农业部门等相关兄弟部门间的精诚合作来共同完成，仅靠林业部门去获取所有数据是不可能也是不现实的。同时，林业部门内部也需尽量查找各种可能的数据来源，比如林业年报、统计年鉴等，或者向其他县借鉴经验，如长白县的 COD 这一指数数据是从污水处理厂获取的。

第三时效性。时效性要求是生态安全指标体系计算系统县域数据填写与投送的关键要求。数据报送是计算工作的前期准备阶段，上报的截止时间关系到后续工作能否顺利开展。能否及时投送是决定后期计算和解析等工作能否顺利完成的关键。并且若要每年发布计算结果，需要界定清晰县域填写与投送数据的截止日期。

第四统一性。数据填报过程中，系统自动完成单位标准化、数据纵向填充、数据横向织补、数据精度计算与后延标记等工作，为后续生态安全指数计算分析提供支撑，同时系统具备数据填报简易、数据自动整理、逻辑检查

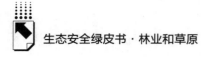
与误操作误填写提醒、提交与存档、数据安全等功能。

数据收集系统包括省（市）级用户、区（县）级用户、专家组和外部用户，系统流程如图 2 所示。

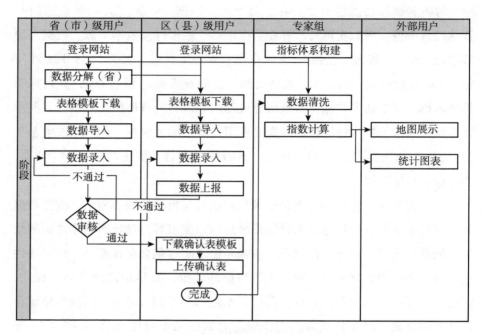

图 2　数据收集系统流程示意

（二）功能设计

数据模块负责收集县域数据，供计算分析系统使用，功能包括资料下载、数据上报、指标分析、权限设置等（见图 3）。数据模块基于 VS2020 平台开发，数据库采用 SQL Server2018。系统基于 jQuery2.1.1 插件完成数据校验，通过 jQuery 与 Json 结合的方式实现客户端与服务端间的数据交互。服务端通过继承 Controller 的 Home Controller 实现业务逻辑处理并完成页面的跳转。空缺数据织补算法利用 C#语言实现，程序封装于 CalManager.cs 文件，数据收集完成之后，集中进行空缺数据的织补。区位边界织补算法以存储过程的形式实现。

　　为保证收入原始数据的可用性，设计了数据投放器填报流程。在数据库表 T_ ZB0_ SJ_ DW 中，ZB0_ SJ_ LX 字段的数据存在五种状态类型。数据类型为未提交、未通过时，区（县）用户可修改数据；数据类型为待审核或者已通过时，用户只可查看，不能修改数据。

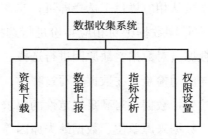

图3　数据收集系统功能框架

（三）系统实现

　　数据收集和审核由省（市）、区（县）林业和草原主管部门人员进行，自上而下的落实贯彻、自下而上的收集报送两种方式相结合。数据收集流程包括数据准备—系统登录—数据录入—预提交—审查修改—正式提交共六个环节。

　　第一，数据准备。数据表为纸质空格表（离线下载填写），包括序号、数据名称、数据来源单位（手工填写）、数值（手工填写）、计量单位（手工填写）、非本年度数据的所属年度（手工填写）、数据解释具体说明等项目。本环节为手动填写，打印空白表格由县级数据员根据本年情况进行填写。其中，对于数据来源单位，课题组会给出一般的数据来源单位选项，若与本地实际不相符，由县级数据员对来源进行更正；数据、计量单位和非本年度数据的所属年度为必填项，若数据有任何问题，可在数据解释具体说明栏下进行备注。

　　第二，系统登录。县级数据员通过本级唯一的用户名进入系统，系统显示行政区名称、代码、年份，左侧为任务导航栏，右侧为录入数据界面。

第三，数据录入。根据数据准备环节填写好的纸质数据表，县级数据员凭唯一用户名和密码登录数据填报系统并进行数据录入。其中，序号和数据名称为固定栏目，对于数据来源单位有出入的指标，直接在相应栏目下进行更改填写；数值栏为必填项，若空白不填则最终的数据表无法提交；计量单位为下拉菜单，县数据员从相应栏目下选择即可；非本年度数据栏默认显示2021年，若数据为非本年度数据则对相应年份进行选择；数据空缺说明也为下拉菜单，由县级数据员对数据空缺原因进行选择。

数据的规范检验与波动检验：在数据填写过程中，系统自动进行规范检验和波动检验。规范检验指数据填写满足规范性的要求，包括逻辑检查、小数点位数保留、算法、数据来源单位、数据缺失原因等方面。波动检验指当本年度数值与上年同期相比变化幅度为5%时，系统自动将其标为红色，并且给予提示。

第四，预提交。各县级数据员将所填报的数据预提交给省级相应部门。

第五，审查修改。省级部门对数据表进行询问和审查，并提出预提交意见报告，将意见报告和初始数据返回各县级部门，由各县级数据员对原始数据表进行修订。

第六，正式提交。县级数据员对原始数据表进行修正，并反复检查以确保数据准确和格式完整后，打印表格、签字并加盖部门公章，自动备存，同时登录系统对相应的错误进行更改，然后正式提交。

1. 管理员用户

管理员用户登录系统后，左侧功能树包括用户管理、修改信息、注销，左上角显示登录名及所在区位（见图4~图6）。管理员用户可实现用户管理，进度审核，数据修正和退回，制作全域、省域、区域图集，分析数据来源等功能。

2. 省（市）级用户

省（市）级用户可实现数据审核、数据修正和退回、数据下载、数据导入等功能（见图7~图9）。

图 4　管理员用户功能界面

图 5　管理员用户审核进度界面

图 6　管理员用户数据修正和退回界面

图 7　省（市）级用户数据审核界面

图 8　省（市）级用户数据修正和退回界面

图 9　省（市）级用户数据下载界面

3. 区（县）级用户

区（县）级用户可实现数据录入、预提交、数据修改、正式提交等功能（见图 10~图 11）。

图 10　区（县）级用户数据录入界面

2015年月湖区林业生态数据确认表

	填报人：			公章：		
	负责人：			日期：		
序号	数据名称	默认来源单位	数值	计量单位	非本年度数据	数据空缺说明
1	县域国土面积	县政府	137	平方公里		
2	年末总人口数	县政府	21.9	万人		
3	能源消耗量	县统计年鉴	37.846952929	吨标准煤		
4	煤炭消耗量	县统计年鉴	6450	吨		
5	石油消耗量	县统计年鉴	96810	吨		
6	天然气消耗量	县统计年鉴	26900000	立方米		
7	建成区面积	县政府	9860	公顷		
8	年降水量	省气象局	1680	毫米		
9	年蒸发量	省气象局	1589	毫米		
10	年平均气温	省气象局	18	摄氏度		
11	年日照时数	省气象局	1977.6	小时		
12	林地面积	省林业规划院	2374.348	公顷		
13	森林面积	县统计年鉴	3064.3	公顷		
14	城区绿地面积	县统计年鉴	1113.4	公顷		
15	散生木（含四旁树）	县统计年鉴		株		
16	公益林面积	省林业规划院	2330.537	公顷		
17	天然林面积	省林业规划院	1732.97	公顷		
18	人工林面积	林业局填报	492.47733	公顷		

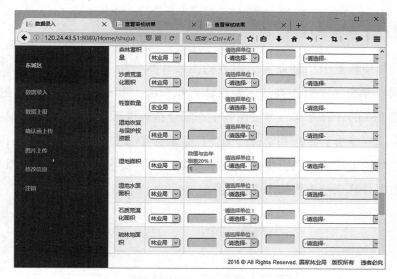

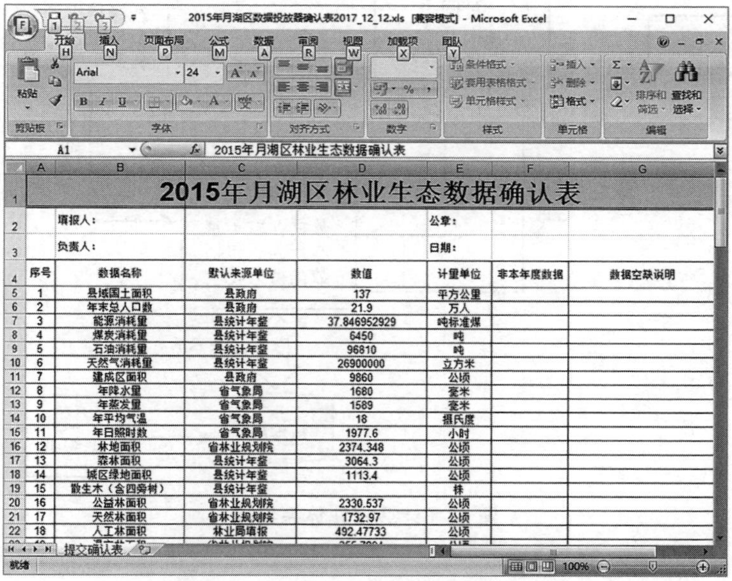

图 11　正式提交后的数据确认表

二 计算模块

（一）系统设计

计算模块基于"林业生态指数的指数计算分析"软件，该软件可满足不同赋权方法（专家咨询法、熵权法、双权法）和不同计算模型对生态安全指数 ESI 的计算需求，可按照各生态安全指标进行指数排序，分析某一区域的生态安全劣势指标和增长潜力，产生多种生态安全指数数据产品，为促进生态环境可持续发展提供信息技术支撑。计算模块的体系框架如图 12 所示，数据计算系统流程如图 13 所示。

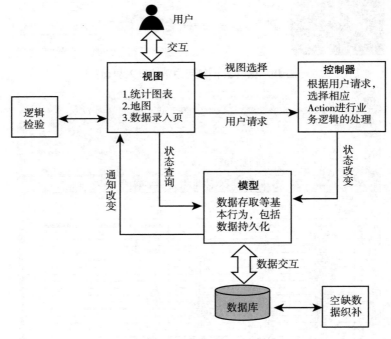

图 12 计算模块体系结构

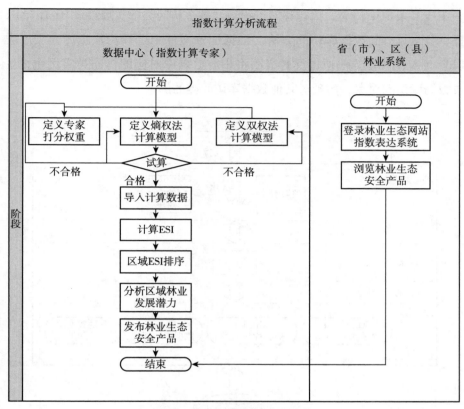

图 13　数据计算系统流程示意

　　计算模块采用 B/S 架构模式和 MVC 设计模式，具有较强的交互性并且便于维护。由于数据计算量大，为提高系统整体性能，将数据计算部分封装成单独模块，使之与数据库分离。

　　数据访问构建工作原理如图 14 所示。访问层支持 SQL Server、MySQL、Oracle、Access 等主流数据库，将不同数据库中连接关闭数据库、执行 SQL 语句和执行存储过程等操作方法分别进行封装，形成一系列对不同数据库的访问类。为使数据访问构件可以自动灵活地与不同数据库交互，在工厂层采用工厂模式与反射相结合的方式。工厂层采用工厂模式，SQLServerDbHelper、OracleDbHelper 和 AccessDbHelper 等为不同数据库的访问类。接口 IDbHelper 中包含一系列抽象方法以定义所需要的访问功能：连接和关闭数据库、执行一条或多条 SQL 语句、执行存储过程等。每个访问类都实现接口 IDbHelper，提供各自具体的数据库访问方法。根据配置文件中选择的数据库，工厂类 DbFactory 的构造方法通过反射机制将相应数据库对应的访问类实例化，生成数据库访问对象，实现对其他数据库访问类的屏蔽。

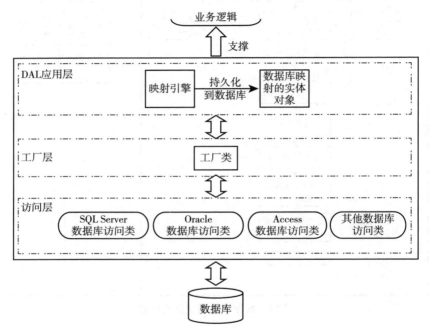

图 14　数据访问构建

指数计算构建工作原理如图 15 所示。在抽象控制程序中，依次进行指标计算、指标数据标准化、指标权重计算、生态系统生态安全状态指数和压力指数计算、生态安全指数计算、区位系数计算、生态承载力指数计算。指标计算时，以填报的生态数据为对象，取指标结构表 IS_ GS 字段中存储的公式，创建动态代码，动态编译并执行，计算得到指标数据，并存储于表 T _ INVD。计算出的指标权重数据存储于指标结构表中的 IS_ GS 字段中。对各生态系统生态安全状态指数、压力指数、生态安全指数，生态安全指数和生态承载力指数计算完成后，根据指数结构表中对应的 ES_ ZD 字段，将其存

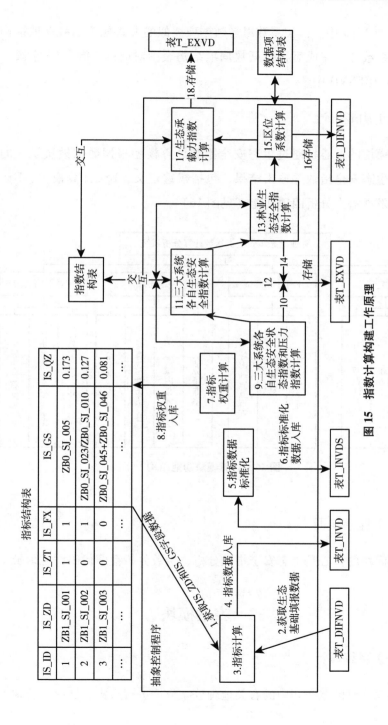

图 15 指数计算构建工作原理

储于表 T_ EXVD 中。区位系数以与数据项类似的方式配置于数据项结构表中，区位系数计算完成后，根据数据项结构表中对应的 DIS_ ZD 字段，存储于表 T_ DIFNVD 中。

（二）功能设计

计算模块的核心是通过生态安全指数计算模型根据数据模块录入的数据，计算生态安全指数并输出结果，包括权重定义、ESI 计算模型、ESI 排序、区域发展潜力分析四项功能（见图 16）。

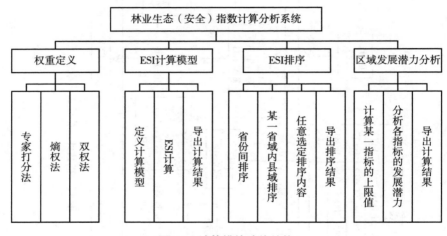

图 16　计算模块功能结构

（三）程序实现

计算模块的核心是生态安全指数分析，指数分析程序代码详见附录 1。

三　表达模块

（一）系统设计

表达模块对区域空间中的有关地理分布数据进行采集、储存、管理、运算、分析、显示和描述。用户在设定位置信息之后可以查询和分析某地区的生态安全情况。可视化表达系统的设计遵循以下原则。

第一，实用性。最大限度地满足林草系统各级部门的业务需求，为大众提供有效的可视化工具。要保证系统运行稳定、界面友好、操作方便、功能完善、系统维护性好。系统要具有优秀的系统结构和完善的数据库系统，还要有与其他系统数据共享和协同工作的能力。

第二，标准性。整个系统的建设需遵循标准化、统一化的原则，以支持系统的推广应用。系统在数据分类编码、数据格式、数据接口、软件接口和系统开发等方面要严格执行国家的标准和规范。

第三，先进性。系统在技术上要具有先进性，包括软、硬件的先进性、网络环境的先进性等，将现有的先进技术尽可能地应用到系统中。

第四，动态性。系统要能够顾及环境数据不断变化和增加的需要，也要充分考虑到林业生态安全指数科学研究的需要。系统需要根据环境数据、指标体系、结构等各种变化，动态地调整、优化和扩展有关的功能。

第五，开放性。系统需要采用开放式设计，可以在应用中不断补充和更新功能，具备良好的与其他系统的数据交换和功能兼容能力。系统还需要具备统一的软件和数据接口，为后续系统的开发留出余地。

表达系统将计算所得到的生态安全指标数据、数据产品等以地图为基底，采用统计图表的形式展现，通过用户查询命令，将查询结果展示给用户，并按照属地管理原则为该区域林业和草原管理部门提供决策支持，流程如图 17 所示。

（二）功能设计

生态安全表达系统包括新闻公告、年度数据、区域数据、数据专题产品、数据质量评价等功能，如图 18 所示。

（三）系统实现

表达模块可按区域和年度进行查询，选择饼状图、柱状图、折线图等统

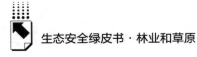

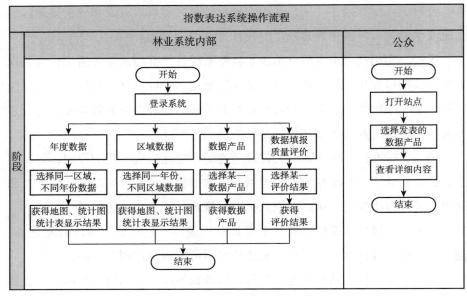

图17 表达系统流程示意

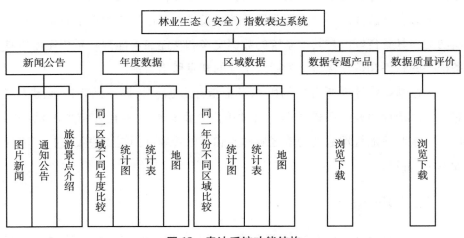

图18 表达系统功能结构

计方式进行简单的数据分析和展示（见图19~图21）。此外，还可做一些简单的对比分析，比如跨省选择自然禀赋不同但生态相近的区县进行对比，如湖北神农架林区和云南西双版纳热带雨林地区。

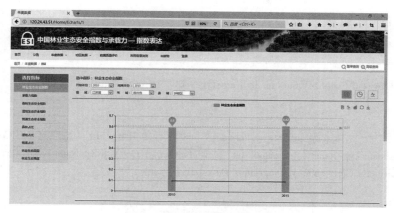

图 19 表达系统按年度查询

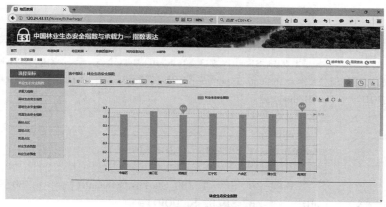

图 20 生态安全指数柱状图分析

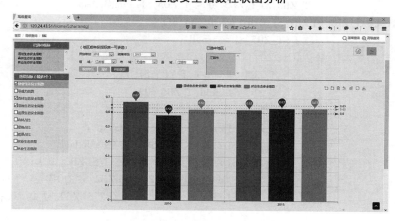

图 21 生态安全指数对比分析

附录1：计算模块核心代码

```
private void CaculateValue(int IndicatorType, DbConnection conn)
        {

                log.Debug(String.Format("[{0}]计算开始 {1} {2}", GlobalConfig.
GetIndicatorTypeName(IndicatorType), GlobalConfig.GetDateTypeName(DataType),
GlobalConfig.GetCaculateMethodName(DataMethod)));
                try
                {
                        Zb1Dao zb1Dao = new Zb1Dao(conn);
                        ArrayList zb1Array = zb1Dao.FindAll(IndicatorType);
                        var T_ZB2_SJNFs1 = T_ZB2_SJs.Where(p => p.ZB2_SJ_NF == NF
&& p.ZB2_SJ_LX == IndicatorType);
                        var T_ZB3_SJ = T_ZB3_SJs.FirstOrDefault(p => p.ZB3_SJ_NF ==
NF && p.ZB3_SJ_LX == IndicatorType && p.ZB3_SJ_TYPE == DataType && p.ZB3_SJ
_METHOD == DataMethod);
                        if (T_ZB3_SJ == null)
                          return;
                        foreach (var T_ZB2_SJ in T_ZB2_SJNFs1)
                        {
                                var T_ZB0_SJ = T_ZB0_SJs.FirstOrDefault(p => p.ZB0_SJ_NF
== NF && p.cAreaID == T_ZB2_SJ.ZB2_SJ_DQID);
                                T_ZB5_SJ T_ZB5_SJ = T_ZB5_SJs.FirstOrDefault(p => p.ZB5_SJ
_DQID == T_ZB2_SJ.ZB2_SJ_DQID && p.ZB5_SJ_NF == NF);
                                if (T_ZB5_SJ == null)
                                {
                                        T_ZB5_SJ = new T_ZB5_SJ();
                                        T_ZB5_SJs.Add(T_ZB5_SJ);
                                        T_ZB5_SJ.ZB5_SJ_NF = NF;
                                        T_ZB5_SJ.ZB5_SJ_TYPE = DataType;
                                        T_ZB5_SJ.ZB5_SJ_METHOD = DataMethod;
                                        T_ZB5_SJ.ZB5_SJ_DQID = T_ZB2_SJ.ZB2_SJ_DQID;
                                        T_ZB5_SJ.cAreaID = T_ZB2_SJ.ZB2_SJ_DQID;
                                        T_ZB5_SJ.ZB5_SJ_DQMC = T_ZB2_SJ.ZB2_SJ_DQMC;

                                }
```

```
            T_ZB7_SJ T_ZB7_SJ = new T_ZB7_SJ();
            T_ZB7_SJ.ZB7_SJ_NF = NF;
            T_ZB7_SJ.ZB7_SJ_TYPE = DataType;
            T_ZB7_SJ.ZB7_SJ_METHOD = DataMethod;
            T_ZB7_SJ.ZB7_SJ_DQID = T_ZB2_SJ.ZB2_SJ_DQID;
            T_ZB7_SJ.ZB7_SJ_DQMC = T_ZB2_SJ.ZB2_SJ_DQMC;
            T_ZB7_SJ.ZB7_SJ_LX = T_ZB2_SJ.ZB2_SJ_LX;
            T_ZB7_SJs.Add(T_ZB7_SJ);
            T_ZB8_SJ T_ZB8_SJ = new T_ZB8_SJ();
            T_ZB8_SJ.ZB8_SJ_NF = NF;
            T_ZB8_SJ.ZB8_SJ_TYPE = DataType;
            T_ZB8_SJ.ZB8_SJ_METHOD = DataMethod;
            T_ZB8_SJ.ZB8_SJ_DQID = T_ZB2_SJ.ZB2_SJ_DQID;
            T_ZB8_SJ.ZB8_SJ_DQMC = T_ZB2_SJ.ZB2_SJ_DQMC;
            T_ZB8_SJ.ZB8_SJ_LX = T_ZB2_SJ.ZB2_SJ_LX;
            T_ZB8_SJs.Add(T_ZB8_SJ);
            double slhx = 0;//森林红线
            double slhxdw = 0;//森林红线 dw
            double xyhx = 0;//雪域红线
            double xyhxdw = 0;//雪域红线 dw
            foreach (Zb1 zb1 in zb1Array)
            {
                double dindex = getdouble(T_ZB2_SJ, zb1.Zd.Replace("
ZB1_SJ", "ZB2_SJ"));
                double dw = getdouble(T_ZB3_SJ, zb1.Zd.Replace("ZB1_
SJ", "ZB3_SJ"));
                double dxx = dindex * dw;
                double dxxs = (1 - dindex) * dw;
                setdouble(T_ZB7_SJ, zb1.Zd.Replace("ZB1_SJ", "ZB7_
SJ"), dxx);
                setdouble(T_ZB8_SJ, zb1.Zd.Replace("ZB1_SJ", "ZB8_
SJ"), dxxs);
                switch (IndicatorType)
                {
                    case GlobalConfig.INDECATOR_TYPE_STATUS_
FORESTRY:
                        if (T_ZB5_SJ.ZB5_SJ_009 == null)
```

```
                                T_ZB5_SJ.ZB5_SJ_009 = 0;
                        if ( zb1.Zd == "ZB1_SJ_007" )
                        {
                            slhx = dindex;
                            slhxdw = dw;
                        }
                        T_ZB5_SJ.ZB5_SJ_009 += dxx;

                        break;
                        case GlobalConfig. INDECATOR_TYPE_PRESSURE_
FORESTRY:

                        if ( T_ZB5_SJ.ZB5_SJ_011 == null )
                            T_ZB5_SJ.ZB5_SJ_011 = 0;
                        T_ZB5_SJ.ZB5_SJ_011 += dxx;

                        break;
                        case GlobalConfig. INDECATOR_TYPE_STATUS_
WETLANDS:

                        if ( T_ZB5_SJ.ZB5_SJ_013 == null )
                            T_ZB5_SJ.ZB5_SJ_013 = 0;
                        T_ZB5_SJ.ZB5_SJ_013 += dxx;
                        break;
                        case GlobalConfig. INDECATOR_TYPE_PRESSURE_
WETLANDS:

                        if ( T_ZB5_SJ.ZB5_SJ_015 == null )
                            T_ZB5_SJ.ZB5_SJ_015 = 0;
                        T_ZB5_SJ.ZB5_SJ_015 += dxx;

                        break;
                        case GlobalConfig. INDECATOR_TYPE_STATUS_
DESERT:

                        if ( T_ZB5_SJ.ZB5_SJ_017 == null )
                            T_ZB5_SJ.ZB5_SJ_017 = 0;
                        T_ZB5_SJ.ZB5_SJ_017 += dxx;

                        break;
```

```
                        case GlobalConfig.INDECATOR_TYPE_PRESSURE_
DESERT:

                        if (T_ZB5_SJ.ZB5_SJ_019 = = null)
                            T_ZB5_SJ.ZB5_SJ_019 = 0;
                        T_ZB5_SJ.ZB5_SJ_019 + = dxx;

                        break;
                        case GlobalConfig.INDECATOR_TYPE_STATUS_
GRASS:

                        if (T_ZB5_SJ.ZB5_SJ_032 = = null)
                            T_ZB5_SJ.ZB5_SJ_032 = 0;
                        T_ZB5_SJ.ZB5_SJ_032 + = dxx;
                        break;
                        case GlobalConfig.INDECATOR_TYPE_PRESSURE_
GRASS:

                        if (T_ZB5_SJ.ZB5_SJ_033 = = null)
                            T_ZB5_SJ.ZB5_SJ_033 = 0;
                        T_ZB5_SJ.ZB5_SJ_033 + = dxx;

                        break;
                        case GlobalConfig.INDECATOR_TYPE_STATUS_ICE:
                        if (T_ZB5_SJ.ZB5_SJ_014 = = null)
                            T_ZB5_SJ.ZB5_SJ_014 = 0;
                        if (zb1.Zd = = "ZB1_SJ_006")
                        {
                            slhx = dindex;
                            slhxdw = dw;
                        }
                        T_ZB5_SJ.ZB5_SJ_014 + = dxx;

                        break;
                        case GlobalConfig.INDECATOR_TYPE_PRESSURE
_ICE:

                        if (T_ZB5_SJ.ZB5_SJ_012 = = null)
                            T_ZB5_SJ.ZB5_SJ_012 = 0;
                        T_ZB5_SJ.ZB5_SJ_012 + = dxx;
```

```
                                    break;
                        default:
                            break;
                    }
                }
            switch ( IndicatorType )
            {
                case  GlobalConfig. INDECATOR _ TYPE _ STATUS _
FORESTRY:
                if ( T_ZB5_SJ.ZB5_SJ_009 = = null )
                    break;
                double  xx  =  GlobalConfig. INDECATOR _ VALUE _
FORESTRYHX − ( Convert.ToDouble( T_ZB5_SJ.ZB5_SJ_009 ) − slhx * slhxdw );
                if ( xx <= 0 )
                {
                    T_ZB5_SJ.ZB5_SJ_020 = 0;
                }
                else
                {
                    T_ZB5_SJ.ZB5_SJ_020 = xx / slhxdw;
                }
                break;
                case  GlobalConfig. INDECATOR _ TYPE _ PRESSURE _
FORESTRY:

                break;
                 case  GlobalConfig. INDECATOR _ TYPE _ STATUS _
WETLANDS:

                break;
                case  GlobalConfig. INDECATOR _ TYPE _ PRESSURE _
WETLANDS:

                break;
            case GlobalConfig.INDECATOR_TYPE_STATUS_DESERT:
                break;
                case  GlobalConfig. INDECATOR _ TYPE _ PRESSURE _
DESERT:

                break;
            case GlobalConfig.INDECATOR_TYPE_STATUS_GRASS:
```

```
                              break;
                    case GlobalConfig.INDECATOR_TYPE_PRESSURE_GRASS：
                              break;
                    case GlobalConfig.INDECATOR_TYPE_STATUS_ICE：
                         if（T_ZB5_SJ.ZB5_SJ_014 = = null)
                                break;
                    double xy = GlobalConfig.INDECATOR_VALUE_ICEHX −
（Convert.ToDouble（T_ZB5_SJ.ZB5_SJ_014) − xyhx ∗ xyhxdw）;
                         if（xy <= 0）
                         {
                                T_ZB5_SJ.ZB5_SJ_006 = 0;
                         }
                         else
                         {
                              if（xyhxdw！= 0）
                                   T_ZB5_SJ.ZB5_SJ_006 = xy ∕ xyhxdw;
                              else
                                   T_ZB5_SJ.ZB5_SJ_006 = 0;
                         }
                         break;
                    case GlobalConfig.INDECATOR_TYPE_PRESSURE_ICE：

                         break;
                    default：
                         break;
                    }
                    T_ZB7_SJDAL.Instance.Add（T_ZB7_SJ）;
                    T_ZB8_SJDAL.Instance.Add（T_ZB8_SJ）;
               }
          }
     catch（System.Exception ex）
     {
          log.Error（ex.Message）;
          log.Error（ex.Source）;
          log.Error（ex.StackTrace）;
     }
     finally
```

```
        {
            log.Debug(String.Format("[{0}]计算结束 {1} {2}", GlobalConfig.
GetIndicatorTypeName(IndicatorType),
            GlobalConfig.   GetDateTypeName   (DataType),   GlobalConfig.
GetCaculateMethodName(DataMethod)));
        }
    }
```

区域篇
Regional Reports

G.5

长江流域生态安全评价报告

李 杰 杨彬煜 汤 旭 吴卫红 杨 伶*

摘 要： 本报告以长江流域 11 个省为研究范围，以森林、草原、湿地、荒
漠四个生态系统为研究对象，基于状态—压力框架模型构建长江
流域生态安全评价指标体系，运用双权法确定权重，运用极差法
进行标准化处理，运用综合指数法确定生态安全指数对长江流域
生态安全进行评价。结果表明：长江流域森林生态状况处于较安
全状态（0.637），草原生态状况（0.450）与湿地生态状况
（0.422）处于临界安全状态，荒漠生态状况（0.682）处于较安全
状态。基于此，长江流域全流域应共抓大保护、不搞大开发，长江
上游以预防保护为主、中游以保护恢复为主、下游以治理修复为主。

关键词： 长江流域 生态安全指数 生态系统

---

* 李杰，国家林业和草原局发展研究中心高级工程师，研究方向为林业经济政策、长江流域生态
安全评价；杨彬煜，青岛农业大学硕士研究生，研究方向为农村发展、生态安全评价；汤旭，
博士，中南林业科技大学副教授、硕士生导师，研究方向为农林经济与生态经济；吴卫红，博
士，北京化工大学教授、博士生导师，研究方向为绿色创新管理、绿色发展管理；杨伶，博
士，中南林业科技大学副教授、硕士生导师，研究方向为生态系统服务与生态安全。

一　长江流域概况

长江发源于青海省唐古拉山南麓，经青海、四川、西藏、云南、重庆、湖北、湖南、江西、安徽、江苏、上海 11 个省（区、市），最终于上海市崇明岛附近汇入东海。长江支流达数百条，延伸至贵州、甘肃、陕西、河南、广西、广东、浙江、福建 8 个省（区）的部分地区。长江流域面积达 180 万平方公里，约占中国陆地总面积的 1/5。按上、中、下游划分，长江经济带上游地区包括重庆、四川、贵州、云南 4 省（市），总面积（非流域面积，下同）约 113.74 万平方公里，占长江经济带的 55.4%；中游地区包括江西、湖北、湖南 3 省，面积约 56.46 万平方公里，占长江经济带的 27.5%；下游地区包括上海、江苏、浙江、安徽 4 省（市），面积约 35.03 万平方公里，占长江经济带的 17.1%。

二　长江流域生态文明建设历程

新中国成立以来，党中央历代领导集体立足我国基本国情，持续关注人与自然关系，着眼不同历史时期社会主要矛盾发展变化，总结我国发展实践。从"对自然不能只讲索取不讲投入"到"人与自然和谐相处"[1]，从"协调发展"到"可持续发展"[2]，从"科学发展观"到"新发展理念"和坚持"绿色发展"，都表明环境保护和生态文明建设，作为一种执政理念和实践形态，贯穿于中国共产党的百年奋斗历程与民族复兴道路的探索中[3]。

---

[1]　刘浚、赵淑妮：《中国特色社会主义生态文明建设理论体系探析》，《西安建筑科技大学学报（社会科学版）》2015 年第 3 期，第 81~87 页。

[2]　林敬雅：《习近平生态文明建设思想探析》，《中共乐山市委党校学报》2016 年第 2 期，第 28~30 页。

[3]　习近平：《在庆祝中国共产党成立 100 周年大会上的讲话》，《党的文献》2021 年第 4 期，第 3~7 页。

（一）水资源开发利用时期（1949~1991年）

1. 1949~1978年

从新中国成立到改革开放前，我国水利基础十分薄弱，水旱灾害频繁，"有计划、有步骤地恢复并发展防洪、灌溉、排水、放淤、水力、疏浚河流、兴修运河等水利事业"，成为十分重大而紧迫的任务。

一是新中国成立初期主要开展了长江堤防堵口复堤、大规模干支流堤防修复等工程，实施了以兴建荆江分洪工程、丹江口水利枢纽工程、葛洲坝水利枢纽工程等为重点的水利水电工程，实现了由防洪到以防洪为中心进行综合治理的历史性转变。

二是1950年长江水利委员会成立（以下简称"长江委"），重点开展流域规划和重要防洪工程建设。面对严峻的防洪形势，长江委1951~1953年研究提出了《关于治理长江计划基本方案的报告》，制定了治江三阶段计划，即第一阶段以培修加固堤防为主，适当扩大长江中下游安全泄量；第二阶段结合运用堤防和蓄洪垦殖区，蓄纳超过河道安全泄量的超额洪水；第三阶段兴建山谷水库拦洪，达到降低长江水位至安全水位的目的。

三是1958年3月，周恩来总理在中央政治局成都会议上做了关于三峡水利枢纽和长江流域规划的报告[①]；同年4月中共中央政治局会议通过了《关于三峡水利枢纽和长江流域规划的意见》，这是中国共产党和新中国治理开发长江流域的第一部"红头文件"。

四是1959年长江委编制完成《长江流域综合利用规划要点报告》，确定以长江中下游防洪为首要任务，提出以三峡水利枢纽工程为主体的五大开发计划，合理安排了江河治理和水资源综合利用、水土资源保持等内容，注意协调了干支流和其他方面的关系，指导了一个时期长江水利建设，构想了三峡工程、南水北调等远景规划，谋划了长江治理宏伟蓝图。

[①] 郑守仁：《三峡工程在长江生态环境保护中的关键地位与作用》，《人民长江》2018年第21期，第1~8+19页。

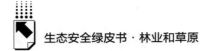

五是在 1972 年和 1980 年水电部主持召开的两次长江中下游防洪座谈会上，进一步明确了"蓄泄兼筹，以泄为主"的防洪治理方针和部署。其间，还开展了长江中游平原地区防洪排涝方案研究，长江中下游防洪、河道整治等专项规划，为长江水利建设和发展做了大量基础准备。

六是 1976 年 1 月，国务院环境保护领导小组和水利电力部联合批复成立长江流域水资源保护局，自此长江流域水资源保护工作全面启动。

2. 1979~1991 年

改革开放之初，国民经济进入调整期、转型期，国家提出既要抓经济建设，又要抓环境保护；强调既要注意经济规律，又要注意自然规律，生态环境保护成为我国的一项基本国策。1979 年，《中华人民共和国环境保护法（试行）》颁布，标志着国家层面的环境法律制度建设正式起步。1982 年 7 月，长江流域成为中国水土保持重点治理区。1984 年 5 月《水污染防治法》颁布，要求国家和地方各级人民政府，将水环境保护纳入工作计划，制定水环境质量标准和污染物排放标准，对水污染防治实施统一监督管理。1988 年 1 月《水法》制定颁布。1989 年 12 月《环境保护法》正式实施，该法成为我国环境保护的基本法律。1988 年，国家把长江上游作为全国水土保持重点防治区，按照"预防为主，全面规划；综合防治，因地制宜；加强管理，注重效益"方针开展长江上游水土流失重点防治工程，标志着长江流域综合防治工程启动。1990 年 9 月，《长江流域综合利用规划简要报告（一九九〇年修订）》成为长江流域综合治理的基本依据[①]。

在此期间，我国在实现经济增长的同时也发生了环境污染，长江流域出现了不同程度上的水资源恶化、短缺以及水土流失和洪灾等问题。单从水土流失方面看，这一阶段已非常严重，总面积达到 50 万平方公里，主要集中在山区和丘陵地区，特别是长江上游地区。20 世纪 80 年代，长江流域森林覆盖率只有 20 世纪 50 年代的一半。

---

① 郑守仁：《三峡工程在长江生态环境保护中的关键地位与作用》，《人民长江》2018 年第 21 期，第 1~8+19 页。

（二）综合利用与水污染防治时期（1992~2012年）

1. 1992~2002年

随着经济全球化的进一步加快，生态和环境问题也前所未有地突出，生态环境问题越来越向着区域性和全球性问题发展。以江泽民同志为核心的党的第三代领导集体，继承第一、第二代领导集体的未竟事业，提出"退耕还林、封山绿化"战略，开创了治理开发长江流域的新局面。

一是在水利建设方面，长江流域在该时期开工建设了多项大型水利枢纽工程，其中三峡工程在反复论证的基础上，从1992年开始施工准备，于1994年11月正式开工，1997年实现大江截流，被称为人类利用和改造自然的壮举。

二是1998年长江发生全流域特大洪水后，党中央、国务院提出了"全面规划，统筹兼顾，标本兼治，综合治理"的原则和"蓄泄兼筹、以泄为主"的防洪方针，要求建设高标准堤防，清淤除障、疏浚河湖。根据中央统一部署，相关部门和地区开始了长江干流2633公里的一类堤防工程建设，以及重要支流及湖泊1009公里的二类堤防建设，并且分类规划和实施平垸还湖，加强分蓄洪安全设施建设。特大洪水也说明全面启动生态环境保护工程已经刻不容缓。国家叫停长江、黄河流域上中游的天然林采伐，并大力实施营造林工程，用20年左右的时间，将长江流域三峡库区及嘉陵江流域、川西林区、云南金沙江流域3个重点治理区森林覆盖率提高到45%以上。与此同时，对草地植被采取扩大和修复措施，对小流域开展综合治理；加大退耕还林和"坡改梯"的防治力度；依法开展森林植被保护工作，强化生态环境管理①。

三是随着水污染越来越严重，我国对流域水环境管理越发重视。从1992年开始，在一系列法律法规体系保障下，国家正式将环境治理工作纳

---

① 陈钦、徐益良、刘伟平：《制度变迁理论在天然林保护工程中的运用》，《世界林业研究》2000年第4期，第65~69页。

入发展规划体系，并出台了一系列环保政策。在区域分治的情况下，长江流域逐渐形成了"谁污染，谁治理"的治理模式。1995年《淮河流域水污染防治暂行条例》的出台，标志着我国流域治理开始出现针对性和操作性更强的政策措施，也成为流域水环境管理实施"强化重点流域、区域污染治理"的可持续发展战略的标志。

四是在治理监管方面，为合理开发和有效保护水资源，各相关机构积极开展治理监管。长江流域水资源保护局在1992年和1997年先后启动长江干流沿岸城市入江排污口及排污量的调查和监管工作，并完成《长江干流入江排污口调查评价报告》。2000年，长江流域水功能区划报告被纳入《中国水功能区划（试行）》①。

五是在防洪和水土流失治理方面，该时期主要是针对长江上游的水土流失和长江中下游的重点河段防洪排涝的治理，出台了多项水资源治理规划，如水土流失防治费、水土保持设施补偿费征收使用管理办法和《太湖水污染防治"九五"计划和2010年规划》《长江干流九江-南京段水资源保护规划》《长江上游（重庆部分）水污染整治规划》等。这些治理政策的出台与实施，标志着在区域分治背景下，长江流域开发和治理的迅速推进。另外，在一些重点流域污染事故频发的背景下，我国针对"三河三湖"等流域开启了大规模流域治水模式，同时为更合理地开发和治理长江流域，长江委先后发布了《长江干流中下游河道治理规划》《长江流域综合利用规划审批后实施情况调查报告》《长江流域综合利用规划后评价报告》等。

2. 2002~2012年

以胡锦涛同志为总书记的党中央，更加注重可持续发展，明确提出科学发展观，强调统筹人与自然和谐发展，提出两型社会战略目标，强调建立资源节约型、环境友好型社会，社会主义人与自然和谐观逐步孕育。

一是在水污染防治方面，国家实施的"十五"计划、"十一五"规划、

---

① 王方清、吴国平、刘江壁：《建立长江流域水功能区纳污红线的几点思考》，《人民长江》2010年第15期，第19~22页。

"十二五"规划均涉及解决和预防流域水污染问题。其中，"十五"规划提出按照总量控制原则进行流域水污染防控；"十一五"规划第一次以"五到省"原则将具体的责任落实到目标省（市）；"十二五"规划采用双目标考核制，即同时对环境质量和污染物排放是否达标进行考核。

二是为应对长江流域环境出现的新情况，国家以流域水量—水质—水生态为治理目标，以总量控制为治理原则出台相关法规政策，更加注重整体性治理。

三是在抗旱防洪方面，2008 年 7 月 21 日，《国务院关于长江流域防洪规划的批复》（国函〔2008〕62 号）指出，要遵循"蓄泄兼筹、以泄为主"的方针，坚持"江湖两利"和"左右岸兼顾、上中下游协调"的原则，进一步完善长江流域防洪总体布局，全面提高长江流域防御洪水灾害的能力。

四是在综合规划和开发原则方面，2010 年 2 月《长江流域综合规划》出台，标志着长江流域水资源与水环境综合规划进入新阶段。

五是在环境保护与督察方面，2008 年我国成立了环境保护部，由此开启了长江流域生态环境污染多元化的预防整治。

（三）生态文明建设时期（2012年至今）

自党的十八大将生态文明建设纳入中国特色社会主义事业总体布局以来，长江经济带在国民经济发展中所占据的重要战略地位与长江流域生态环境不断遭到破坏的突出矛盾，使党和国家着力思考长江流域的绿色发展问题，对长江流域综合治理更为重视。2016 年 1 月 5 日，习总书记在重庆召开推动长江经济带发展座谈会时强调[1]，促进长江经济带的发展必须坚持生态优先、绿色发展的战略定位[2]，并明确提出："当前和今后相当长一个时期，要把修复长江生态环境摆在压倒性位置，共抓大保护，不搞大开发。"[3]

---

[1] 张莹、潘家华：《"十四五"时期长江经济带生态文明建设目标、任务及路径选择》，《企业经济》2020 年第 8 期，第 5~14 页。

[2] 周睿：《长江经济带沿线省市生态现代化综合评价》，《现代经济探讨》2019 年第 9 期，第29~34 页。

[3] 王依、杜雯翠、秋婕：《对进一步推进〈长江经济带生态环境保护规划〉实施的再思考》，《中国环境管理》2019 年第 4 期，第 86~92 页。

2018 年 4 月 26 日，习总书记对"共抓大保护，不搞大开发"和"生态优先、绿色发展"等核心理念做了更加明确的阐述，从根本上解决了长江经济带绿色发展中的思想认识问题。2020 年 11 月 14 日，习总书记在南京对长江经济带高质量发展提出，要坚持"生态优先、绿色发展"的新战略①。习近平总书记三次重要指示一脉相承，具有高度的前瞻性和全局性，为长江经济带生态大保护战略的贯彻落实指明了方向。

一是在长江流域整治方面，2017 年 10 月，环保部等部门共同印发的《重点流域水污染防治规划（2016~2020 年）》为流域水污染防治提供了工作指南。2018 年 5 月，根据《关于开展长江经济带小水电清理整改工作的意见》，相关地区开展长江经济带小水电生态环境突出问题清理整改工作，按照退出类、保留类、整改类分类整改落实，深入保护和修复河流生态系统②。

二是在长江流域生态环境保护修复方面，2017 年 7 月，《长江经济带生态环境保护规划》从水资源利用、水生态保护与修复、环境污染治理、流域风险防控等方面提出更加细化、量化的目标任务③。2018 年，生态环境部等部门联合印发《长江保护修复攻坚战行动计划》，强调以提高长江流域生态环境质量为核心，防治和保护同时发力，着力解决突出问题，确保长江流域环境质量持续改善、生态功能稳定恢复④。2022 年 8 月，《深入打好长江保护修复攻坚战行动方案》从生态系统整体性和流域系统性出发，坚持精准、科学、依法治污，以高水平保护推动高质量发展，明确持续深化水环境综合治理、深入推进水生态系统修复、着力提升水资源保障程度、加快形成绿色发展管控格局等工作内容。

---

① 周睿：《长江经济带沿线省市生态现代化综合评价》，《现代经济探讨》2019 年第 9 期，第 29~34 页。
② 张莹、潘家华：《"十四五"时期长江经济带生态文明建设目标、任务及路径选择》，《企业经济》2020 年第 8 期，第 5~14 页。
③ 逯元堂、赵云皓、陶亚等：《2017 年中国环保产业政策综述》，《中国环保产业》2018 年第 8 期，第 6~18 页。
④ 王依、杜雯翠、秋婕：《对进一步推进〈长江经济带生态环境保护规划〉实施的再思考》，《中国环境管理》2019 年第 4 期，第 86~92 页。

三是在生物多样性和禁捕方面，2017 年中央一号文件提出"率先在长江流域水生生物保护区实现全面禁捕"，2018 年中央一号文件提出"建立长江流域重点水域禁捕补偿制度"①。2018 年，《关于加强长江水生生物保护工作的意见》科学划定禁捕区、限捕区，引导流域内捕捞渔民加快退捕转产。

四是在生态补偿和资金支持方面，2018 年，《长江经济带绿色发展专项中央预算内投资管理暂行办法》提出要重点支持对保护和修复长江生态环境、促进区域经济社会协调发展、改善交通条件、增进人民福祉、强化保障能力具有重要意义的长江经济带绿色发展项目。2021 年 9 月，《关于全面推动长江经济带发展财税支持政策的方案》从 5 个方面提出了 17 项具体政策措施，包括加大污染防治专项资金投入力度，引导地方建立横向生态补偿机制，构建市场化、多元化的生态补偿机制，支持连通重点区域的交通网建设，加大地方政府债券支持力度，支持加快新旧动能转换、科技创新平台和人才队伍建设等。

五是在法律制定方面，2020 年 12 月 26 日，《中华人民共和国长江保护法》将"协同共治"嵌入流域生态环境治理模式，以塑造长江流域生态法治的话语体系与规范秩序②。该法作为我国第一部流域法律，开启了长江保护有法可依的新局面，为全面加强长江流域内生态环境保护和修复提供了法律保障。

三　长江流域生态安全存在的问题

随着长江流域人口快速增长、城市化进程不断加快，流域内生态环境问题日益突出，影响了长江流域的生态安全与可持续发展。

---

① 《农业农村部　财政部　人力资源社会保障部关于印发〈长江流域重点水域禁捕和建立补偿制度实施方案〉的通知》（农长渔发〔2019〕1 号），农业农村部网站，2021 年 1 月 13 日，http://nyncw.cq.gov.cn/ztzl_161/rdzt/snjy/xgzc/202101/t20210113_8760941_wap.html。

② 王灿发、张祖增：《长江流域生态环境协同共治：理论溯源、核心要义与体制保障》，《南通大学学报（社会科学版）》2023 年第 3 期，第 31~42 页。

（一）长江源头气候变暖问题

长江源头地区近几十年来气候的暖干化趋势明显，气温升高的速率是全球平均水平的 4 倍，冰川退缩；源区东部气候变化与草场过牧叠加，使草场鼠害猖獗；源区西部地区土地荒漠化加剧，水土流失与沙化严重；内陆封闭湖泊退缩、咸化乃至消亡，有冰川补给的湖泊面积扩张、水质淡化，冰川加速消融导致夏季河水流量增加；源区河流水质含盐量高，水质差，直到曲麻莱县城附近江水含盐量才降到 0.961g/L，勉强达到淡水标准，曲麻莱以上河段河水均达不到淡水标准；对水质起重要缓冲、调节作用的沼泽草地，由于载畜量过大、气候暖干，受到强烈干扰，逐渐变得干涸。

（二）长江中上游水土流失问题

水土保持与生态建设是社会经济可持续发展的重要基础[①]。长江是我国第一大河，全长 6300 千米，由于水土流失严重，具有"第二条黄河"之称。毁林开荒、陡坡垦殖使长江上中游森林面积不断减少，加之坡度陡、土层薄且人口稠密，水土流失造成严重的土地退化。大量泥沙流向中下游地区，引起江河湖泊淤积变迁。汉水上游、白龙江下游土石山区和金沙江下游中山峡谷区是长江流域水土流失最为集中和严重的地方。此外，长江中游的湘江、资江、沅江、澧水流域水土流失也较为严重。水土流失使土地资源破坏、水源涵养能力降低、灾害加剧，同时恶化地区生态环境，影响其生态安全，阻碍区域可持续发展。

（三）长江中下游洪涝灾害问题

长江流域林草植被质量整体不高，河湖、湿地生态面临退化风险，

---

① 崔鹏、靳文：《长江流域水土保持与生态建设的战略机遇与挑战》，《人民长江》2018 年第 19 期，第 1~5 页。

洪涝灾害问题突出。有学者研究发现，长江各支流流域有较为明显的旱涝交替阶段[1]，主要原因如下：森林多为以杉、松为主的人工纯林，每公顷土地森林蓄积量 88.45 立方米，低于全国平均水平；长江中下游湖泊、湿地萎缩，鄱阳湖等枯水期提前、枯水位下降；水土流失及洪涝灾害面积达 3540 万公顷，石漠化面积约为 1000 万公顷；矿产开发、重大有害生物灾害严重破坏流域生态环境。

（四）水环境污染与生物多样性丧失问题

长江流域面积辽阔，是以水为核心而形成的生态系统，水生生境类型多样：源头高原多沼泽湿地，上游浅滩和深潭交错，中下游地区河网纵横，河口多滩涂湿地。磷污染成为制约长江流域水质改善的主要因素，农业源排放量占比高，但工业源入河对水体的影响更直接，水库群运行带来的水沙条件变化对磷污染沿程演变有明显影响，化工围江、航运污染风险引起广泛关注[2]。上游地区以煤炭、石油、水电为主，中下游地区以化工、有色金属为主，石油化工等产业向中上游地区转移趋势依然明显，污染形势依然严峻[3]。此外，长江水生生物资源衰退、野生动植物数量大量减少，导致生物多样性指数不断下降[4]，部分珍稀品种濒临灭绝。加之排入湖库的营养物质不断增多，加快了水体富营养化进程，湿地生态功能退化问题日渐凸显。

四　长江流域生态安全评价与分析

本报告以长江干流流经的 11 个省（区、市）为研究区，以森林、草

---

① 马德栗、刘敏、鞠英芹：《长江流域及三峡库区近 542 年旱涝演变特征》，《气象科技》2016 年第 4 期，第 622~630 页。

② 刘录三、黄国鲜、王璠等：《长江流域水生态环境安全主要问题、形势与对策》，《环境科学研究》2020 年第 5 期，第 1081~1090 页。

③ 王金南、孙宏亮、续衍雪、王东、赵越、魏明海：《关于"十四五"长江流域水生态环境保护的思考》，《环境科学研究》2020 年第 5 期，第 1075~1080 页。

④ 黄硕琳、王四维：《长江流域濒危水生野生动物保护现状及展望》，《上海海洋大学学报》2020 年第 1 期，第 128~138 页。

原、湿地、荒漠四个生态系统为研究对象，基于状态—压力框架模型构建长江流域生态安全评价指标体系，运用长江流域各省域、县域统计年鉴及统计报表等数据，按照第三章提出的生态安全指数指标体系和计算方法，分别运用双权法确定指标权重、极差法进行标准化处理、综合指数法计算生态安全指数，最终形成长江流域生态安全评价结果。

（一）长江上游

1. 生态安全指数分析

长江上游包括青海、四川、西藏、云南、重庆5省（区、市），由于青海、西藏数据缺失，仅有3省（市）评价结果。从省域分析来看，长江上游省份均为临界安全。其中，云南省生态安全指数最高，为0.769；重庆市生态安全指数次之，为0.645；四川省生态安全指数最低，为0.632（见表1）。

表1 长江上游省域生态安全指数

省（市）	生态安全指数
四川省	0.632
云南省	0.769
重庆市	0.645

2. 生态安全指数端值分析

长江流域上游县域生态安全指数最高值位于四川省雷波县，最低值位于四川省大竹县。雷波县生态安全状态指数中，最高值为草原系统状态指数0.757，最低值为森林系统状态指数0.607；生态安全压力指数中，最高值为草原系统压力指数0.089，最低值为森林系统压力指数0.020。大竹县状态指数中，最高值为森林系统状态指数0.428，最低值为湿地系统状态指数0.207；压力指数中，最高值为湿地系统压力指数0.014，最低值为森林系统压力指数0.012（见表2）。

表2 雷波县、大竹县生态安全状态指数、压力指数

县	排序	生态系统	状态指数	排序	生态系统	压力指数
雷波县	1	草原	0.757	1	草原	0.089
	2	湿地	0.756	2	湿地	0.042
	3	森林	0.607	3	森林	0.020
大竹县	1	森林	0.428	1	湿地	0.014
	2	湿地	0.207	2	森林	0.012
	3	草原	—	3	草原	—

（二）长江中游

1. 生态安全指数分析

长江中游包括湖北、湖南、江西3省。从省域分析来看，江西省生态安全等级为较安全状态，湖北省和湖南省生态安全等级为临界安全状态。其中，江西省生态安全指数最高，为0.620；湖南省生态安全指数次之，为0.507；湖北省生态安全指数最低，为0.492（见表3）。

表3 长江中游省域生态安全指数

省	生态安全指数
湖北省	0.492
湖南省	0.507
江西省	0.620

2. 生态安全指数端值分析

长江流域中游县域最高值位于湖北省谷城县，最低值位于湖北省铁山区。谷城县状态指数中，最高值为湿地系统状态指数0.710，最低值为草原系统状态指数0.253；压力指数中，最高值为草原系统压力指数0.065，最低值为森林系统压力指数0.061。铁山区状态指数中，最高值为森林系统状态指数0.179，最低值为草原系统状态指数0.150；压力指数中，最高值为草原系统压力指数0.008，最低值为森林系统压力指数0.002（见表4）。

101

表4　谷城县、铁山区生态安全状态指数、压力指数

县域	排序	生态系统	状态指数	排序	生态系统	压力指数
谷城县	1	湿地	0.710	1	草原	0.065
	2	森林	0.578	2	湿地	0.063
	3	草原	0.253	3	森林	0.061
铁山区	1	森林	0.179	1	草原	0.008
	2	湿地	0.160	2	湿地	0.003
	3	草原	0.150	3	森林	0.002

（三）长江下游

1. 生态安全指数分析

长江下游包括安徽、江苏、上海3省（市）。从省域分析来看，上海市生态安全等级为较不安全状态，其他长江下游省份均为临界安全状态。其中，安徽省生态安全指数最高，为0.477；江苏省生态安全指数次之，为0.402；上海市生态安全指数最低，为0.330（见表5）。

表5　长江下游省域生态安全指数

省(市)	生态安全指数
安徽省	0.477
江苏省	0.402
上海市	0.330

2. 生态安全指数端值分析

长江下游县域最高值位于上海市崇明区，最低值位于江苏省大丰区。崇明区湿地、森林生态系统状态指数分别为0.649、0.634，湿地、森林生态系统压力指数分别为0.649、0.167。大丰区生态系统状态指数中，最高值为湿地系统状态指数0.274，最低值为草原系统状态指数0.221；压力指数中，最高值为湿地系统压力指数0.378，最低值为森林系统压力指数0.159（见表6）。

表6　崇明区、大丰区生态安全状态指数、压力指数

县域	排序	生态系统	状态指数	排序	生态系统	压力指数
崇明区	1	湿地	0.649	1	湿地	0.649
	2	森林	0.634	2	森林	0.167
大丰区	1	湿地	0.274	1	湿地	0.378
	2	森林	0.239	2	草原	0.207
	3	草原	0.221	3	森林	0.159

五　长江流域各生态系统生态安全评价结果

（一）森林生态系统评价

从总体分析来看，长江流域总体森林生态安全指数为0.637。长江流域各省（市）森林生态安全指数的最高值0.712，为云南省；最低值0.395，为上海市；中位值0.593，为湖南省。森林状态指数的最高值为云南省0.600，最低值为江西省0.305。森林压力指数的最高值为江西省0.179，最低值为四川省和安徽省0.031（见表7）。

表7　长江流域森林生态系统生态安全指数

排序	省（市）	森林生态安全指数	森林状态指数	森林压力指数
1	云南	0.712	0.600	0.151
2	四川	0.645	0.442	0.031
3	重庆	0.643	0.494	0.157
4	安徽	0.614	0.395	0.031
5	湖南	0.593	0.426	0.165
6	湖北	0.581	0.371	0.047
7	江苏	0.543	0.350	0.142
8	江西	0.498	0.305	0.179
9	上海	0.395	0.311	0.452

森林生态安全指数县域端值对比分析，四川省最高值为攀枝花东区
0.824，最低值为自流井区 0.429；云南省最高值为勐腊县 0.825，最低值为
盘龙区 0.575；重庆市最高值为酉阳土家族苗族自治县 0.734，最低值为渝
中区 0.381；湖北省最高值为潜江市 0.863，最低值为下陆区 0.423；湖南省
最高值为石峰区 0.768，最低值为永顺县 0.457；江西省最高值为金溪县
0.767，最低值为青山湖区 0.420；安徽省最高值为颍东区 0.836，最低值为
琅琊区 0.533；江苏省最高值为相城区 0.790，最低值为秦淮区 0.369；上海
市最高值为崇明区 0.727，最低值为虹口区 0.338（见表 8）。

表8　长江流域各省森林生态安全指数端值比较

省(市)	最高值	所在县域	最低值	所在县域	中位值
四川	0.824	攀枝花东区	0.429	自流井区	0.665
云南	0.825	勐腊县	0.575	盘龙区	0.710
重庆	0.734	酉阳土家族苗族自治县	0.381	渝中区	0.655
湖北	0.863	潜江市	0.423	下陆区	0.636
湖南	0.768	石峰区	0.457	永顺县	0.637
江西	0.767	金溪县	0.420	青山湖区	0.674
安徽	0.836	颍东区	0.533	琅琊区	0.699
江苏	0.790	相城区	0.369	秦淮区	0.641
上海	0.727	崇明区	0.338	虹口区	0.485

（二）草原生态系统评价

从总体分析来看，长江流域草原生态安全指数为 0.450。长江流域各省
（市）草原生态安全指数最高值 0.548，为云南省；最低值 0.331，为上海
市；中位值 0.448，为江西省。草原状态指数的最高值为云南省 0.379，最
低值为重庆市 0.213。草原压力指数的最高值为上海市 0.519，最低值为四
川省 0.022（见表 9）。

表9 长江流域草原生态系统生态安全指数

排序	省（市）	草原生态安全指数	草原状态指数	草原压力指数
1	云南	0.548	0.379	0.190
2	四川	0.513	0.288	0.022
3	安徽	0.477	0.238	0.040
4	湖南	0.469	0.284	0.208
5	江西	0.448	0.260	0.222
6	湖北	0.445	0.215	0.056
7	江苏	0.435	0.233	0.176
8	重庆	0.408	0.213	0.199
9	上海	0.331	0.246	0.519

草原生态安全指数县域端值对比，四川省最高值为越西县 0.830，最低值为大安区 0.324；云南省最高值为华坪县 0.795，最低值为香格里拉市 0.344；重庆市最高值为垫江县 0.458，最低值为渝中区 0.257；湖北省最高值为华容区 0.588，最低值为广水市 0.299；湖南省最高值为浏阳市 0.693，最低值为珠晖区 0.365；江西省最高值为南康区 0.492，最低值为青山湖区 0.270；安徽省最高值为迎江区 0.550，最低值为瑶海区 0.333；江苏省最高值为张家港市 0.504，最低值为秦淮区 0.250（见表10）。

表10 长江流域各省草原生态安全指数端值比较

省（市）	最高值	所在县域	最低值	所在县域	中位值
四川	0.830	越西县	0.324	大安区	0.466
云南	0.795	华坪县	0.344	香格里拉市	0.546
重庆	0.458	垫江县	0.257	渝中区	0.414
湖北	0.588	华容区	0.299	广水市	0.449
湖南	0.693	浏阳市	0.365	珠晖区	0.454
江西	0.492	南康区	0.270	青山湖区	0.455
安徽	0.550	迎江区	0.333	瑶海区	0.479
江苏	0.504	张家港市	0.250	秦淮区	0.439

（三）湿地生态系统评价

从总体分析来看，长江流域湿地生态安全指数为 0.422。长江流域各省（市）湿地生态安全指数最高值 0.535，为安徽省；最低值 0.282，为上海市；中位值 0.412，为云南省。湿地状态指数的最高值为安徽省 0.301，最低值为重庆市 0.231。湿地压力指数的最高值为上海市 0.681，最低值为四川省和安徽省，均为 0.040（见表 11）。

表 11　长江流域湿地生态系统生态安全指数

排序	省（市）	湿地生态安全指数	湿地状态指数	湿地压力指数
1	安徽	0.535	0.301	0.040
2	湖北	0.504	0.281	0.066
3	四川	0.467	0.236	0.040
4	江苏	0.455	0.297	0.280
5	云南	0.412	0.268	0.361
6	湖南	0.410	0.268	0.367
7	江西	0.408	0.279	0.398
8	重庆	0.385	0.231	0.338
9	上海	0.282	0.281	0.681

湿地生态安全指数县域端值对比分析，四川省最高值为越西县 0.851，最低值为纳溪区 0.279；云南省最高值为澜沧县 0.531，最低值为德钦县 0.290；重庆市最高值为巫山县 0.461，最低值为渝中区 0.134；湖北省最高值为南漳县 0.816，最低值为郧阳区 0.358；湖南省最高值为鼎城区 0.621，最低值为大祥区 0.341；江西省最高值为会昌县 0.451，最低值为青山湖区 0.160；安徽省最高值为寿县 0.758，最低值为瑶海区 0.348；江苏省最高值为张家港市 0.591，最低值为秦淮区 0.173；上海市最高值为崇明区 0.631，最低值为虹口区 0.155（见表 12）。

表 12   长江流域各省湿地生态安全指数端值比较

省（市）	最高值	所在县域	最低值	所在县域	中位值
四川	0.851	越西县	0.279	纳溪区	0.456
云南	0.531	澜沧县	0.290	德钦县	0.412
重庆	0.461	巫山县	0.134	渝中区	0.379
湖北	0.816	南漳县	0.358	郧阳区	0.502
湖南	0.621	鼎城区	0.341	大祥区	0.393
江西	0.451	会昌县	0.160	青山湖区	0.413
安徽	0.758	寿县	0.348	瑶海区	0.527
江苏	0.591	张家港市	0.173	秦淮区	0.459
上海	0.631	崇明区	0.155	虹口区	0.332

（四）荒漠（石漠）生态系统评价

从总体分析来看，长江流域荒漠（石漠）生态安全指数为 0.682。长江流域各省（市）荒漠生态安全指数最高值 0.833，为安徽省；最低值 0.657，为湖南省；中位值 0.714，为江苏省。荒漠状态指数的最高值为安徽省 0.732，最低值为四川省 0.651。荒漠压力指数的最高值为湖南省 0.381，最低值为四川省 0.044（见表 13）。

表 13   长江流域荒漠（石漠）生态系统生态安全指数

排序	省	荒漠(石漠)生态安全指数	荒漠状态指数	荒漠压力指数
1	安徽	0.833	0.732	0.049
2	湖北	0.789	0.672	0.066
3	四川	0.786	0.651	0.044
4	江苏	0.714	0.731	0.292
5	贵州	0.679	0.661	0.294
6	云南	0.674	0.725	0.372
7	湖南	0.657	0.702	0.381

六　维护长江流域生态安全政策建议

（一）全流域：共抓大保护、不搞大开发

长江流域生态系统保护和修复是一项系统工程，要严格按照习近平总书记提出的治水思路，即"节水优先、空间均衡、系统治理、两手发力"[1]，坚持生态保护与经济发展协同并进，以全面提升长江水安全保障能力为主线，将长江生态环境修复摆在首要位置，坚持综合、系统及源头治理，加快推动协同治理，整体推进流域和区域生态环境改善。在此过程中，要读懂"绿水青山就是金山银山"科学内涵，贯彻落实《长江保护法》等法律法规和文件要求，坚持"共抓大保护、不搞大开发"基本原则，把握"生态优先、绿色发展"总体格局，构建以"上保中修下治"为核心的总体治理方针，以流域生态系统性与整体性为出发点，以持续改善长江生态环境质量为核心，统筹水资源保障、水环境治理、水生态保护，提升流域现代化治理能力[2]。

一是扎实推动绿色发展，鼓励有条件的地方先行先试，力争在推动碳达峰行动、重点行业可持续发展等关键环节取得重大突破。二是深入开展污染防治，补齐基础设施短板，推动沿江城市加大污水管网改造力度，推进建制镇污水收集处理设施建设，提高沿江城镇垃圾收集处理能力，力争实现地级及以上城市建成区黑臭水体长治久清。三是持续开展生态修复。以自然恢复为主，加大防护林体系建设力度，加强天然林保护修复，持续推进石漠化综合治理和退耕还林还草，推动建立以国家公园为主体的自然保护地体系，分类分区加强湿地生态系统和滨海湿地保护修复，深入开展

---

① 鄂竟平：《提升生态系统质量和稳定性》，https：//www.thepaper.cn/newsDetail_forward_10444390。

② 新华社：《保护生态环境　建设美丽中国——学习贯彻习近平总书记在全国生态环境保护大会重要讲话》，https：//baijiahao.baidu.com/s？id=160094128 9450291828&wfr=spider&for=pc。

废弃露天矿山生态修复①。四是落实好长江"十年禁渔"，开展非法捕捞专项整治行动，确保管理措施常态化、可持续，确保退捕渔民退得出、稳得住。五是共建共享长江监测"一张网"，建立健全长江流域生态环境、资源、水文、气象、航运、自然灾害等监测信息共享机制和平台。六是加强跨部门跨区域协作机制研究，重点推进流域治理保护重点任务和河湖长制重点工作融合、多元化的横向生态保护补偿制度，建立健全长江流域水生态环境保护考核机制等研究。七是以数字孪生长江建设为核心，围绕数据化、网络化、智能化建设主线和数字化场景、智慧化模拟、精准化决策实施路径，加强数字孪生、大数据、人工智能、区块链等技术在流域山水林田湖草沙冰系统治理的应用研究。

（二）长江上游：以预防保护为主，夯实绿色发展根基

长江上游地区地形复杂、生态脆弱，地质灾害及水土流失问题突出，支流小水电站众多，部分支流水质较差，生态屏障建设、生态流量调度、支流水环境治理等是上游地区生态环境保护的重要任务②。同时，长江上游地区需要重点把握好水源涵养和水土保持的功能定位，解决好在保护中发展的问题。

1. 加强水土保持

对于长江经济带的生态环境来说，上游的生态脆弱性程度较高，水土流失和石漠化等问题严重，应优先整治修复。首先以水土流失治理为重点，持续加大三峡库区等国家重点生态功能区生态保护修复工程的实施力度③，完善沿江、沿河、环湖水资源保护带和生态隔离带④，持续推进长江流域防护

---

① 黄润秋：《国务院关于长江流域生态环境保护工作情况的报告》，中国人大网，2021 年 6 月 7 日，http://www.npc.gov.cn/npc/c30834/202106/459bf9e588354a669c9742fec4b29057.shtml#。

② 李翀、李玮、周睿萌等：《长江大保护战略下科技支撑长江生态环境治理的几点思考》，《环境工程技术学报》2022 年第 2 期，第 356~360 页。

③ 丛晓男、李国昌、刘治彦：《长江经济带上游生态屏障建设：内涵、挑战与"十四五"时期思路》，《企业经济》2020 年第 8 期，第 41~47 页。

④ 刘世庆、巨栋：《长江绿色生态廊道建设总体战略与实现路径研究》，《工程研究》2016 年第 5 期，第 561~571 页。

林和生态公益林建设，科学制订新时期长江流域防护林体系建设规划①，加大建设资金支持力度，有效衔接中央预算内计划和上游各省份防护林工程建设计划②。其次加强对重点预防保护区的生态修复，加强对金沙江下游、嘉陵江上游等水土流失严重地区和长江源头、三峡库区等重要源头区、水源区的治理。再次，对于坡耕地，要加强水土流失治理，积极开展退耕还林还草，加大补贴力度，提高农民退耕还林还草积极性。最后，要提升水土保持监测等信息化支撑能力，定期开展水土保持监测并公告水土保持情况；加快实现生产建设项目信息化监管全面覆盖，及时发现违法违规行为，提升水土保持监管能力。

2.加强生态系统综合治理

立足国家重点生态功能区，以推动生态系统的综合整治和自然恢复为导向，对生态系统加强保护，继续实施天然林保护、退耕退牧还林还草、退田（圩）还湖还湿、矿山生态修复、土地综合整治，大力开展森林质量精准提升、河湖和湿地修复、石漠化综合治理等，切实加强珍稀濒危野生动植物及其栖息地保护恢复，进一步增强区域生态服务功能，逐步提升河湖、湿地生态系统稳定性。开展大规模国土绿化行动，科学谋划实施退耕还林还草的地类、规模和次序，完善退耕还林还草政策，全面保护天然林资源，推动天然林提质增效，加强公益林建设。开展草原生态修复，推行草原禁牧和草畜平衡制度。加强以水源涵养林建设和天然林保护工程为核心的长江上游水源涵养工程建设，重点对三江源区，金沙江、雅砻江、嘉陵江等长江干流及主要支流源头和上游区域进行水源涵养工程建设。

（三）长江中游：以保护恢复为主，坚守绿色质量底线

长江中游地区是经济发展和城市人口集聚的重要增长极，同时面临着严

---

① 覃庆锋、陈晨、曾宪芷等：《长江流域防护林体系工程建设30年回顾与展望》，《中国水土保持科学》2018年第5期，第145~152页。

② 丛晓男、李国昌、刘治彦：《长江经济带上游生态屏障建设：内涵、挑战与"十四五"时期思路》，《企业经济》2020年第8期，第41~47页。

峻的生态环境形势①。干流、部分支流和湖泊的水质未达标,水生态功能不完整,岸线生态脆弱。农业面源污染排放大、排污监督力度不足,工业企业清洁生产水平不高,城市排水基础设施存在明显缺陷。

1. 加强生态系统协同保护

以幕阜山和罗霄山为主体打造城市群"绿心",加强鄱阳湖、洞庭湖保护,深化长江及汉江、湘江、赣江治理,筑牢大别山、大巴山、雪峰山、怀玉山、武夷山生态屏障,强化以国家公园为主体的自然保护地体系建设,构筑"一心两湖四江五屏多点"生态格局。大力实施森林质量精准提升工程和河湖湿地修复工程,科学推进大规模国土绿化行动,加强河流两岸和交通沿线绿化带建设。落实长江十年禁渔要求,保护长江珍稀濒危水生生物,实施濒危物种拯救等生物多样性保护重大工程。建立健全长江流域横向生态保护补偿机制,完善流域生态保护补偿标准等,推动渌水流域补偿机制常态化运行,健全鄱阳湖、洞庭湖补偿机制,推进江西生态综合补偿试点省份建设。支持武汉建成并运行全国碳排放权注册登记系统。

2. 深化水环境综合治理

深入实施长江经济带生态环境保护修复工程,加强河湖生态保护,强化河湖水域、岸线空间管控,持续实施污染治理"4+1"工程。强化"三磷"污染治理,加强长江干流湖南湖北段总磷污染防治。完善城乡污水垃圾收集处理设施,大力实施雨污分流、截污纳管,深入推进入河排污口监测、溯源、整治,基本消除城市建成区生活污水直排口和收集处理设施空白区,加快推进工业园区污水集中处理设施建设。加强沿江城市船舶污染联防联控,完善污染物转移处置联合监管制度,主要港口基本实现船舶水污染物接收、转移和处置的全过程电子联单管理,加快推进船舶靠港使用岸电,推动新能源清洁能源动力船舶发展。推进长江及主要支流沿岸废弃露天矿山生态修复和尾矿库的污染治理。有序推进农业面源污染综合治理。

---

① 李翀、李玮、周睿萌等:《长江大保护战略下科技支撑长江生态环境治理的几点思考》,《环境工程技术学报》2022年第2期,第356~360页。

3.推进水生态系统修复

水生态是长江经济带绿色发展的本底，要全面深入贯彻习近平生态文明思想，遵循自然、经济与社会发展规律，以更高的站位抓好《长江保护法》贯彻实施，切实维护法律权威。推进山水林田湖草沙的保护和治理，实施林地、草地及湿地保护修复，深入实施自然岸线生态修复，加强重要湖泊生态环境保护修复，推进生态保护和修复重大工程建设。开展自然保护地建设与监管，构建以国家公园为主体的自然保护地体系，完成自然保护地整合归并优化①。建立健全水生态考核机制，以考促建，以考促管，推动实现长江流域天蓝地绿、水净山青。

（四）长江下游：以治理修复为主，提升绿色空间品质

长江下游地区经济发达、人口密集，与中上游地区相比，生态环境保护的资金和技术投入更充足。下游地区水质情况虽然持续改善但仍未达标，随着点源污染治理的不断深入，面源污染贡献日益显著；城镇开发强度偏高，生境空间破碎；工业企业密集，特别是危险化学品企业密度大、环境风险高；饮用水安全风险长期存在②。

1.加强生态环境保护修复

切实加强生态环境分区管治，强化区域保护和修复，确保生态空间面积不减少，保护好长三角可持续发展生命线。统筹系统治理与协同保护，加快推动长江生态廊道建设，加强环巢湖地区、崇明岛生态建设。以皖西大别山区和皖南—浙西—浙南山区为重点，共筑长三角绿色生态屏障。加强天然林保护，建设沿海和长江、淮河、京杭大运河、太湖等江河湖岸防护林体系，实施黄河故道造林绿化工程，建设高标准农田林网，开展丘陵岗地森林植被恢复。实施湿地修复与综合治理工程，完善湿地生态功能。推动流域生态系

---

① 唐小平、刘增力、马炜：《我国自然保护地整合优化规则与路径研究》，《林业资源管理》2020年第1期，第1~10页。

② 李昶、李玮、周睿萌等：《长江大保护战略下科技支撑长江生态环境治理的几点思考》，《环境工程技术学报》2022年第2期，第356~360页。

统治理，强化长江、淮河、太湖、新安江、巢湖等流域森林资源保护，实施重要水源地保护工程、水土保持生态清洁型小流域治理工程、长江流域露天矿山和尾矿库复绿工程、淮河行蓄洪区安全建设工程、两淮矿区塌陷区治理工程。

2. 加强生态环境协同防治

稳定推进水资源保护、水污染防治、水生态修复，促进跨界水体水质明显改善，继续实施太湖流域水环境综合治理，推动重点跨界水体联保共治，如长江、太湖等。开展废水循环利用和污染物集中处理，建立长江、淮河等干流跨省联防联控机制，全面加强水污染治理协作[①]。加强落实污染防治措施，严格落实污染物接收处置要求，提高污染物接收、转运及处置能力。持续加强长江口、杭州湾等蓝色海湾整治和重点饮用水源地、重点流域水资源、农业灌溉用水保护，严格控制陆域入海污染。加强对地下水的保护与利用，解决地下水降落漏斗问题。不断完善横向生态补偿机制，探索建立污染赔偿机制。根据新安江生态补偿机制试点工作的经验，研究建立流域间生态补偿机制、污染赔偿标准和水质评价体系。

3. 加强长江口生态环境修复

长江口是流域保护不可忽视的区域。一方面，受长江干流淡水径流与海洋咸水潮汐的交互影响，长江口水质同时具有淡水、咸淡水和海水3种特性，是许多水生生物的关键栖息地，对于长江流域水生生物生活史的整体保护尤为关键。另一方面，长江口特殊的河海属性使其成为许多洄游鱼类从长江干流向近海洄游的重要通道，对中华鲟等洄游性珍稀濒危水生生物的保护至关重要。要扎实推进长江口生态系统多样性保护研究，首先应加强生态环境综合监测系统建设；其次要编制并实施长江口生态环境保护与修复方案；再次要加强工业污染控制，加强排污口管控，控制船舶污染，对水域溢油污染源等流动污染源进行控制；最后要实施水工程合理调度，维系河口生态环

---

① 许箫迪、程情：《长三角环境协同治理的困境及实现路径》，《经济研究导刊》2020年第26期，第81~82页。

境用水，对涉及饮用水水源保护区、自然保护区、水产种质资源保护区等生态敏感区的工程，要科学论证、审慎审批。

参考文献

陈钦、徐益良、刘伟平：《制度变迁理论在天然林保护工程中的运用》，《世界林业研究》2000 年第 4 期。

丛晓男、李国昌、刘治彦：《长江经济带上游生态屏障建设：内涵、挑战与"十四五"时期思路》，《企业经济》2020 年第 8 期。

崔鹏、靳文：《长江流域水土保持与生态建设的战略机遇与挑战》，《人民长江》2018 年第 19 期。

邓伟、张勇、李春燕等：《构建长江经济带生态保护红线监管体系的设想》，《环境影响评价》2018 年第 6 期。

黄硕琳、王四维：《长江流域濒危水生野生动物保护现状及展望》，《上海海洋大学学报》2020 年第 1 期。

黄长生、周耘、张胜男等：《长江流域地下水资源特征与开发利用现状》，《中国地质》2021 年第 4 期。

李翀、李玮、周睿萌等：《长江大保护战略下科技支撑长江生态环境治理的几点思考》，《环境工程技术学报》2022 年第 2 期。

林敬雅：《习近平生态文明建设思想探析》，《中共乐山市委党校学报》2016 年第 2 期。

刘浚、赵淑妮：《中国特色社会主义生态文明建设理论体系探析》，《西安建筑科技大学学报（社会科学版）》2015 年第 3 期。

刘录三、黄国鲜、王璠等：《长江流域水生态环境安全主要问题、形势与对策》，《环境科学研究》2020 年第 5 期。

刘世庆、巨栋：《长江绿色生态廊道建设总体战略与实现路径研究》，《工程研究》2016 年第 5 期。

逯元堂、赵云皓、陶亚等：《2017 年中国环保产业政策综述》，《中国环保产业》2018 年第 8 期。

马德栗、刘敏、鞠英芹：《长江流域及三峡库区近 542 年旱涝演变特征》，《气象科技》2016 年第 4 期。

牛传真、刘年磊、张伟等：《长江经济带资源环境耗损过程评价及预警研究》，《城市发展研究》2020 年第 4 期。

孙伟、陈雯、曹有挥等：《长江经济带空间格局和绿色发展——中国科学院南京地理与湖泊研究所相关研究回顾》，《中国科学院院刊》2020 年第 8 期。

覃庆锋、陈晨、曾宪芷等：《长江流域防护林体系工程建设 30 年回顾与展望》，《中国水土保持科学》2018 年第 5 期。

唐小平、刘增力、马炜：《我国自然保护地整合优化规则与路径研究》，《林业资源管理》2020 年第 1 期。

王灿发、张祖增：《长江流域生态环境协同共治：理论溯源、核心要义与体制保障》，《南通大学学报（社会科学版）》2023 年第 3 期。

王方清、吴国平、刘江壁：《建立长江流域水功能区纳污红线的几点思考》，《人民长江》2010 年第 15 期。

王金南、孙宏亮、续衍雪、王东、赵越、魏明海：《关于"十四五"长江流域水生态环境保护的思考》，《环境科学研究》2020 年第 5 期。

王依、杜雯翠、秋婕：《对进一步推进〈长江经济带生态环境保护规划〉实施的再思考》，《中国环境管理》2019 年第 4 期。

吴协保、宁小斌、肖金顶等：《长江经济带石漠化防治形势与对策研究》，《中南林业调查规划》2021 年第 4 期。

习近平：《在庆祝中国共产党成立 100 周年大会上的讲话》，《党的文献》2021 年第 4 期。

许箫迪、程倩：《长三角环境协同治理的困境及实现路径》，《经济研究导刊》2020 年第 26 期。

张莹、潘家华：《"十四五"时期长江经济带生态文明建设目标、任务及路径选择》，《企业经济》2020 年第 8 期。

郑守仁：《三峡工程在长江生态环境保护中的关键地位与作用》，《人民长江》2018 年第 21 期。

周睿：《长江经济带沿线省市生态现代化综合评价》，《现代经济探讨》2019 年第 9 期。

G.6
黄河流域生态安全评价报告

江文斌　刘浩　赵广帅　包乌兰托亚　冯彦　张慧杰*

摘　要： 本报告以黄河流域九省（区）为研究范围，以森林、草原、湿地、荒漠四个生态系统为研究对象，基于状态—压力框架模型构建黄河流域生态安全评价指标体系，运用双权法确定权重，极差法进行标准化处理，综合指数法确定生态安全指数对黄河流域生态安全进行评价。结果表明黄河流域上游处于较不安全状态，中、下游处于较不安全状态和安全状态之间。黄河流域森林与草原生态安全状况均处于临界安全状态，湿地处于较不安全状态，荒漠处于较安全状态。基于此，本报告提出黄河上游重在治理，不断提升水源涵养能力；黄河中游重在保护，不断增强水土保持能力；黄河下游重在防险，不断完善水沙调控体系。

关键词： 黄河流域　生态安全指数　生态系统

一　黄河流域概况

黄河发源于青藏高原巴颜喀拉山北麓，从西到东横跨我国地势三级

* 江文斌，博士，青岛农业大学讲师，研究方向为农林经济管理、生态安全评价；刘浩，国家林业和草原局发展研究中心副研究员，研究方向为林业经济管理、生态经济；赵广帅，博士，国家林业和草原局发展研究中心高级工程师，研究方向为林草生态系统生态保护修复政策监测评估；包乌兰托亚，博士，青岛农业大学副教授、硕士生导师，研究方向为农林经济管理、生态安全评价；冯彦，博士，聊城大学讲师，研究方向为林业经济管理；张慧杰，中国粮食研究培训中心助理研究员，研究方向为粮食安全政策与林业生态安全。

阶梯以及青藏高原、内蒙古高原、黄土高原和黄淮海平原四个地貌单元，流经青海、四川、甘肃、宁夏、内蒙古、陕西、山西、河南、山东等省（区），流域面积约 75.23 万平方公里。黄河上游与中游以内蒙古河口镇为分界点，中游与下游以河南省桃花峪为分界点。上游地区面积约 38.59 万平方公里，占总流域面积的 51.3%；中游地区面积约 34.38 万平方公里，占总流域面积的 45.7%；下游地区面积约 2.26 万平方公里，占总流域面积的 3%。

二 黄河流域生态文明建设历程

黄河作为中华民族的母亲河，哺育了中华民族，孕育了璀璨夺目的华夏文明，保护黄河是事关中华民族伟大复兴的千秋大计[①]。黄河流域生态文明建设是为实现中华民族千年梦想而做出的战略选择。

（一）水资源综合治理探索期（1949~1978年）

1949~1978 年，以毛泽东同志为代表的中国共产党人，不断探索黄河治理的方式方法，探寻规律，总结经验，为新中国治黄事业与南水北调工程奠定了重要基础，有力地推动了新中国水利事业的发展。

1952 年，毛泽东同志实地考察黄河发出"要把黄河的事情办好"的伟大号召后，还于 1953~1958 年先后四次视察黄河，多途径多方式了解掌握治黄情况，始终将治理开发黄河作为党和国家的大事来抓。1964 年 12 月，周恩来在国务院治理黄河会议上指出："旧中国不能治理好黄河，我们总要逐步摸索规律，认识规律，掌握规律，不断地解决矛盾，总有一天可以把黄河治理好。""总的战略是要把黄河治理好，把水土结合起来解决，使水土资源在黄河上中下游都发挥作用，让黄河成为一条有利于生产的河。"

1949 年 11 月，第一次全国水利会议确定了水利建设的基本方针——

---

① 王双明：《科学施策，构建黄河流域生态安全新格局》，《科技导报》2020 年第 17 期，第 1 页。

"防止水患，兴修水利，以达到大量发展生产的目的"，这也奠定了新中国成立初期黄河治理的主基调。根据国家水利建设"除害兴利"的总方针，黄河水利委于1950~1957年实施了第一次"黄河大修堤"工程，逐渐提高了堤防的御洪能力，并于1951~1953年建设了"引黄灌溉济卫"工程，该工程是新中国成立后兴建的第一个大型引黄灌溉工程，是黄河下游水资源开发利用的开端。1952年3月，《关于1952年水利工作的决定》指出，"水利建设在总的方向上是由局部的转向流域的规划，由临时性的转向永久性的工程，由消极的除害转向积极的兴利"，这标志着党和国家开始将治理黄河的工作重心由下游防洪逐渐向中上游治本过渡。1955年，全国人大一届二次会议通过的《关于根治黄河水害和开发黄河水利的综合规划的决议》，批准了《关于根治黄河水害和开发黄河水利的综合规划》的原则和基本内容，对治理开发黄河工作起到了长期指导作用。该规划是我国治黄历史上第一部全面、系统、完整的综合规划，也是第一部经由全国人民代表大会审议通过的大江大河流域规划，标志着新中国进入了全面治理、综合开发黄河的新阶段。在此后的治黄工作中，党和国家通过推进以三门峡水利枢纽工程为主的"蓄水拦沙""滞洪排沙"工程建设，加强以"固沟保塬""淤地坝建设"为主的水土保持工作，实施以青海灌区、甘肃沿黄灌区、宁蒙河套灌区、内蒙古沿黄灌区等多个灌区为主的引黄灌溉工程，极大地推动了黄河水利资源的开发利用，在发电、水土保持、防洪、灌溉等方面取得了重大成果。

这一时期黄河治理和开发方向从"宽河固堤"转变为"蓄水拦沙"，再升级为"上拦下排"，最后逐步发展到"拦、用、调、排"的综合治理，取得了显著成效，形成了比较完整的综合利用工程体系，为之后治黄事业的开展奠定了宝贵基础。

（二）流域保护与发展规划期（1978~2012年）

党的十一届三中全会以来，以邓小平为核心的党的第二代领导集体，将大江大河等环境保护上升为基本国策，奠定了我国法治化、制度化、体系化治理开发黄河的基础。1978 年，党和国家开始实施以降低黄河流域风沙危害和控制水土流失为主的三北防护林建设，构筑黄河岸边的"绿色长城"。与此同时，黄河治理开发进入法治化和制度化时期，1979 年《环境保护法》（试行）颁布实施，1983 年环境保护成为基本国策，1987 年《"七五"时期国家环境保护计划》发布，这是我国首个五年环保计划。为深化黄河治理开发，黄河管理与保护机构不断完善，1978 年成立黄河水源保护科学研究所，1982 年成立环境保护局，隶属于城乡建设环境保护部；1988 年独立设置国家环保局。

20 世纪 90 年代以后，以江泽民同志为核心的党的第三代领导集体，始终把治理黄河作为安民兴邦的大事。在此期间，江泽民同志多次强调"一定要研究开发黄河，兴利除害，把黄河治理好""让黄河变害为利，为中华民族造福""必须从战略的高度着眼，进一步把黄河的事情办好"。1991 年，江泽民同志视察小浪底枢纽工程坝址后，积极推进小浪底枢纽工程建设。作为治理黄河的关键控制性工程，小浪底水利枢纽工程已经成为我国治理黄河史上的伟大杰作，对黄河防洪防凌、调沙调水、灌溉发电等方面起到了重要作用。1997 年，江泽民同志向全国发出"再造秀美山川"的伟大号召，党和国家深入实施"退耕还林、封山绿化"战略，通过植树造林解决黄河上游植被稀少、泥沙俱下带来的水患。此外，在三北防护林工程基础上，我国又开展了天然林资源保护工程、退耕还林工程等重点防护林建设工程。1999 年，江泽民同志主持黄河治理开发工作座谈会时，要求黄河治理开发坚持可持续发展原则，兼顾防洪、水资源合理利用和生态环境建设，把资源的持续利用与治理开发、环境保护结合起来。

进入 21 世纪，党中央提出"人与自然和谐相处"的治理理念，治理开发黄河更加注重保护，倡导人水依存。2006 年，胡锦涛同志强调"黄河治理必须坚持人与自然和谐相处"。2009 年 10 月，胡锦涛同志在视察黄河三角洲国家级自然保护区时，要求加强自然保护区建设，明显改善黄河入海口的生态环境。2011 年 7 月，胡锦涛同志主持召开中央水利工作会议时着重提出，"在继续加强大江大河大湖治理的同时，加快推进防洪重点薄弱环节建设"，促进水利可持续发展，走出一条中国特色水利现代化道路。在此期间，黄河流域还建成了小浪底、万家寨、龙羊峡等重点水利枢纽工程，《黄河水量调度条例》也于 2006 年颁布实施，这也是国家层面首次为黄河制定的行政法规。

（三）生态保护与高质量发展建设期（2012年至今）

党的十八大以来，以习近平同志为核心的党中央着眼于生态文明建设全局，提出了"人与自然和谐共生""绿水青山就是金山银山""山水林田湖草是生命共同体"等一系列全新的生态文明理念，并做出了"黄河流域生态保护和高质量发展"的重大战略部署，自此黄河治理开发进入新时代建设期。

习近平同志走遍了黄河流域九省（区），多次实地考察黄河流域生态保护和发展情况。2014 年 3 月，习近平同志赴兰考考察，了解黄河防汛和滩区群众生产生活情况。2016 年 7 月，习近平同志在宁夏考察时强调，沿岸各省（区）都要自觉承担起保护黄河的重要责任，坚决杜绝污染黄河行为，让母亲河永远健康。同年 8 月，习近平同志在青海听取黄河源头鄂陵湖-扎陵湖观测点生态保护情况汇报。2019 年 7~9 月，习近平同志先后赴内蒙古、甘肃、河南考察调研，并发出了"让黄河成为造福人民的幸福河"的伟大号召。他在黄河流域生态保护和高质量发展座谈会上强调，要着力加强生态保护治理，保障黄河长治久安，促进全流域高质量发展，让黄河成为造福人民的幸福河。2020 年，习近平同志先后赴陕西、山西、宁夏考察调研，其中，在陕西强调要推动黄河流域从过度干预、过度利用向自然修复、休养生息转变，改善流域生态环境质量；在宁夏指出要把保障黄河长治久安作为重中之重，实施河道和滩区综合治理工程，推进水资源节约集约利用，统筹推进生态保护修复和环境治理，努力建设黄河流域生态保护和高质量发展先行区；在山西指出要牢固树立"绿水青山就是金山银山"的理念，统筹推进山水林田湖草系统治理，抓好"两山七河一流域"生态修复治理，扎实实施黄河流域生态保护和高质量发展国家战略，推动山西沿黄地区在保护中开发、在开发中保护。2021 年，习近平总书记先后到青海、济南考察调研，在青海强调要承担好维护生态安全、保护三江源、保护"中华水塔"的重大使命，积极推进黄河流域生态保护和高质量发展，综合整治水土流失，稳固提升水源涵养能力，促进水资源节约集约高效利用；在济南主持召开深入推动黄河流域生态保护和高质量发展座谈会，强调要科学分析黄河流域生态保护和高质量发展形势，把握好推动黄河流域生态保护和高质量发展的重大问题，咬定目标、脚踏实地，埋头苦干、久久为功，确保"十四五"时期黄河流域生态保护和高质量发展取得明显成效。

在此期间，黄河流域治理开发的政策法规、机制体制等不断完善，为黄河流域生态保护和高质量发展奠定了坚实的基础。2016年12月，中共中央办公厅、国务院办公厅印发《关于全面推行河长制的意见》，全面推行河长制。2018年农业部发布《农业部关于实行黄河禁渔期制度的通告》，正式公布实施黄河禁渔期制度。2020年4月，财政部、生态环境部、水利部、国家林草局四部门联合发布《支持引导黄河全流域建立横向生态补偿机制试点实施方案》，通过逐步建立黄河流域生态补偿机制，实现黄河流域生态环境治理体系和治理能力进一步完善和提升，建立健全生态产品价值实现机制，增强自我造血功能和自身发展能力，使绿水青山真正变为金山银山，让黄河成为造福人民的幸福河。2021年10月，中共中央、国务院印发《黄河流域生态保护和高质量发展规划纲要》，提出加强上游水源涵养能力建设、加强中游水土保持、推进下游湿地保护和生态治理、加强全流域水资源节约集约利用、全力保障黄河长治久安、强化环境污染系统治理等措施。2022年，《黄河流域生态环境保护规划》《黄河生态保护治理攻坚战行动方案》《黄河流域生态保护和高质量发展科技创新实施方案》等陆续发布。2023年4月1日，《中华人民共和国黄河保护法》正式实施，为黄河流域生态保护和高质量发展提供了有力保障，全面推进了我国"江河战略"的法治化，是我国大江大河立法和区域保护立法的又一重大标志性事件①。

---

① 付道磊：《共同谱写黄河流域中国式现代化新篇章——中国社会科学论坛（2022年·经济学）：黄河生态文明国际论坛综述》，《城市与环境研究》2023年第1期，第103~107页。

三 黄河流域生态安全存在的问题

（一）流域内生态环境脆弱问题

黄河上中下游生态环境状态和地理地貌差异较大，生态脆弱区分布较广，生态环境类型较多，生态保护与治理难度较大。黄河源区、上中下游以及黄河三角洲均存在大量的生态脆弱区和生态敏感区，这些区域极易发生生态系统功能退化，生态安全问题不容忽视。黄河全流域林草总量不足，生态防护和调节功能弱化。黄河流域拥有多个国家级重点生态功能区，这些功能区承担着水源涵养、气候调节、水土保持、生物多样性维持、荒漠化防治等生态服务责任。但矿产资源分布区与生态重要区或生态脆弱区高度重合，资源开发导致区域生态风险加大。此外，流域水质和流域九省（区）空气质量均低于全国平均水平。

（二）水土流失与土地荒漠化问题

黄河源区水力侵蚀、风力侵蚀、冻融侵蚀和重力侵蚀交错并存。随着人类活动的增加和社会经济的发展，资源开发与利用等人为活动不同程度地破坏了部分优良草原和天然植被，新的人为水土流失日趋严重[1]；非法采药、挖沙以及对原生植被的滥伐滥垦，也造成了黄河源区植被大面积破坏，进一步加剧了水土流失。虽然经过党和国家的不懈努力，黄河流域的水土保持率不断提升，从1900年的41.49%提高到2021年的67.37%，但水土流失面积仍然很大，2021年流域水土流失面积为25.93万平方公里，其中黄土高原水土流失面积为23.13万平方公里，占总水土流失面积的89.2%，黄河流域水土保持任重道远[2]。此外，黄河流域的土地荒漠化问题依然严峻，流域内

---

[1] 侯鹏、翟俊、高海峰等：《黄河流域生态系统时空演变特征及保护修复策略研究》，《环境保护》2022年第14期，第26~28页。
[2] 《黄河流域水土保持公报（2021年）》。

的内蒙古、青海、陕西、宁夏等地区的土地荒漠化面积仍然较大，尤其是内蒙古，流域内 7 个盟市荒漠化土地面积高达 5.49 亿亩，是黄河流域土地荒漠化最为集中、危害最为严重的区域。

（三）水资源短缺问题

黄河上中游地区气候干旱少雨，降水量较少，大部分地区位于 400 毫米等降水量线以西，多年平均降水量为 446 毫米，仅为长江流域的 40%。黄河流域水资源总量为 647 亿立方米，不到长江的 7%，水资源极为短缺[①]。黄河流域以占全国 2% 的水资源量承担了全国 12% 的人口、17% 的耕地以及 50 多座大中城市的供水任务，水资源开发利用率达 80%，远超一般流域 40% 生态警戒线，水资源利用风险隐患较大[②]。此外，由于人工干预的不利影响，黄河支流普遍存在断流现象，造成泥沙在下游河道大量淤积，这不仅导致下游出现河道变宽、流速变缓、河床抬高、河道输洪能力减弱等生态问题，而且加剧了入海河口黄河三角洲自然湿地的萎缩，近 30 年缩小约 52.8%。

（四）水环境污染问题

黄河流域的水环境污染具有点源污染与面源污染共存、居民生活性污染与工业生产性污染叠加、单次排放污染与多次排放污染复合的特点，导致黄河流域水资源严重破坏、水环境持续恶化、水资源质量不断下降，水污染治理难度日益加大。黄河流域内水质虽然呈现稳中向好的发展态势，但部分地区的水污染情况仍极为严重，工业污废水排放和农业面源污染呈逐年增加态势。2021 年，黄河流域 I ~ III 类水质断面占 81.9%，低于全国平均水平 87.0%，更低于长江的 97.1%；劣 V 类水质断面占 3.8%，远远高于长江的 0.1% 和全国的 0.9%[③]。

---

① 《黄河流域生态保护和高质量发展规划纲要》。

② 程维嘉：《保护黄河要把合理利用水资源作为刚性约束》，中国经济网，2022 年 3 月 25 日，http：//www. ce. cn/cysc/stwm/gd/202203/25/t20220325_ 37434575. shtml。

③ 《2021 中国生态环境状况公报》。

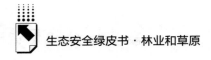

（五）区域发展不平衡问题

黄河流域东西跨度大，流域面积约占九省（区）总面积的 22.1%，区域间资源禀赋不同，发展水平、发展条件、发展方向亦不相同，导致区域间发展不平衡不充分的问题较为严重，区域间生态环境保护意识、政策制度执行效果、资金技术投入力度各不相同，流域内不同地区生态环境建设的"长短腿"问题突出，不利于从全域全局推进黄河治理开发工作的整体统筹和纵深发展。上游地区地广人稀，生态脆弱区分布较广，经济发展水平和城镇化率低，很多地区仍然没有摆脱"靠山吃山，靠水吃水"的限制，以牺牲环境为代价的工农业生产依然存在；中游地区能源资源富集，开发规模呈逐步扩大态势，环境污染问题严重，生态环境治理与修复难度较大；下游地区区域条件优越，经济相对发达，对黄河流域生态环境治理投入的人力物力财力较多，但治标不治本。

四　黄河流域生态安全评价与分析

本报告以黄河干流流经的九省（区）为研究区，以森林、草原、湿地、荒漠四个生态系统为研究对象，基于状态—压力框架模型构建黄河流域生态安全评价指标体系，运用黄河流域各省域、县域统计年鉴及统计报表等数据，按照第三章提出的生态安全指数指标体系和计算方法，分别运用双权法确定权重、极差法进行标准化处理、综合指数法计算生态安全指数，最终形成黄河流域生态安全评价结果。

（一）黄河上游

1.生态安全指数分析

黄河上游包括青海、四川、甘肃、宁夏、内蒙古等 5 个省（区）。从省域分析来看，除青海省和四川省生态安全等级分别为较不安全和较安全外，其他黄河上游省份均为临界安全。其中，四川省生态安全指数最高，为

0.632；宁夏回族自治区生态安全指数次之，为 0.492；甘肃省生态安全指数为 0.488；内蒙古自治区生态安全指数为 0.414；青海省生态安全指数最低，为 0.359（见表 1）。

表 1 黄河上游省域生态安全指数

省（区）	生态安全指数
青海	0.359
四川	0.632
甘肃	0.488
宁夏	0.492
内蒙古	0.414

2. 生态安全指数端值分析

黄河流域上游县域生态安全指数分析，最高值位于四川省凉山州雷波县，最低值位于甘肃省甘南州迭部县。雷波县生态安全状态指数中，最高值为草原系统状态指数 0.757，最低值为森林系统状态指数 0.607；生态安全压力指数中，最高值为草原系统压力指数 0.089，最低值为森林系统压力指数 0.020。迭部县生态安全状态指数中，最高值为森林系统状态指数 0.250，最低值为草原系统状态指数 0.236；生态安全压力指数中，最高值为湿地系统压力指数 0.142，最低值为森林系统压力指数 0.058（见表 2）。

表 2 雷波县、迭部县生态安全状态指数、压力指数

县	排序	生态系统	状态指数	排序	生态系统	压力指数
雷波县	1	草原	0.757	1	草原	0.089
	2	湿地	0.756	2	湿地	0.042
	3	森林	0.607	3	森林	0.020
迭部县	1	森林	0.250	1	湿地	0.142
	2	湿地	0.249	2	草原	0.080
	3	草原	0.236	3	森林	0.058

（二）黄河中游

1. 生态安全指数分析

黄河中游包括陕西、山西 2 省。从省域分析来看，黄河中游省份均为临界安全，陕西省生态安全指数为 0.555，山西省生态安全指数为 0.504（见表 3）。

表 3　黄河中游省域生态安全指数

省	生态安全指数
陕西	0.555
山西	0.504

2. 生态安全指数端值分析

黄河中游县域生态安全指数最高值位于山西省太原市小店区，最低值位于陕西省铜川市耀州区。小店区生态安全状态指数中，最高值为湿地系统状态指数 0.661，最低值为草原系统状态指数 0.175；生态安全压力指数中，最高值为湿地系统压力指数 0.400，最低值为森林系统压力指数 0.180。耀州区生态安全状态指数中，最高值为森林系统状态指数 0.263，最低值为湿地系统状态指数 0.222；生态安全压力指数中，最高值为湿地系统压力指数 0.374，最低值为森林系统压力指数 0.157（见表 4）。

表 4　小店区、耀州区生态安全状态指数、压力指数

区	排序	生态系统	状态指数	排序	生态系统	压力指数
小店区	1	湿地	0.661	1	湿地	0.400
	2	森林	0.344	2	草原	0.229
	3	草原	0.175	3	森林	0.180
耀州区	1	森林	0.263	1	湿地	0.374
	2	草原	0.232	2	草原	0.199
	3	湿地	0.222	3	森林	0.157

（三）黄河下游

1. 生态安全指数分析

黄河下游包括河南、山东 2 省。从省域分析来看，河南省生态安全等级为较不安全，生态安全指数为 0.398；山东省生态安全等级为临界安全，生态安全指数为 0.453（见表 5）。

表 5　黄河下游省域生态安全指数

省	生态安全指数
河南	0.398
山东	0.453

2. 生态安全指数端值分析

黄河下游县域生态安全指数最高值位于山东省惠民县，最低值位于河南省灵宝市。惠民县生态安全状态指数中，最高值为森林系统状态指数 0.691，最低值为湿地系统状态指数 0.685；生态安全压力指数中，最高值为湿地系统压力指数 0.937，最低值为森林系统压力指数 0.685。灵宝市生态安全状态指数中，最高值为森林系统状态指数 0.205，最低值为草原系统状态指数 0.154；生态安全压力指数中，最高值为湿地系统压力指数 0.378，最低值为森林系统压力指数 0.159（见表 6）。

表 6　惠民县、灵宝市生态安全状态指数、压力指数

县域	排序	生态系统	状态指数	排序	生态系统	压力指数
惠民县	1	森林	0.691	1	湿地	0.937
	2	湿地	0.685	2	森林	0.685
灵宝市	1	森林	0.205	1	湿地	0.378
	2	湿地	0.175	2	草原	0.207
	3	草原	0.154	3	森林	0.159

五 黄河流域各生态系统生态安全评价结果

（一）森林生态系统评价

从总体分析来看，黄河流域森林生态安全指数为0.526。黄河流域各省（区）森林安全指数最高值0.645，为四川省；最低值0.505，为河南省。森林状态指数的最高值为四川省0.442，最低值为青海省0.204。森林压力指数的最高值为青海省0.469，最低值为内蒙古自治区0.006（见表7）。

表7 黄河流域森林生态系统生态安全指数

排序	省（区）	森林生态安全指数	森林状态指数	森林压力指数
1	四川	0.645	0.442	0.031
2	陕西	0.589	0.414	0.161
3	宁夏	0.557	0.367	0.156
4	山东	0.552	0.372	0.169
5	山西	0.547	0.358	0.160
6	内蒙古	0.524	0.280	0.006
7	青海	0.519	0.204	0.469
8	甘肃	0.519	0.314	0.099
9	河南	0.505	0.323	0.198

森林生态安全指数县域端值对比分析，青海省最高值为玛多县0.498，最低值为海西州直辖地区0.007；四川省最高值为攀枝花东区0.824，最低值为自流井区0.429；甘肃省最高值为红古区0.822，最低值为卓尼县0.366；宁夏回族自治区最高值为沙坡头区0.580，最低值为泾源县0.502；内蒙古自治区最高值为多伦县0.766，最低值为科左后旗0.402；陕西省最高值为泾阳县0.689，最低值为耀州区0.471；山西省最高值为朔城区0.699，最低值为原平市0.325；河南省最高值为方城县

0.724，最低值为惠济区 0.332；山东省最高值为庆云县 0.760，最低值
为招远市 0.350（见表 8）。

表 8　黄河流域各省（区）森林生态安全指数端值比较

省（区）	最高值	所在县域	最低值	所在县域	中位值
青海	0.498	玛多县	0.007	海西州直辖地区	0.304
四川	0.824	攀枝花东区	0.429	自流井区	0.665
甘肃	0.822	红古区	0.366	卓尼县	0.478
宁夏	0.580	沙坡头区	0.502	泾源县	0.568
内蒙古	0.766	多伦县	0.402	科左后旗	0.533
陕西	0.689	泾阳县	0.471	耀州区	0.592
山西	0.699	朔城区	0.325	原平市	0.537
河南	0.724	方城县	0.332	惠济区	0.490
山东	0.760	庆云县	0.350	招远市	0.542

（二）草原生态系统评价

从总体分析来看，黄河流域草原生态安全指数为 0.464。黄河流域各省
（区）草原生态安全指数最高值 0.562，为内蒙古自治区；最低值 0.362，为
河南省和陕西省。草原状态指数的最高值为青海省 0.398，最低值为河南省
0.175。草原压力指数的最高值为青海省 0.509，最低值为内蒙古自治区
0.011（见表 9）。

表 9　黄河流域草原生态系统生态安全指数

排序	省（区）	草原生态安全指数	草原状态指数	草原压力指数
1	内蒙古	0.562	0.344	0.011
2	甘肃	0.533	0.351	0.130
3	四川	0.513	0.288	0.022
4	宁夏	0.500	0.320	0.201
5	山西	0.441	0.253	0.205
6	青海	0.428	0.398	0.509
7	山东	0.422	0.228	0.199
8	陕西	0.362	0.369	0.202
9	河南	0.362	0.175	0.247

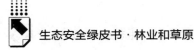

从草原生态安全指数县域端值对比来看，青海省最高值为天峻县0.584，最低值为城东区0.250；四川省最高值为雷波县0.830，最低值为达县0.324；甘肃省最高值为山丹县0.830，最低值为徽县0.320；宁夏回族自治区最高值为沙坡头区0.615，最低值为隆德县0.357；内蒙古自治区最高值为多伦县0.994；陕西省最高值为泾阳县0.610，最低值为耀州区0.431；山西省最高值为高平市0.632；河南省最高值为确山县0.409，最低值为惠济区0.193；山东省最高值为滕州市0.701（见表10）。

表10 黄河流域各省（区）草原生态安全指数端值比较

省（区）	最高值	所在县域	最低值	所在县域	中位值
青海	0.584	天峻县	0.250	城东区	0.455
四川	0.830	雷波县	0.324	达县	0.465
甘肃	0.830	山丹县	0.320	徽县	0.474
宁夏	0.615	沙坡头区	0.357	隆德县	0.508
内蒙古	0.994	多伦县	0.000	阿荣旗	0.536
陕西	0.610	泾阳县	0.431	耀州区	0.546
山西	0.632	高平市	0.000	原平市	0.426
河南	0.409	确山县	0.193	惠济区	0.362
山东	0.701	滕州市	0.000	招远市	0.416

（三）湿地生态系统评价

从总体分析来看，黄河流域湿地生态安全指数为0.386。黄河流域各省（区）湿地安全指数最高值0.472，为内蒙古自治区；最低值0.311，为青海省。湿地状态指数的最高值为陕西省0.414，最低值为青海省0.195。湿地压力指数的最高值为青海省0.487，最低值为内蒙古自治区0.010（见表11）。

表 11 黄河流域湿地生态系统生态安全指数

排序	省（区）	湿地生态安全指数	湿地状态指数	湿地压力指数
1	内蒙古	0.472	0.228	0.010
2	四川	0.467	0.236	0.040
3	山东	0.415	0.285	0.368
4	宁夏	0.404	0.261	0.372
5	甘肃	0.398	0.216	0.229
6	山西	0.387	0.246	0.378
7	陕西	0.339	0.414	0.379
8	河南	0.339	0.199	0.419
9	青海	0.311	0.195	0.487

湿地生态安全指数县域端值对比分析，青海省最高值为玛多县 0.481，最低值为海西州直辖地区 0.234；四川省最高值为雷波县 0.851，最低值为武侯区 0.279；甘肃省最高值为麦积区 0.668，最低值为文县 0.317；宁夏回族自治区最高值为盐池县 0.445，最低值为泾源县 0.346；内蒙古自治区最高值为多伦县 0.594，最低值为阿荣旗 0.023；陕西省最高值为府谷县 0.411，最低值为洛南县 0.304；山西省最高值为曲沃县 0.517，最低值为原平市 0.047；河南省最高值为确山县 0.382，最低值为惠济区 0.129；山东省最高值为微山县 0.584，最低值为招远市 0.104（见表 12）。

表 12 黄河流域各省（区）湿地生态安全指数端值比较

省（区）	最高值	所在县域	最低值	所在县域	中位值
青海	0.481	玛多县	0.234	海西州直辖地区	0.299
四川	0.851	雷波县	0.279	武侯区	0.457
甘肃	0.668	麦积区	0.317	文县	0.374
宁夏	0.445	盐池县	0.346	泾源县	0.416
内蒙古	0.594	多伦县	0.023	阿荣旗	0.486
陕西	0.411	府谷县	0.304	洛南县	0.368
山西	0.517	曲沃县	0.047	原平市	0.381
河南	0.382	确山县	0.129	惠济区	0.343
山东	0.584	微山县	0.104	招远市	0.405

（四）荒漠生态系统评价

从总体分析来看，黄河流域荒漠生态安全指数为 0.740。黄河流域各省（区）荒漠安全指数最高值 0.786，为四川省；最低值 0.541，为甘肃省。荒漠状态指数的最高值为山西省 0.663，最低值为甘肃省 0.357。荒漠压力指数的最高值为山西省 0.373，最低值为内蒙古自治区 0.005（见表 13）。

表 13　黄河流域荒漠生态系统生态安全指数

排序	省（区）	荒漠生态安全指数	荒漠状态指数	荒漠压力指数
1	四川	0.786	0.651	0.044
2	内蒙古	0.752	0.584	0.005
3	山东	0.707	0.620	0.343
4	山西	0.638	0.663	0.373
5	甘肃	0.541	0.357	0.221

荒漠生态安全指数县域端值对比分析，由于缺少数据，仅获得甘肃和内蒙古评价结果，甘肃省荒漠生态安全指数最高值为西和县 0.775，最低值为临泽县 0.364；内蒙古自治区最高值为杭锦后旗 0.826，最低值为鄂温克族自治旗 0.436（见表 14）。

表 14　黄河流域各省（区）荒漠生态安全指数端值比较

省（区）	最高值	所在县域	最低值	所在县域	中位值
甘肃	0.775	西和县	0.364	临泽县	0.646
内蒙古	0.826	杭锦后旗	0.436	鄂温克族自治旗	0.813

六　维护黄河流域生态安全政策建议

（一）全流域：上游治理，中游保护，下游防险

"治理黄河，重在保护，要在治理。"黄河生态系统是一个有机整体，

在生态治理上，既要树立全局意识，全域统筹规划，又要充分考虑上中下游差异，因地制宜施策，构建以"上游水源涵养，中游水土保持，下游生态重建"为核心的生态保护格局，实施以"上游治理，中游保护，下游防险"为核心的总体治理方针。

（二）黄河上游：重在治理，不断提升水源涵养能力

黄河上游的生态战略地位十分突出，全力筑牢黄河上游生态安全屏障，满足人们对生存和发展所需要的良好生态环境的需求，夯实经济社会发展的生态环境根基，是黄河流域生态保护和高质量发展的题中应有之义[①]。

第一，加强黄河源头治理，筑牢生态安全屏障。黄河上游三江源区域生态环境极为脆弱，高寒湿地生态系统抗干扰能力相对较弱，要从系统工程和全局角度出发，以封育保护、自然修复为核心，坚持三江源地区山水林田湖草沙冰一体化统筹，全面推进三江源、祁连山、甘南等重点水源涵养区的预防保护，重点实施一批重大生态保护和修复工程，加大对扎陵湖、鄂陵湖、约古宗列曲、玛多河湖泊群等河湖保护力度，不断提升水源涵养能力。根据草原类型和退化原因，科学分类推进补播改良和鼠虫害、毒杂草等防治，实施黑土滩等退化草原综合治理，加强高寒草甸、草原等重要生态系统的保护修复。系统梳理高原湿地生态环境现状，对中度及以上退化区域实施封禁保护，逐步修复湿地生态功能，遏制沼泽湿地萎缩趋势。持续开展气候变化对冰川和高原冻土影响的研究评估，建立生态系统趋势性变化监测和风险预警体系。建立健全生物多样性观测网络，实施珍稀濒危野生动物保护繁育行动，建立高原生物种质资源库，维护高寒高原地区生物多样性。

第二，构建生态保护体系，推动区域综合治理。黄河上游地区需协同创新区域性生态保护和修复的范式，以生态系统的自然修复、生态脉络保护、生态功能提升为基本目标，根据不同典型自然区生态系统的内在要求，构建

---

① 王丛霞：《筑牢黄河上游生态安全屏障》，《学习时报》2020年6月24日，http：//www.qstheory.cn/llwx/2020−06/24/c_ 1126155066. htm。

以国家公园、自然保护区、自然公园为核心的自然保护地体系，共同推进生态修复和保护。在生态脆弱区、生态敏感区、水源保护区、野生动植物保护区、生态恢复区、湿地保护区等不适宜人类活动开展的区域加强封控封育管理，形成体系化、系统化的生态保护体系。正确处理生态环境和生产生活之间的关系，支持农牧民从不适宜地区（如水土保持区、生态恢复区、水源保护区等）持续迁出，着力减少过度放牧、过度资源开发利用等人为活动对生态系统的干扰和破坏。围绕以水源涵养和生物多样性保护为核心的生态功能定位，开展山水林田湖草沙冰生态保护修复以及冰川、湿地、森林、草原、沙漠等地区生物多样性保护的试点工作；构建以黄河干流、大通河、湟水及洮河等水域为基础的生态廊道，推动区域治理由分散向集中、单一向综合转变①。从系统工程和全局角度建设好三江源国家公园。

第三，加强湿地资源保护，强化区域荒漠化管理。湿地退化是生态系统退化的前兆，因此应该严格保护黄河上游的湿地资源，加强水源涵养，保证上游地区的生态安全。严格保护黄河上游玉树、果洛、阿坝、甘孜、甘南等地区的河湖湿地资源，推进若尔盖草原湿地山水林田湖草沙冰一体化保护修复，健全区域间合作机制。青海、四川、甘肃毗邻地区应协同推进水源涵养和湿地生态修复，共建黄河流域水源涵养中心区。在荒漠化治理过程中，应不断优化林草资源配置，坚持人工干预与自然修复相结合的原则，统筹推进封育造林和天然植被恢复，创新沙漠治理模式，科学固沙治沙防沙，持续推进沙漠防护林体系建设，深入实施退耕还林、退牧还草、三北防护林等重大生态工程。加强荒漠化防治研究，积极推进固沙植被选育和种植，加快防沙治沙技术迭代升级，强化基于水资源承载力的固沙植被提质增效技术与模式研究，不断探索荒漠化区域林草资源优化配置技术，推动林草资源自然修复，助力实现防风固沙。强化主要沙地边缘地区生态屏障建设，实施锁边防风固沙工程，大力治理流动沙丘。

（三）黄河中游：重在保护，不断增强水土保持能力

黄河流经的黄土高原地区是我国典型的生态脆弱区和世界上水土流失最为严重的区域，流失的大量泥沙使黄河下游河道成为世界闻名的"地上悬河"，严重威胁黄河下游地区的防洪安全和生态安全。黄河中游水土流失治理是保护黄河生态安全的重要举措，也是改变黄河生态形象的重要法宝。

第一，抓好水土保持，加强水土流失治理。黄河中游是整个黄河流域水土流失最严重的地区，水土流失面积达 43 万平方公里，约占流域面积的69%，开展水土流失治理是黄河中游生态治理的关键。从水土流失的空间分布来看，黄土高原地区水土流失面积高达 39 万平方公里，其中严重流失面积约占 72%，因此，根治黄河流域水土流失的症结在黄土高原地区。河口镇至龙门区间是粗泥沙流失最严重的地区，该地区流入黄河的粗泥沙量占流入黄河粗泥沙总量的 2/3，加强该区域的多沙粗沙治理是减轻黄河下游河道淤积的首要途径①。以减少黄河流入泥沙数量为重点，全面推进水土保持综合治理，主要有三点举措：一是加强小流域综合治理，创新小流域综合治理模式，在重点高塬沟壑区开展黄土高原固沟保塬建设；二是加强多沙粗沙区综合治理，突出抓好黄河中游主要支流的粗泥沙集中来源区综合治理，实施粗泥沙拦沙工程；三是以黄土高塬沟壑区、黄土丘陵沟壑区为重点，开展旱作梯田建设。

第二，实施林草保护，强化生物防护体系。以提高生态环境质量为核心，建设以旱作梯田和淤地坝为核心的拦沙减沙体系，乔、灌、草相结合的生物防护体系，以封禁保护为主的自然修复体系，实现黄河流域生态环境高水平保护。结合三北防护林、退耕还林、退牧还草等重大生态工程的实施，进一步加大对已退化草地轮封轮牧和封育保护力度，以此控制和减少入黄泥沙量。加大内蒙古高原南部、宁夏中部、陕西北部等水蚀风蚀交错区生态修

---

① 肖金成、张燕、党丽娟：《黄河流域生态保护与高质量发展的有效路径》，《开发研究》2021 年第 2 期，第 26~31 页。

复力度，实施封禁治理，加强植被保护，开展流动、半流动沙丘区水土流失综合治理。在河套平原区、汾渭平原区、黄土高原土地沙化区、内蒙古高原湖泊萎缩退化区等重点区域实施山水林田湖草生态保护修复工程。科学选育人工造林树种，改善林相结构，提高林分质量。对深山远山区、风沙区和支流发源地，在适宜区域实施飞播造林。

第三，建设淤地坝，增强泥沙拦截能力。习近平总书记提出："淤地坝是流域综合治理的一种有效形式，要因地制宜推行。"淤地坝是黄土高原地区特有的、行之有效的水土保持工程措施，在拦泥淤地、发展生产、改善生态等方面发挥了重要作用[1]。在水土流失严重地区，应优先选择多沙粗沙区建设高标准淤地坝，做好淤地坝动态监控和风险预警，加快构建跨区域的淤地坝监管信息平台[2]；定期开展淤地坝风险隐患排查，实施病险淤地坝除险加固和老旧淤地坝提升改造，不断提高管护能力。

（四）黄河下游：重在防险，实施生态环境综合治理

黄河下游治理要抓住水沙关系调节这个关键问题，进一步完善水沙调控体系，创新治理方略，深入实施下游综合治理，控制游荡性河段河势，加强"二级悬河"治理和重点河道综合整治，保障黄河长久安澜。

第一，完善水沙调控体系，实现黄河水资源高效利用。黄河流域水沙调控体系不完善是黄河生态系统保护与高质量发展面临的主要挑战之一。通过不断完善水沙调控体系，维持黄河下游河道基本的输水输沙能力，是新时期新阶段黄河下游综合治理的首要策略。一方面，黄河流域水少沙多、水沙关系不协调是影响黄河下游安澜的主要原因。一是要明确搬运至入海口的泥沙量与被海水侵蚀的泥沙量之间的平衡量，确定侵淤平衡阈值，为防止海水倒灌、维持黄河三角洲生态安全提供科学依据。二是要维持下游河道与河口之间的冲淤平衡，优化三门峡水库、小浪底水库等水利工程枢纽的调水调沙方

---

① 《水利部关于进一步加强黄土高原地区淤地坝工程安全运用管理的意见》（水保〔2019〕109号）。

② 《水利部关于印发推动黄河流域水土保持高质量发展的指导意见》（水保〔2021〕278号）。

案，将泥沙流失控制在合理范围，构造合理的水沙关系。三是积极推进实施数字黄河工程、黄河实验室、数字孪生小浪底、黄河三角洲生态系统展示体验工程等数字工程，用数字化信息化手段研究、模拟、再现和处理黄河问题。另一方面，黄河下游放荡性河势尚未完全控制，"二级悬河"形势依然严峻，严重威胁着黄河下游防洪安全。一是继续优化小浪底、三门峡等水利枢纽工程的调沙调水能力，强化对放荡性河段河势的控制，确保黄河下游河床不再抬高，缓解"二级悬河"形势。二是推进黄河下游滩区综合治理，因滩施策，充分发挥滩区的滞洪沉沙功能。三是对黄河下游河道、防护堤进行改造，进一步提高河道行洪输沙能力。

第二，构建绿色生态廊道，完善沿黄生态保护带。建设以稳河势、正流路、保行洪为前提，以保护河道自然岸线、修复岸边湿地生态系统为目标，集防洪行洪、护岸护堤、调沙调水、水土保持、水源涵养、生物栖息、生态游憩等功能于一体的黄河下游绿色生态走廊。加大黄河下游干流支流、湖泊水库等主要河湖生态保护修复力度，统筹推进小流域生态清洁和水土保持治理。加强下游黄河干流两岸生态防护林建设，在河海交汇适宜区域建设防护林带，统筹生态保护、河道修复、景观设计、科普研学、休闲游憩以及城市建设等，因地制宜建设沿黄城市森林公园，高水平打造"人—河—城—景"和谐统一的沿黄生态廊道。

第三，实施生态环境综合治理，保护修复黄河三角洲。加大黄河三角洲湿地生态系统保护修复力度，实施湿地水系连通工程，确保河流廊道的连通性和河水水流的持续性，扩大自然湿地面积，维护湿地生态系统健康。加强对河流入海口以及近岸海域的污染防治与整治，实施近海水环境与水生态修复工程，促进入海口生态环境修复。加强盐碱地综合治理，加大海水入侵防治力度，高标准推进沿海防潮堤体系建设，高水平推进海岸线自然保护带构筑，高质量推进潮间带湿地生态系统治理，恢复黄河三角洲岸线自然延伸。实施黄河三角洲多样性保护工程，加强湿地动植物多样性保护，建立以牡蛎礁、鱼虾蟹贝类等物种为主的海洋生物综合保育区，以天然柳林、野大豆、罗布麻等物种为主的封闭保护区，建立外来物种监测预警防控体系。对重要生态功能区实行封闭式管理，限制或禁止开发性活动，对非重点功能区实行严格管控，合理安排油田开采、围垦养殖、港口航运等经济活动，严厉打击各类违法违规行为，不断减少人为干扰对湿地生态系统的影响。遵循黄河口区域"河—陆—滩—海"生态系统分布格局，以生态系统结构与功能的完整性、原真性为目标，以黄河三角洲国家级自然保护区为主体，整合优化黄河三角洲国家地质公园、黄河口国家级生态海洋特别保护区、黄河口国家森林公园等自然保护地，高质量推进黄河口国家公园建设。

参考文献

付道磊：《共同谱写黄河流域中国式现代化新篇章——中国社会科学论坛（2022年·经济学）：黄河生态文明国际论坛综述》，《城市与环境研究》2023年第1期。

国家统计局：《中国统计年鉴（2020）》，中国统计出版社，2000。

侯鹏、翟俊、高海峰等：《黄河流域生态系统时空演变特征及保护修复策略研究》，《环境保护》2022年第14期。

王军：《新一代信息技术促进黄河流域生态保护和高质量发展应用研究》，《人民黄河》2021年第3期。

王双明：《科学施策，构建黄河流域生态安全新格局》，《科技导报》2020年第17期。

杨永春、张旭东、穆焱杰等：《黄河上游生态保护与高质量发展的基本逻辑及关键对策》，《经济地理》2020年第6期。

黄承梁、马军远、魏东等：《中国共产党百年黄河流域保护和发展的历程、经验与启示》，《中国人口·资源与环境》2022年第8期。

G.7
青藏高原生态安全评价报告

姜雪梅　马　琳　杨金霖　杨　臻　金　典*

摘　要： 青藏高原当前的生态问题可归纳为环境本身敏感脆弱，森林、草原等退化程度加剧，湿地、冰川等萎缩面积较大，土地沙化与冻融侵蚀严重，生态多样性受威胁程度增强。本报告以青藏高原地区为研究区，运用双权法、极差法、综合指数法得出该区域2015年、2017年和2021年森林、草原、湿地、荒漠、雪域5个生态系统的生态安全评价结果。探讨建立以自然为主体的生态系统免疫机制，形成"物理屏障、天然免疫、适应性免疫"三道防线，并提出生态安全提升路径：构建生态系统免疫机制、提升各生态系统生态安全、强化落实多主体参与策略、搭建生态安全大数据平台。

关键词： 青藏高原　生态安全评估　生态修复与保护　冰川

一　青藏高原概况

青藏高原位于中国西南部，因其为中国面积最大的内陆高原，也是世界范围内海拔最高的高原而被称为地球"第三极"。同时，青藏高原也被誉为"世界屋脊""亚洲水塔"，拥有丰富的生物资源以及多样的生态系统，是全

---

* 姜雪梅，博士，北京林业大学经济管理学院副教授，研究方向为农林业经济理论与政策、生态安全评价；马琳、杨金霖、杨臻、金典，北京林业大学硕士研究生，研究方向为农林业经济管理。

球生物多样性保护的重点区域，在控制土壤沙化、减少水土流失、固沙固碳等方面功能突出，为我国乃至全亚洲的生态安全屏障建设提供了重要的环境基础。

二 青藏高原生态文明建设历程

（一）新中国成立到改革开放以前

这一阶段，历史文献资料的记载较少。1949年新中国成立，国家处于一穷二白的艰苦时期，这一阶段国家与生态环境的关系以自然灾害救治为重点，以最大限度利用和改造自然为特征，以发展经济为目标，生态建设从理念认识到实践行为未曾上升到国家发展战略高度。该阶段标志性事件为1973年第一次全国环境保护会议召开，拉开了环境保护工作的序幕[①]。

青藏高原地区在该阶段的主要目标也是解决生计问题和发展生产，利用自然资源推进经济发展，以解决人民群众生产生活中的困难，对生态环境保护和治理仅有零星政策规定，如1954年1月，西康省林业局完成大渡河流域的森林资源调查；1954年，解放军驻康藏部队垦地四万亩，试种300多种农作物；1975年甘孜、阿坝两州牧区开展"草库伦"建设，封育草场[②]。

（二）改革开放以后至西部大开发前

改革开放以来，青藏高原地区经济发展迅速，但生态环境的恶化迫使政府、专家和民众逐步认识到自然生态环境是有承载力限制的，要可持续地发展经济必须保护自然生态环境。针对这一现实情况，国家对青藏高原的生态保护工作出台了许多政策，如1991年8月出台了《关于治沙工作

---

① 王金南、董战峰、蒋洪强、陆军：《中国环境保护战略政策70年历史变迁与改革方向》，《环境科学研究》2019年第10期，第2页。

② 杨春蓉：《建国70年来我国民族地区生态环境保护政策分析》，《生态环境与保护》2020年第1期，第2页。

若干支持措施意见的通知》；1994 年 3 月，国务院通过《中国 21 世纪议程》，将可持续发展总体战略上升为国家战略，进一步提升了环境保护基本国策的地位；1998 年 4 月第九届全国人大常委会第二次会议通过了《森林法》。这一时期虽然已经出台了环境保护政策，但对经济增长的强烈追求使得环境污染问题依然严峻。青藏高原森林草场毁坏比较严重，直接影响了自然生态平衡。

（三）从西部大开发到党的十八大前

这一时期，国家重点加强生态建设和环境保护，把资源的合理开发利用和节约保护放在突出位置，为西部地区和全国提供生态安全保障，实现可持续发展。国家相继出台了政策文件保护生态环境，如 2000 年 9 月，国务院出台《关于进一步做好退耕还林还草试点工作的若干意见》；2000 年 12 月，国务院批准发布《全国生态环境保护纲要》等①。

在上述国家政策的指导下，部分政策对青藏高原的生态治理更加具有针对性。2002 年 2 月，《"十五"西部开发总体规划》指出加快西部地区开发，必须加强生态建设和环境保护，治理环境污染，综合实施各项生态建设和环境保护工程。其中，青藏高原冻融区要以保护现有的自然生态系统为主，加强对天然草场、长江黄河源头水源涵养林和原始森林的保护。此外，三江源地区生态保护工作也得到重视，2000 年 8 月，三江源地区正式被设立为国家级自然保护区，自此成为我国面积最大、海拔最高、生物多样性最丰富的自然保护区。

（四）党的十八大召开至今

2012 年 11 月，党的十八大召开，国家把生态文明建设纳入中国特色社会主义事业"五位一体"总体布局，明确提出大力推进生态文明建设，努力建设美丽中国，实现中华民族永续发展。这一时期，国家加快推进生

---

① 杨春蓉：《建国 70 年来我国民族地区生态环境保护政策分析》2019 年第 9 期，第 4 页。

态文明顶层设计和制度体系建设，出台了许多生态方面的政策。如 2015
年 9 月，国务院出台了《生态文明体制改革总体方案》，2018 年 3 月全国
人大通过了《中华人民共和国宪法》修正案，将生态文明正式写入国家
根本大法。

在该阶段，国家继续深入推进青藏高原生态治理工作，并将青藏高原
的冰雪资源纳入生态治理的范畴，提出山水林田湖草沙冰一体化保护和系
统治理。2017 年 2 月 4 日，《全国国土规划纲要（2016～2030 年）》指出
要构建以青藏高原生态屏障、黄土高原-川滇生态屏障、东北森林带、北
方防沙带和南方丘陵山地带（即"两屏三带"）以及大江大河重要水系
为骨架，以其他国家重点生态功能区为支撑，以点状分布的国家禁止开发
区域为重要组成部分的陆域生态安全格局。青藏高原高寒区重点保护高寒
荒漠生物资源；在三江源地区等重点水源涵养区，严格限制影响水源涵养
功能的各类开发活动，重建或恢复森林、草原、湿地等生态系统，提高水
源涵养功能。2020 年 6 月，《全国重要生态系统保护和修复重大工程总体
规划（2021～2035 年）》发布，部署了青藏高原生态屏障区生态保护和
修复重大工程。2021 年 7 月，中央全面深化改革委员会第二十次会议审
议通过《青藏高原生态环境保护和可持续发展方案》，把生态环境保护作
为区域发展的基本前提和刚性约束，坚持山水林田湖草沙冰系统治理，严
守生态安全红线。2021 年 10 月，国务院印发《黄河流域生态保护和高质
量发展规划纲要》指出，青藏高原是国家生态安全的重要屏障，是构建黄
河流域生态保护"一带五区多点"空间布局的重要组成部分。2023 年 4
月第十四届全国人民代表大会常务委员会第二次会议通过《青藏高原生态
保护法》，自 2023 年 9 月 1 日起施行，该法旨在加强青藏高原生态保护，
防控生态风险，保障生态安全，建设国家生态文明高地，促进经济社会可
持续发展，实现人与自然和谐共生。

此外，国家对三江源地区的生态保护工作进一步深化。2016 年，国
家正式批准《三江源国家公园体制试点方案》，三江源全国首个国家公园
体制改革试点，标志着国家将建立以国家公园为主体的自然保护地体系。

2018 年,《三江源国家公园总体规划》正式发布,成为我国第一个国家公园总体规划,明确了三江源从国家公园体制试点到建成国家公园的目标,为建设三江源国家公园提供了根本遵循。此后,三江源生态保护和建设二期工程在广袤高原大地上持续顺利推进:2016~2020 年,三江源地区向下游输送水量年均增加 100 亿立方米;35 个国家考核出境断面水质优良比例达到 100%;青海省湿地面积稳居全国第一,全省空气质量优良天数比例达到 95% 以上,新增林地面积达 1800 多万亩,高寒草地修复成效显著。2021 年 10 月 12 日正式设立的三江源国家公园,将黄河、长江源头及野生动物重要栖息地完整纳入,使自然生态系统得到系统性、原真性、完整性保护。

(五)西藏工作座谈会的影响

2015 年,中央第六次西藏工作座谈会上习近平总书记指出,要坚持生态保护第一,采取综合举措,加大对青藏高原空气污染源、土地荒漠化的控制和治理,加大草地、湿地、天然林保护力度。2020 年,在中央第七次西藏工作座谈会上,习近平总书记强调,必须坚持生态保护第一,确保生态环境良好,保护好青藏高原生态就是对中华民族生存和发展的最大贡献。习近平总书记关于西藏生态文明建设的重大部署,根植于党领导人民治藏稳藏兴藏的成功经验,为新时代西藏生态文明建设指明了方向。

党的十八大以来,西藏自治区各级党委、政府深入学习习近平总书记关于西藏工作的重要论述,贯彻落实了中央第六次、第七次西藏工作座谈会上习近平总书记对于全面推进西藏生态文明建设的重要指示。首先从制度体系入手,着力建设更加健全、完整的生态文明制度。对此,西藏自治区政府先后出台了《关于建设美丽西藏的意见》《西藏自治区环境保护考核办法(试行)》等文件,为西藏自治区的生态管理提供有效的法律依据。其次,严审批、多生态,提高西藏地区产业的准入门槛。分区治理,将部分地区适度利用起来,将部分地区完全保护起来。积极开展重点区域的生态公益林培育、防风固沙治沙等工作。最后,坚持生态保护与原住居民利益结合,落实发放各类生态补偿资金约 97.7 亿元，积极推进当地产业生态化转型，开展生态农牧、生态观光、生态疗养等项目。另外，重视环保事业，发展绿色技术。推广新能源汽车、垃圾分类等，在当地居民和外来游客的衣、食、住、行中提升民众生态意识，培养民众环保习惯，且成效明显，地级城市空气质量优良天数占比达 99% 以上。

三　青藏高原生态安全存在的问题

在气候暖湿化明显、人类活动加剧的大背景下，青藏高原生态安全面临的威胁进一步加大，包括气象灾害更加频繁、冻土面积萎缩加剧、森林草原生态系统退化、野生动植物栖息地破碎等。

1. 生态环境本身脆弱敏感

目前青藏高原仍处于隆升过程中，地势的持续隆升使高原的地貌外应力作用强烈，地表物质处于不断侵蚀、搬运和堆积的过程中，生态环境变迁剧烈，自然生态系统处于极大的不稳定和强烈的变化之中。再者，青藏高原虽然土地辽阔，但高寒、干旱、缺氧，尚未发育成熟的生态链极易受人类活动干扰，产生崩溃性失衡。

2. 森林灌丛退化面积大

青藏高原以草地、荒漠与裸地、灌丛、森林四种生态系统类型为主，其中灌丛和森林的面积占比分别为 7.09% 和 5.37%。2000～2015 年，森林、灌丛面积分别缩减了 2.48%、1.03%，森林灌丛退化面积比例达到 59%，主要分布在横断山河谷地区。

3. 草原退化程度加剧

草原生态系统是青藏高原面积最大的生态系统，面积占比为 60.73%，然而其退化面积比例高达 80% 以上，约有 63.7 万平方公里，其中三江源地区、祁连山北麓区、甘南和川西高原等地的草地退化情况尤为严重。

4. 湿地面积萎缩较大

由于气候变化的影响，青藏高原湿地面积较 20 世纪 80 年代萎缩了 10%

以上，西藏的羊卓雍措、纳木错水位近 10 年来每年都会下降 0.06 米左右，长江源区、黄河源区和若尔盖地区的湿地分布越来越碎片化。

5. 气候变暖对冰川生态系统影响强烈

青藏高原年平均气温整体呈上升趋势，约以 0.35℃/10a 的速度上升；降水呈增加趋势，平均增速为 9.2mm/10a。气候变暖情景下，青藏高原冰川展现出不断退缩且最终可能消亡的变化趋势，但其变化速度受到气温变化速率的直接影响。若青藏高原气温、降水量保持现有的变化速率不变，到 21 世纪末，青藏高原的冰川将比 1980 年时退缩 2/3，其储量将减少 3/4。青藏高原近 20 年雪线高度总体呈上升趋势，青藏高原现代雪线高度为 4000～6000 米，升高 30～340 米，表现出自东向西逐渐升高的分布规律。

6. 土地沙化、冻融侵蚀严重

青藏高原生态环境脆弱，高寒干旱荒漠与稀疏植被占比约为 34.9%，土地沙化、水土流失、冻融侵蚀、土壤盐渍化现象严重。青藏高原中度以上沙化土地面积约为 46.9 万平方公里，中度以上水土流失面积约为 46 万平方公里，风蚀、水蚀和石漠化极敏感区的面积分别占全国的 7.4%、18.7% 和 18.0%。

7. 生物多样性受威胁程度增强

受湿地萎缩、草地退化、过度采伐、不合理捕猎等自然和人为因素的影响，适宜当地动植物生存的空间不断缩减，高原野生动植物资源的数量、种类不断减少，受威胁的生物物种逐渐增多。同时，随着高寒生物物种资源的灭绝与濒危，高原生物所具有的强大抗逆基因和适应高寒生境的遗传基因也面临丧失的危险[1]。

四 青藏高原生态系统生态安全评价与分析

（一）评价方法与数据来源

本报告以青藏高原地区青海和西藏两省（区）为研究区，包括青藏高

---

[1] 赵志刚、史小明：《青藏高原高寒湿地生态系统演变、修复与保护》，《科技导报》2020 年第 17 期。

原整体、青海和西藏两省（区）、15个地级行政区、117个县级行政区四个空间维度。按照第三章提出的生态安全指数指标体系和计算方法，分别运用双权法确定指标权重、极差法进行标准化处理、综合指数法计算生态安全指数，得到青藏高原森林、草原、湿地、荒漠、雪域等5个生态系统的生态安全评价结果。值得注意的是，青藏高原生态安全评价指标体系根据青藏高原特点，除了以往的常规生态系统外还新增了雪域生态系统，并且包含2015年、2017年和2021年三个时间点的生态安全状态，实现了动态评估。每个生态系统均从状态、压力两方面进行评估，其中状态主要从基础条件、资源状况、灾害情况三方面进行评估；压力主要从一般压力、行为压力、维护活动三方面进行评估。

实地调研于2021年10月在西藏和青海两省（区）开展，包括现场调查、座谈交流、专家咨询等，获取了青海、西藏主要生态系统2021年的生态安全数据、政策性文件以及实地图片等相关数据。通过查阅文献和统计数据，搜集2015年、2017年的相关数据。数据来源主要有《西藏统计年鉴》、《青海统计年鉴》、《中国城市统计年鉴》以及当地林草局、气象局所提供的部分数据。政府文件主要有《青藏高原生态文明建设状况白皮书》①《2020年青海省国土绿化公报》②《西藏自治区"十四五"时期林业和草原发展规划》③《青海省"十四五"林业和草原保护发展规划》④ 等。

（二）生态安全评价结果

1.生态安全指数分析

青藏高原生态安全性较高，均处于0.6~0.8区间，且西藏自治区生态安全指数高于青海省。2015年、2017年、2021年，青藏高原生态安全指数

---

① 国务院：《青藏高原生态文明建设状况白皮书》，2018年7月18日。
② 青海省林业和草原局：《2020年青海省国土绿化公报》，2021。
③ 中共西藏自治区委员会：《西藏自治区"十四五"林业和草原发展规划》，2021。
④ 青海省人民政府办公厅：《青海省"十四五"林业和草原保护发展规划》，2022。

均呈现先上升后下降的趋势，西藏自治区生态安全指数变化幅度比青海省大，但总体生态安全性要高于青海（见图1）。

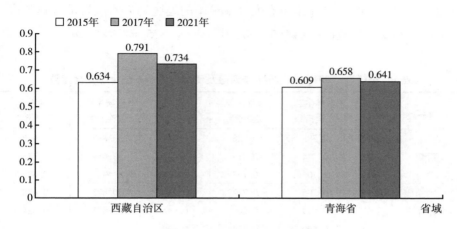

图1　青海和西藏生态安全指数对比

从各生态系统来看，2015年、2017年、2021年西藏、青海以及青藏高原森林、草原、湿地、荒漠、雪域五个生态系统的生态安全性大部分处于临界安全和较安全之间，五个生态系统生态安全指数均值都大于0.5。就西藏来说，2015年，荒漠生态系统安全性最高（0.842），湿地生态系统安全性最低（0.533）；2017年，草原生态系统安全性最高（0.817），荒漠生态系统安全性最低（0.659）；2021年，草原生态系统安全性最高（0.767），湿地生态系统生态安全性最低（0.677）。就青海来说，2015年，荒漠生态系统安全性最高（0.827），森林生态系统安全性最低（0.505）；2017年和2021年均为草原生态系统安全性最高（0.809、0.784），森林生态系统安全性最低（0.619、0.590）。就青藏高原来说，2015年，荒漠生态系统安全性最高（0.835），湿地生态系统安全性最低（0.545）；2017年，草原生态系统安全性最高（0.813），荒漠生态系统安全性最低（0.657）；2021年，草原生态系统安全性最高（0.776），森林生态系统安全性最低（0.648）（见表1）。

从地级层面看，2015年、2017年、2021年，西藏自治区及青海省大部分地市州生态系统较为安全，生态安全指数大部分呈现先上升后下降的趋

势。生态安全指数最低的地市州，2015 年为西藏自治区阿里地区（0.560），
2017 年为青海省海北藏族自治州（0.610），2021 年为青海省海西蒙古族藏
族自治州（0.584）。三年中生态安全性最高的地区均为西藏自治区林芝市，
三年的生态安全指数值分别为 0.730、0.875、0.835（见表2）。

表 1　2015 年、2017 年、2021 年西藏及青海各生态系统生态安全指数

省份	年份	森林生态安全指数	草原生态安全指数	湿地生态安全指数	荒漠生态安全指数	雪域生态安全指数
西藏	2015	0.583	0.628	0.533	0.842	0.686
	2017	0.774	0.817	0.743	0.659	0.743
	2021	0.706	0.767	0.677	—	0.682
青海	2015	0.505	0.717	0.557	0.827	0.628
	2017	0.619	0.809	0.644	0.655	0.624
	2021	0.590	0.784	0.629	—	0.671
青藏高原平均值	2015	0.616	0.673	0.545	0.835	0.657
	2017	0.697	0.813	0.694	0.657	0.684
	2021	0.648	0.776	0.653	—	0.678
均值		0.630	0.754	0.631	0.776	0.672

表 2　2015 年、2017 年、2021 年西藏自治区及青海省各地市州生态安全指数

省份	地市州	2015 年	2017 年	2021 年
西藏自治区	拉萨市	0.608	0.767	0.713
	昌都市	0.667	0.826	0.781
	山南市	0.623	0.788	0.738
	日喀则市	0.646	0.764	0.754
	那曲市	0.592	0.779	0.653
	阿里地区	0.560	0.780	0.643
	林芝市	0.730	0.875	0.835
青海省	西宁市	0.595	0.657	0.641
	海东市	0.637	0.689	0.669
	海北藏族自治州	0.596	0.610	0.608
	黄南藏族自治州	0.586	0.710	0.692

省份	地市州	2015 年	2017 年	2021 年
青海省	海南藏族自治州	0.627	0.679	0.669
	果洛藏族自治州	0.602	0.621	0.622
	玉树藏族自治州	0.587	0.657	0.656
	海西蒙古族藏族自治州	0.624	0.646	0.584

从县级层面看，2015 年、2017 年及 2021 年，西藏自治区林芝市墨脱县生态安全指数均为最高，指标值分别为 0.836、0.978 与 0.941。2015 年最低值为青海省黄南藏族自治州同仁县，指标值为 0.495；2017 年最低值为青海省海北藏族自治州刚察县，指标值为 0.532；2021 年最低值为青海省海西蒙古族藏族自治州直辖地区，指标值为 0.271（见表 3）。

表 3　2015、2017、2021 年西藏自治区及青海省县域生态安全指数端值表

省份	年份	端值	地市州	县市区	生态安全指数
西藏自治区	2015	最高值	林芝市	墨脱县	0.836
		最低值	阿里地区	改则县	0.524
	2017	最高值	林芝市	墨脱县	0.978
		最低值	山南市	桑日县	0.716
	2021	最高值	林芝市	墨脱县	0.941
		最低值	阿里地区	改则县	0.613
青海省	2015	最高值	海东市	互助县	0.673
		最低值	黄南藏族自治州	同仁县	0.495
	2017	最高值	黄南藏族自治州	尖扎县	0.732
		最低值	海北藏族自治州	刚察县	0.532
	2021	最高值	黄南藏族自治州	尖扎县	0.713
		最低值	海西蒙古族藏族自治州	直辖地区	0.271

2. 生态承载力指数分析

从省域层面看，青藏高原内部生态承载力指数差异较大。西藏自治区的生态承载力较弱，生态承载力指数值域在 0.094~0.252；青海省生态承载力较强，

生态承载力指数值域在 0.503～0.658。2015～2017 年,西藏自治区和青海省的生态承载力呈大幅上升的趋势;2017～2021 年,西藏自治区生态承载力有一定程度的下降,青海省生态承载力小幅降低,变化不明显(见图 2)。

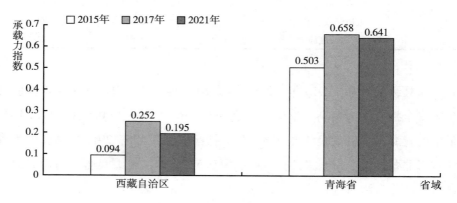

图 2　青藏高原生态承载力指数变化

从地级层面看,2015 年、2017 年、2021 年,青海省各市州生态承载力均高于西藏自治区,生态承载力指数绝大多数呈现先上升后下降的趋势。生态承载力指数最低的地市州,2015 年、2021 年为西藏自治区阿里地区(0.025、0.108),2017 年西藏自治区日喀则市(0.229);生态承载力最高的地市州,2015 年为青海省海南藏族自治州(0.627),2017 年、2021 年均为青海省黄南藏族自治州(0.710、0.692)(见表 4)。

表 4　2015 年、2017 年、2021 年西藏自治区及青海省各地市州生态承载力指数

省份	地市州	2015 年	2017 年	2021 年
西藏自治区	拉萨市	0.075	0.235	0.181
	昌都市	0.136	0.295	0.250
	山南市	0.076	0.241	0.192
	日喀则市	0.112	0.229	0.219
	那曲市	0.051	0.237	0.112
	阿里地区	0.025	0.245	0.108
	林芝市	0.167	0.312	0.273

省份	地市州	2015 年	2017 年	2021 年
青海省	西宁市	0.595	0.657	0.641
	海东市	0.243	0.689	0.669
	海北藏族自治州	0.461	0.610	0.608
	黄南藏族自治州	0.446	0.710	0.692
	海南藏族自治州	0.627	0.679	0.669
	果洛藏族自治州	0.602	0.621	0.622
	玉树藏族自治州	0.499	0.657	0.656
	海西蒙古族藏族自治州	0.624	0.646	0.584

从县域层面看，生态承载力最高的县市区均落在青海省，2015 年为海西蒙古族藏族自治州德令哈市（0.672），2017 年、2021 年均为黄南藏族自治州尖扎县（0.732、0.713）。2015 年及 2021 年生态承载力最低的县分别为西藏自治区拉萨市当雄县和阿里地区改则县，指数值分别为 -0.018、0.072，2017 年生态承载力最低值为西藏自治区日喀则市桑孜珠区（0.182）（见表 5）。

表 5　2015 年、2017 年、2021 年西藏自治区及青海省县域生态承载力指数端值

省份	年份	端值	地市州	县市区	生态承载力指数
西藏自治区	2015	最高值	林芝市	巴宜区	0.205
		最低值	拉萨市	当雄县	-0.018
	2017	最高值	昌都市	边坝县	0.354
		最低值	日喀则市	桑孜珠区	0.182
	2021	最高值	林芝市	巴宜区	0.309
		最低值	阿里地区	改则县	0.072
青海省	2015	最高值	海西蒙古族藏族自治州	德令哈市	0.672
		最低值	黄南藏族自治州	河南县	0.000
	2017	最高值	黄南藏族自治州	尖扎县	0.732
		最低值	海北藏族自治州	刚察县	0.532
	2021	最高值	黄南藏族自治州	尖扎县	0.713
		最低值	海西蒙古族藏族自治州	直辖地区	0.271

3. 生态安全状态指数分析

从各生态系统状态指数结果来看，青藏高原的草原生态系统总体状态最好（0.592），青海省草原生态安全状态指数（0.615）要优于西藏自治区（0.568）；雪域生态安全状态次之（0.477），西藏自治区（0.515）优于青海省（0.438）；紧接着是湿地生态系统状态（0.422）和森林生态系统状态（0.421），其中，西藏自治区森林生态系统（0.490）和湿地生态系统（0.447）的状态均优于青海省（0.353、0.397）；因荒漠生态系统的缺失值较多未列入比较，根据已有数据可知青藏高原荒漠生态系统状态较稳定（0.624）（见表6）。

表6　2015年、2017年、2021年青藏高原生态系统生态安全状态指数

省份	年份	森林状态指数	草原状态指数	湿地状态指数	雪域状态指数	荒漠状态指数
西藏自治区	2015	0.347	0.397	0.287	0.472	0.708
	2017	0.613	0.699	0.578	0.587	0.461
	2021	0.510	0.608	0.476	0.486	
	均值	0.490	0.568	0.447	0.515	0.585
青海省	2015	0.262	0.530	0.321	0.403	0.704
	2017	0.415	0.676	0.444	0.425	
	2021	0.382	0.640	0.426	0.487	
	均值	0.353	0.615	0.397	0.438	0.704
	总均值	0.421	0.592	0.422	0.477	0.624

从地级层面来看，2015年、2017年、2021年，西藏自治区及青海省各地市州生态系统状态差异明显，但生态系统状态指数基本呈现先上升后下降的趋势。2021年，森林生态系统状态指数最高的地市州为西藏自治区林芝市（0.690），状态指数最低的地市州为青海省海西蒙古族藏族自治州（0.267）；湿地生态系统状态指数最高的地市州为西藏自治区日喀则市（0.574），最低的地市州为西藏自治区阿里地区（0.323）；草原状态指数最

高的地市州是青海省果洛藏族自治州（0.734），最低的地市州为西藏自治区阿里地区（0.473）；雪域生态系统状态指数最高的地市州是西藏自治区日喀则市（0.577），最低的地市州为青海省海北藏族自治州（0.328）。荒漠生态系统仅有个别地市州有 2015 年和 2017 年的数据，其中状态指数最高的是 2015 年青海省海南藏族自治州（0.777），最低为 2017 年西藏自治区拉萨市（0.461）（见表 7）。

表 7　2015 年、2017 年、2021 年青藏高原各市生态系统生态安全状态指数

省份	地市州	年份	森林状态指数	草原状态指数	湿地状态指数	雪域状态指数	荒漠状态指数
西藏自治区	拉萨市	2015	0.297	0.368	0.302	0.481	0.708
		2017	0.578	0.669	0.596	0.571	0.461
		2021	0.481	0.589	0.510	0.481	—
	昌都市	2015	0.410	0.368	0.294	0.402	—
		2017	0.678	0.679	0.596	0.413	—
		2021	0.595	0.587	0.501	0.333	—
	山南市	2015	0.330	0.386	0.259	0.470	—
		2017	0.615	0.701	0.566	0.602	—
		2021	0.517	0.612	0.470	0.506	—
	日喀则市	2015	0.350	0.462	0.353	0.538	—
		2017	0.559	0.709	0.589	0.594	—
		2021	0.533	0.706	0.574	0.577	—
	那曲市	2015	0.286	0.361	0.240	0.465	—
		2017	0.582	0.690	0.560	0.693	—
		2021	0.370	0.500	0.343	0.474	—
	阿里地区	2015	0.252	0.325	0.201	0.399	—
		2017	0.581	0.678	0.547	0.650	—
		2021	0.360	0.473	0.323	0.409	—
	林芝市	2015	0.506	0.455	0.291	0.493	—
		2017	0.767	0.769	0.582	0.593	—
		2021	0.690	0.693	0.498	0.554	—

省份	地市州	年份	森林状态指数	草原状态指数	湿地状态指数	雪域状态指数	荒漠状态指数
青海省	西宁市	2015	0.268	0.582	0.266	0.420	0.744
		2017	0.535	0.733	0.412	0.530	—
		2021	0.503	0.703	0.392	0.510	—
	海东市	2015	0.310	0.593	0.281	0.436	0.743
		2017	0.454	0.741	0.432	0.444	—
		2021	0.418	0.704	0.404	0.422	—
	海北藏族自治州	2015	0.246	0.575	0.360	0.391	0.769
		2017	0.318	0.670	0.433	0.337	—
		2021	0.314	0.664	0.438	0.328	—
	黄南藏族自治州	2015	0.230	0.387	0.263	0.383	0.693
		2017	0.456	0.628	0.493	0.478	—
		2021	0.418	0.592	0.468	0.555	—
	海南藏族自治州	2015	0.284	0.486	0.309	0.422	0.777
		2017	0.403	0.617	0.431	0.417	—
		2021	0.380	0.592	0.417	0.500	—
	果洛藏族自治州	2015	0.271	0.591	0.314	0.389	
		2017	0.375	0.744	0.436	0.406	—
		2021	0.364	0.734	0.440	0.488	—
	玉树藏族自治州	2015	0.234	0.514	0.287	0.381	0.731
		2017	0.358	0.653	0.409	0.395	—
		2021	0.340	0.635	0.403	0.570	—
	海西蒙古族藏族自治州	2015	0.245	0.504	0.467	0.407	0.602
		2017	0.330	0.608	0.541	0.347	—
		2021	0.267	0.510	0.464	0.491	—

从县级层面端值来看，2021 年森林生态系统生态安全状态指数最高的是西藏自治区林芝市墨脱县（0.886），最低的是青海省海西蒙古族藏族自治州直辖地区（0.017）；草原状态指数最高的是日喀则市谢通门县（0.858），最低的是青海省海西蒙古族藏族自治州直辖地区（0.115）；湿地状态指数最高的是青海省海西蒙古族藏族自治州格尔木市（0.746），最低的是海西蒙古族藏族自治州直辖地区（0.132）；雪域状态指数最高

的是青海省西宁市城东区（0.671），最低的是青海省海西蒙古族藏族自治州直辖地区（0.293）。由于荒漠生态状态指数值缺失较多，故不列入分析（见表8）。

表8　2015年、2017年、2021年青藏高原生态系统生态安全状态指数端值

省份	年份	端值	地市州	县市区	森林状态指数
西藏自治区	2015	最高值	林芝市	墨脱县	0.693
		最低值	山南市	浪卡子县	0.202
	2017	最高值	林芝市	墨脱县	0.959
		最低值	山南市	桑日县	0.478
	2021	最高值	林芝市	墨脱县	0.886
		最低值	阿里地区	札达县	0.315
青海省	2015	最高值	黄南藏族自治州	同仁县	0.084
		最低值	海东市	互助县	0.373
	2017	最高值	西宁市	城东区	0.809
		最低值	海西蒙古族藏族自治州	格尔木市	0.274
	2021	最高值	西宁市	城东区	0.769
		最低值	海西蒙古族藏族自治州	直辖地区	0.017
省份	年份	端值	地市州	县市区	草原状态指数
西藏自治区	2015	最高值	日喀则市	谢通门县	0.585
		最低值	阿里地区	改则县	0.227
	2017	最高值	日喀则市	萨嘎县	0.941
		最低值	山南市	隆子县	0.535
	2021	最高值	日喀则市	谢通门县	0.858
		最低值	阿里地区	改则县	0.353
青海省	2015	最高值	果洛藏族自治州	达日县	0.687
		最低值	黄南藏族自治州	同仁县	0.283
	2017	最高值	果洛藏族自治州	达日县	0.837
		最低值	玉树藏族自治州	玉树市	0.441
	2021	最高值	果洛藏族自治州	达日县	0.827
		最低值	海西蒙古族藏族自治州	直辖地区	0.115

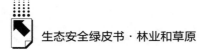

续表

省份	年份	端值	地市州	县市区	湿地状态指数
西藏自治区	2015	最高值	日喀则市	岗巴县	0.475
		最低值	阿里地区	日土县	0.167
	2017	最高值	日喀则市	岗巴县	0.709
		最低值	阿里地区	日土县	0.513
	2021	最高值	日喀则市	岗巴县	0.695
		最低值	阿里地区	日土县	0.289
青海省	2015	最高值	海西蒙古族藏族自治州	格尔木市	0.806
		最低值	黄南藏族自治州	同仁县	0.177
	2017	最高值	海西蒙古族藏族自治州	格尔木市	0.764
		最低值	海北藏族自治州	门源县	0.340
	2021	最高值	海西蒙古族藏族自治州	格尔木市	0.746
		最低值	海西蒙古族藏族自治州	直辖地区	0.132

省份	年份	端值	地市州	县市区	雪域状态指数
西藏自治区	2015	最高值	拉萨市	城关区	0.694
		最低值	阿里地区	改则县	0.378
	2017	最高值	那曲市	班戈县	0.724
		最低值	昌都市	江达县	0.412
	2021	最高值	日喀则市	拉孜县	0.608
		最低值	昌都市	察亚县	0.310
青海省	2015	最高值	海东市	平安区	0.487
		最低值	黄南藏族自治州	同仁县	0.291
	2017	最高值	西宁市	城东区	0.690
		最低值	海西蒙古族藏族自治州	格尔木市	0.282
	2021	最高值	西宁市	城东区	0.671
		最低值	海西蒙古族藏族自治州	直辖地区	0.293

4. 生态安全压力指数分析

从各生态系统压力指数结果来看，青藏高原森林和草原生态系统生态安全压力最小，压力指数均值均为0.022，荒漠（0.026）和湿地（0.033）的压力指数次之，雪域压力指数（0.038）最大。青海省森林（0.036）、湿地

（0.043）、雪域（0.046）生态系统的压力均大于西藏自治区（0.009、0.022、0.029），草原（0.021）、荒漠（0.019）生态系统的压力小于西藏自治区（0.023、0.029）（见表9）。

表9　2015年、2017年、2021年青藏高原生态系统生态安全压力指数

省份	年份	森林压力指数	草原压力指数	湿地压力指数	雪域压力指数	荒漠压力指数
西藏自治区	2015	0.000	0.000	0.000	0.000	0.000
	2017	0.017	0.044	0.042	0.054	0.058
	2021	0.009	0.026	0.025	0.032	
	均值	0.009	0.023	0.022	0.029	0.029
青海省	2015	0.011	0.016	0.016	0.018	0.019
	2017	0.050	0.024	0.059	0.061	—
	2021	0.048	0.022	0.056	0.060	—
	均值	0.036	0.021	0.043	0.046	0.019
青藏高原	均值	0.022	0.022	0.033	0.038	0.026

从地级层面看，2015～2017年，多数市州不同生态系统面临的生态安全压力显著增大。2017～2021年，生态安全压力保持相对稳定。2021年，森林生态系统压力最小的是青海省海西蒙古族藏族自治州（0.001）及玉树、果洛、海北三个藏族自治州（0.001），压力最大为青海省西宁市（0.217）；湿地生态系统压力最小的是青海省海西蒙古族藏族自治州、海北藏族自治州、玉树藏族自治州及果洛藏族自治州，指数值均为0.001，压力最大的市为青海省西宁市（0.236）；草原和雪域压力最小的是青海省海西蒙古族藏族自治州、玉树藏族自治州、果洛藏族自治州和海北藏族自治州，指数值均为0.001，草原压力最大的为青海省海东市（0.133），雪域压力最大的为青海省西宁市（0.229）。荒漠生态系统仅有个别市有2015年的数据，其中压力最小的是西藏自治区拉萨市（0.000），压力最大的为青海省西宁市（0.119）（见表10）。

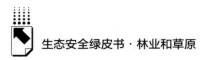

表 10　2015 年、2017 年、2021 年青藏高原各市生态系统生态安全压力指数

省份	地市州	年份	森林压力指数	草原压力指数	湿地压力指数	雪域压力指数	荒漠压力指数
西藏自治区	拉萨市	2015	0.000	0.000	0.000	0.000	0.000
		2017	0.032	0.085	0.081	0.105	—
		2021	0.027	0.075	0.073	0.092	—
	昌都市	2015	0.000	0.000	0.000	0.000	0.000
		2017	0.010	0.027	0.025	0.033	—
		2021	0.005	0.014	0.013	0.017	—
	山南市	2015	0.000	0.000	0.000	0.000	0.000
		2017	0.030	0.080	0.076	0.099	—
		2021	0.015	0.041	0.040	0.050	—
	日喀则市	2015	0.000	0.000	0.000	0.000	0.000
		2017	0.016	0.043	0.041	0.053	—
		2021	0.008	0.022	0.021	0.027	—
	那曲市	2015	0.000	0.000	0.000	0.000	0.000
		2017	0.010	0.026	0.024	0.032	—
		2021	0.005	0.013	0.013	0.016	—
	阿里地区	2015	0.000	0.000	0.000	0.000	0.000
		2017	0.004	0.010	0.010	0.013	—
		2021	0.002	0.006	0.005	0.007	—
	林芝市	2015	0.000	0.000	0.000	0.000	0.000
		2017	0.009	0.023	0.022	0.029	—
		2021	0.004	0.012	0.011	0.015	—
青海省	西宁市	2015	0.072	0.125	0.120	0.147	0.119
		2017	0.219	0.022	0.239	0.230	—
		2021	0.217	0.021	0.236	0.229	—
	海东市	2015	0.031	0.042	0.042	0.046	0.046
		2017	0.064	0.137	0.134	0.166	—
		2021	0.059	0.133	0.129	0.163	—
	海北藏族自治州	2015	0.003	0.004	0.004	0.005	0.002
		2017	0.001	0.001	0.001	0.001	—
		2021	0.001	0.001	0.001	0.001	—

省份	地市州	年份	森林压力指数	草原压力指数	湿地压力指数	雪域压力指数	荒漠压力指数
青海省	黄南藏族自治州	2015	0.006	0.009	0.009	0.010	0.010
		2017	0.003	0.003	0.004	0.003	—
		2021	0.003	0.003	0.004	0.003	—
	海南藏族自治州	2015	0.004	0.005	0.006	0.006	0.006
		2017	0.002	0.002	0.002	0.002	
		2021	0.002	0.002	0.002	0.002	
	果洛藏族自治州	2015	0.002	0.004	0.004	0.004	
		2017	0.001	0.001	0.001	0.001	
		2021	0.001	0.001	0.001	0.001	
	玉树藏族自治州	2015	0.001	0.002	0.002	0.002	0.001
		2017	0.001	0.001	0.001	0.001	
		2021	0.001	0.001	0.001	0.001	
	海西蒙古族藏族自治州	2015	0.001	0.001	0.001	0.001	0.001
		2017	0.001	0.001	0.001	0.001	—
		2021	0.001	0.001	0.001	0.001	—

从县级层面端值来看，2021 年森林生态系统生态安全压力最大的是青海省西宁市城东区（0.531）；草原生态安全压力最大的是西藏自治区拉萨市城关区（0.286）；湿地生态安全压力最大的是青海省西宁市城东区（0.578）；雪域生态安全压力最大的是青海省西宁市城东区（0.563）。由于荒漠生态压力指数值缺失较多，故不列入分析（见表11）。

表 11　2015 年、2017 年、2021 年青藏高原生态系统生态安全压力指数端值

省份	年份	端值	地市州	县市区	森林压力指数
西藏自治区	2015	最高值	—	—	—
		最低值	—	—	—
	2017	最高值	山南市	琼结县	0.090
		最低值	阿里地区	日土县	0.001
	2021	最高值	拉萨市	城关区	0.103
		最低值	阿里地区	改则县	0.000

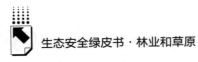

续表

省份	年份	端值	地市州	县市区	森林压力指数
青海省	2015	最高值	西宁市	大通县	0.075
		最低值	海西蒙古族藏族自治州	都兰县	0.000
	2017	最高值	西宁市	城东区	0.537
		最低值	海北藏族自治州	海晏县	0.000
	2021	最高值	西宁市	城东区	0.531
		最低值	海西蒙古族藏族自治州	直辖地区	0.000

省份	年份	端值	地市州	县市区	草原压力指数
西藏自治区	2015	最高值	—	—	—
		最低值	—	—	—
	2017	最高值	山南市	琼结县	0.238
		最低值	阿里地区	改则县	0.002
	2021	最高值	拉萨市	城关区	0.286
		最低值	阿里地区	改则县	0.001
青海省	2015	最高值	西宁市	大通县	0.127
		最低值	海西蒙古族藏族自治州	都兰县	0.000
	2017	最高值	海东市	民和县	0.152
		最低值	海北藏族自治州	海晏县	0.000
	2021	最高值	海东市	民和县	0.147
		最低值	海西蒙古族藏族自治州	直辖地区	0.000

省份	年份	端值	地市州	县市区	湿地压力指数
西藏自治区	2015	最高值	—	—	—
		最低值	—	—	—
	2017	最高值	山南市	琼结县	0.228
		最低值	阿里地区	改则县	0.002
	2021	最高值	拉萨市	城关区	0.278
		最低值	阿里地区	改则县	0.001
青海省	2015	最高值	西宁市	大通县	0.122
		最低值	海西蒙古族藏族自治州	都兰县	0.000
	2017	最高值	西宁市	城东区	0.587
		最低值	海北藏族自治州	海晏县	0.000
	2021	最高值	西宁市	城东区	0.578
		最低值	海西蒙古族藏族自治州	直辖地区	0.000

续表

省份	年份	端值	地市州	县市区	雪域压力指数
西藏自治区	2015	最高值	—	—	—
		最低值	—	—	—
	2017	最高值	山南市	琼结县	0.294
		最低值	阿里地区	改则县	0.002
	2021	最高值	拉萨市	城关区	0.353
		最低值	阿里地区	改则县	0.001
青海省	2015	最高值	西宁市	大通县	0.148
		最低值	海西蒙古族藏族自治州	都兰县	0.000
	2017	最高值	西宁市	城东区	0.565
		最低值	海北藏族自治州	海晏县	0.000
	2021	最高值	西宁市	城东区	0.563
		最低值	海西蒙古族藏族自治州	直辖地区	0.000

（三）生态安全影响因素分析

1. 生态安全状态指数主要影响因素

生态安全状态指数的主要影响因素包括森林、草地、湿地、雪域的覆盖率。计算这四个方面对生态安全状态指数的影响度和可提升度，结果表明：在西藏自治区，拉萨、昌都、山南、日喀则、那曲5市生态安全状态指数影响度最高的指标是森林覆盖率，而阿里地区、林芝市影响度最高的指标是草地覆盖率，这7个市级单位最低指标都是雪域覆盖率。在青海省，西宁、海东两市与海北、黄南、海南、果洛、玉树、海西6个自治州生态安全状态指数影响度最高的指标均为草地覆盖率，最低指标都是雪域覆盖率。这表明西藏自治区在考虑状态影响度时，除阿里地区、林芝市最需重视草地覆盖率这一指标外，其余5市均应最为重视森林覆盖率；青海省这8个市州最应重视的指标均为草地覆盖率（见表12）。

表 12 青藏高原各地市州生态安全状态指数影响度

省份	地市州	森林覆盖率	草地覆盖率	湿地覆盖率	雪域覆盖率
西藏自治区	拉萨市	0.183	0.018	0.062	0.000
	昌都市	0.103	0.005	0.045	0.000
	山南市	0.138	0.004	0.035	0.000
	日喀则市	0.144	0.026	0.055	0.000
	那曲市	0.099	0.076	0.030	0.000
	阿里地区	0.040	0.090	0.017	0.000
	林芝市	0.090	0.095	0.039	0.000
青海省	西宁市	0.112	0.119	0.005	0.002
	海东市	0.039	0.269	0.004	0.000
	海北藏族自治州	0.044	0.283	0.054	0.000
	黄南藏族自治州	0.019	0.135	0.021	0.000
	海南藏族自治州	0.013	0.157	0.011	0.000
	果洛藏族自治州	0.076	0.298	0.033	0.000
	玉树藏族自治州	0.010	0.234	0.024	0.000
	海西蒙古族藏族自治州	0.004	0.189	0.084	0.000

从生态安全状态指数可提升度来看，西藏自治区的拉萨、昌都、山南、日喀则四市，可提升度数值最高的是草地覆盖率；而那曲市、林芝市与阿里地区可提升度数值最高的是森林覆盖率；西藏地区 7 个地级单位可提升度最低的指标均为湿地覆盖率。这表明，西藏地区拉萨、昌都、山南、日喀则四市在生态安全状态指数可提升度上，最需要注意的指标是草地覆盖率；而那曲市、林芝市与阿里地区则最需要注意提高森林覆盖率。对于青海省来说，8 个市州生态安全状态指数可提升度指标的最高值均为森林覆盖率，且这 8 个市州生态安全状态指数可提升度指标的最低值均为湿地覆盖率。这表明对于青海省来说，各市州在可提升度上最应注意的是森林覆盖率，而湿地状况最好（见表 13）。

表 13　青藏高原各地市州生态安全状态指数可提升度

省份	地市州	森林覆盖率	草地覆盖率	湿地覆盖率	雪域覆盖率
西藏自治区	拉萨市	0.290	0.407	0.062	0.219
	昌都市	0.369	0.419	0.045	0.219
	山南市	0.334	0.383	0.035	0.219
	日喀则市	0.328	0.399	0.055	0.219
	那曲市	0.373	0.348	0.030	0.219
	阿里地区	0.432	0.333	0.017	0.219
	林芝市	0.383	0.329	0.039	0.219
青海省	西宁市	0.361	0.305	0.005	0.217
	海东市	0.433	0.155	0.004	0.219
	海北藏族自治州	0.428	0.142	0.054	0.219
	黄南藏族自治州	0.456	0.290	0.021	0.219
	海南藏族自治州	0.459	0.267	0.011	0.219
	果洛藏族自治州	0.396	0.127	0.033	0.219
	玉树藏族自治州	0.462	0.191	0.024	0.219
	海西蒙古族藏族自治州	0.469	0.235	0.084	0.219

2. 生态安全压力指数主要影响因素

生态安全压力指数的主要影响因素包括人口密度、单位面积能源消耗、二氧化硫排放程度三个方面。计算这三个方面对生态安全压力指数的影响度和可提升度，结果表明：西藏自治区7个地市生态安全压力指数影响度的最高值指标均为单位面积能源消耗，而最低值均为人口密度；青海省8个市州生态安全压力指数影响度的最高值指标均为人口密度，西宁和海东两市最低值为二氧化硫排放程度，其余6个自治州最低值均为单位面积能源消耗（见表14）。

表 14　青藏高原各地市州生态安全压力指数影响度

省份	地市州	人口密度	单位面积能源消耗	二氧化硫排放程度
西藏自治区	拉萨市	0.000	0.137	0.005
	昌都市	0.000	0.137	0.006
	山南市	0.000	0.124	0.006
	日喀则市	0.000	0.124	0.006

续表

省份	地市州	人口密度	单位面积能源消耗	二氧化硫排放程度
西藏自治区	那曲市	0.000	0.110	0.006
	阿里地区	0.000	0.074	0.006
	林芝市	0.000	0.113	0.006
青海省	西宁市	0.815	0.012	0.006
	海东市	0.815	0.001	0.000
	海北藏族自治州	0.745	0.000	0.006
	黄南藏族自治州	0.815	0.000	0.006
	海南藏族自治州	0.815	0.000	0.006
	果洛藏族自治州	0.722	0.000	0.006
	玉树藏族自治州	0.622	0.000	0.006
	海西蒙古族藏族自治州	0.577	0.000	0.006

对生态安全压力指数可提升度的分析表明：西藏自治区7个地市的生态安全压力指数可提升度最高的指标均为人口密度，拉萨、昌都、山南、日喀则四市的最低值指标均为单位面积能源消耗，而那曲、林芝两市与阿里地区的最低值指标均为二氧化硫排放程度。青海省8个市级单位的生态压力指数可提升度最高的指标均为单位面积能源消耗，西宁、海东、黄南这三个市州的最低值指标为人口密度，其余五个自治州的最低值指标为二氧化硫排放程度。结果表明：对西藏自治区而言，缓解生态安全压力最需要关注人口密度问题，对青海省而言，则最应关注单位面积能源消耗（见表15）。

表15 青藏高原各地市州生态安全压力指数可提升度

省份	地市州	人口密度	单位面积能源消耗	二氧化硫排放程度
西藏自治区	拉萨市	0.814	0.000	0.061
	昌都市	0.815	0.000	0.023
	山南市	0.815	0.013	0.023
	日喀则市	0.814	0.009	0.023
	那曲市	0.815	0.027	0.023
	阿里地区	0.815	0.063	0.023
	林芝市	0.815	0.024	0.023

省份	地市州	人口密度	单位面积能源消耗	二氧化硫排放程度
青海省	西宁市	0.000	0.126	0.023
	海东市	0.000	0.137	0.065
	海北藏族自治州	0.052	0.137	0.023
	黄南藏族自治州	0.000	0.137	0.023
	海南藏族自治州	0.137	0.232	0.023
	果洛藏族自治州	0.093	0.137	0.023
	玉树藏族自治州	0.193	0.137	0.023
	海西蒙古族藏族自治州	0.238	0.137	0.023

五　青藏高原生态安全提升路径

（一）构建生态系统免疫机制

青藏高原生态安全格局构架强调建立起以自然为主体的生态系统免疫机制，形成保护生态的三道防线。以物理屏障作为第一道防线，发挥自然阻挡作用，快速反应，形成对高原生态的常态保护；第二道防线以天然免疫系统为主，快速反应，配合第一道防线，将消息传递至第三道防线；而第三道防线以适应性免疫系统为主，起到抗压恢复的作用，各个生态系统形成模块，互为后备，形成对高原生态的多重保障（见图3）。以此为基础形成青藏高原生态保护五个阶段：免疫系统三道防线构成危机的识别阶段；第一、第二道防线形成对生态危机的快速反应阶段；第三道防线精密配合、相互协调促进生态系统自然修复的阶段；通过产生多种特异性生态抗力，更好地适应环境的变化，进入变化创新阶段；通过生态自愈与生态免疫，实现生态系统可持续发展，达到最终生态平衡阶段。

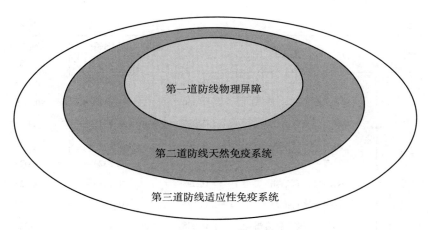

图3　青藏高原生态系统免疫机制

（二）提升各生态系统生态安全

1. 森林生态系统

青藏高原东南部和东部山地是我国原始森林保存较为完好的地区，森林面积约为 1233 万公顷，蓄积量约 31.8 亿立方米。森林生态系统生态安全提升要以森林资源综合管理为主。一是要强化科学经营管理，加强林业理论研究，重视高新技术研发，将科学技术运用于管理实践中，将科技转化为效益，从而在实现林业产业创收增收的同时强化森林抚育管理，优化林分结构，不断提高森林资源质量，转变林业增长方式，提高林业综合效益，为社会提供更高的生态效益和优质的木材产品。二是要加强森林资源采伐管理，严格限制森林采伐的准入门槛，设立凭证制度和规定限额，更加科学、规范地对森林资源进行管理和监测。对于防火工程的建设也要更加重视，保证足够的监控设备、治火设备等硬件设施的投入，提高人员治火水平，定期巡查、监控森林情况，完善山火评估、预测和报警系统。三是要加强天然林和公益林保护，实现森林资源可持续发展，抓好生态公益林管理和投入工作，进一步推进生态公益林工程建设，加强生态公益林经营管护工作，巩固森林多种效益建设成效。加强人工造林绿化，提高林地利用率，多渠道筹措造林资金，增加造林资金投入，抓好造林配套工程设施建设，加强苗木基地建设，制定和落实好造林后管护管理措施。

2. 草原生态系统

青藏高原草地面积约 1.2 亿公顷，是我国最大的牧场和重要的牧业生产基地，但由于气候与地形等因素，地区草地质量参差不齐，只有若尔盖、青海湖等地区质量较好，其他地区的草地生产水平甚至低于全国平均水平。草原生态系统生态安全提升要以多种功能协调统一为主。首先要科学规划草地利用方法，积极探索人、草、畜协调发展的畜牧业生产方式，实现畜牧业可持续发展和牧民持续增收，保护和改善天然草地生态环境，积极推进草地植保和草地改良，加强鼠虫害防治，坚持以草定畜、草畜平衡，严格实行禁牧、休牧、轮牧，全面提升生态系统功能。其次要加强法制化管理，认真落实草地保护制度，加强法制宣传教育，提高广大干部和农牧民以法管草的法治意识，树立管、建、用相统一，责、权、利相结合的新观念；健全和完善草原监理机构，加大草原执法监督力度，严厉打击破坏草地的违法行为。加强草原生态系统信息监测，对草原火灾监测预警、病虫害监测预警、私挖滥采监测预警、生态环境监测预警等各项数据进行实时采集和管理，使数据规范化、数字化。建立草原信息综合管理平台，实现定点对多点的实时监测管理。最后要推进草业产业化发展，探索建立全产业链体系，大力培育龙头企业、合作社等新型经营主体，持续深化"园区+企业+合作社+农户""公司+合作社+基地+农户""合作社+基地+牧户"等多种经营模式。

3. 湿地生态系统

青藏高原是我国湿地的集中分布区之一，湿地总面积近 1789.81 万公顷（不含湖泊），占我国湿地面积的 1/3，主要包括沼泽湿地、湖泊湿地、河流湿地三类。作为世界上独特的高原湿地，青藏高原湿地具有生态蓄水、水源补给、气候调节等重要的生态功能。对于湿地生态系统的生态安全提升，要将保护修复放在首位，通过技术手段动态监测湿地总体面积，稳定和扩大湿地面积，改善湿地生态质量，以现有自然保护区为核心，形成科学合理的自然保护区网络，严格管控湿地用途，合理利用湿地资源，探索和创新湿地生态资源保护利用模式，创建湿地公园，发展湿地生态旅游。其次要持续加大湿地生态效益补偿、退耕（牧）还湿、湿地保护与恢复等项目的资金支持力度，严格执行湿地分级管理责任体系，探索完善湿地生态管护员制度，落实保护责任体制。最后要建立湿地生态系统监测体系，特别是构建适用于青藏高原高寒湿地的生态监测指标体系，重点监测黄河首曲湿地、若尔盖湿地等重要地区，开展湿地生态经济复合系统的调查研究，探索湿地生态系统演替规律，夯实湿地保护的科技支撑基础。

4. 冰川生态系统

冰川在水循环中扮演着重要角色。同时，它是另一个重要的有机碳存储库，可以固定大量的有机碳资源，有利于地区生态系统的可持续发展。青藏高原具有极其丰富的冰川资源，对冰川生态系统生态安全的提升，以监测保护为主。首先要科学观测监测青海和西藏冰川资源，以全域全覆盖监测为目标，健全冰川生态系统的监测机制，结合信息科技手段对其进行动态监测，分时分段比较分析，并对生态脆弱冰川进行重点管理。其次要建立完善的冰川灾害监测预警体系，加强冰川变化监测研究，通过遥感影像对灾害发生的重点区域进行全面监测，收集冰川的运动速度、每年亏损量与积累量，以及冰川周围的气象数据，分析确定冰川灾害的类型、分布规律、发育特征、发生机理等。最后要开展冰川生态系统集成研究，科学规划实施，加大投入力度，积极支持冰川生态系统资源调研、监测与评价、预警与防治、开发利用等系统性研究，重点形成一批观测、预警以及防治等关键领域的技术集成，为制定高原生态脆弱区环境保护政策以及优化资源配置提供科学性指导。

5. 荒漠生态系统

青藏高原荒漠化土地的空间分布受气候、地貌、第四纪沉积物类型和人类活动等因素控制，高原不同区域的受影响程度不同。因此，对于荒漠生态系统，要基于不同区域土地荒漠化成因、地貌条件、气候因素、面积、类型、空间分布等条件采取不同防治措施，积极防止荒漠化面积扩大，以"治"和"防"为主。首先要加强荒漠化地区的治理，变"沙"为"绿"，加强防沙治沙植物选育工作，储备防沙治沙备选植物种，将科学技术结合进防沙治沙的具体实践中，升级防治技术，提高防治水平，实现科技治沙。另外，还应结合 RS、GIS、GPS 技术，强化土地荒漠化和沙化的监测能力，建成技术先进、功能对口的综合监测体系。其次要防"绿"变"沙"，转变畜牧业生产经营方式，严格控制草场载畜量，实施以草定畜、治理退化草地、休牧还草等植被保护措施，建立严格的保护监管制度，严守沙区生态红线，全面落实沙化土地单位治理责任制，强化省级政府防沙治沙目标责任考核制度，推进沙化土地封禁保护区和国家沙漠公园建设，深入贯彻落实《防沙治沙法》，加大执法力度，严厉查处各种违法违规行为。

6. 保护生物多样性

青藏高原物种丰富，特有物种和珍稀濒危物种数量多，是全球生物多样性保护的热点地区，但外来物种入侵风险隐患大，栖息地破碎化比较严重。建设以国家公园为主体的自然保护地体系在很大程度上保护了青藏地区生物资源的安全和完整，有利于青藏高原打造生态文明高地。自三江源国家公园试点以来，各类野生动物物种数量恢复显著，雪豹等珍稀物种数量也在逐步增长。因此，应进一步整合各类生态系统，考察青藏高原周边各地生态资源，构建青藏高原国家公园群，并分级分类管理，提升国家生态安全屏障的功能性，推动中国特色社会主义现代化自然保护地体系进一步建立健全。

（三）强化落实多主体参与策略

1. 政府参与策略

政府作为公共物品的主要提供者，在多元共治体系中居于核心地位，要发挥政府在环境保护与治理中的基础性作用。政府要积极发挥在环境治理中的职能，加强制度创新，建设生态安全保护体系，适时制定环境法规与政策，加大环境监管执法力度，建立环境监管与问责机制，调整和优化环境监管组织体系，提高信息公开的透明度和准确度，加大环境保护宣传力度，并为企业和公众参与环境治理提供相应的制度设计和安排等，运用市场化、多样化手段，不断提升治理体系和治理能力现代化水平。

第一，完善法律法规，加强统一领导，改变行政区划割裂化管理。目前我国并没有建立一个统一的机构来协调青藏高原的生态治理，在青藏高原生态环境治理的过程中，各个省份单独行动，并且以占青藏高原大部分的西藏自治区和要守住"中华水塔"三江源地区的青海省为主。由于缺乏统一的规划领导，难以克服行政区划割裂生态系统的弊端，在治理过程中容易出现忽略政策制定的统一性、人为割裂生态要素等问题。因此，要综合考虑生态系统的整体性与相互作用，结合青藏高原地区的特殊自然环境，建立统一管理的体制机制，搭建生态、地质、环境、经济、社会等专家学者交流的平台，促进青藏高原生态保护科学化和规范化，进一步推进青藏高原生态环境保护深入发展。

第二，树立绿色 GDP 理念，强化干部考核问责机制。自生态文明纳入国家战略以及"美丽西藏"建设等地方性目标提出后，为促进生态环境建设，各地区也不断完善生态环境保护考核奖惩机制，但是在实践过程中，也出现了一些问题。以青海湖生态保护实践为例，由于当地居民长期以来的生产生活方式改变难度大、改变代价大，各类生态环境保护措施和补贴政策对其也有所侧重。这一方面保证了当地居民正常生活水平，另一方面也导致了基层干部对于保护区合理开发、利用的忽视，进而缺乏主动发展的意识和能力。因此，应加强相关行政负责人员的生态环境保护意识，明确责任落实主体，严格责任追究，层层落实资源目标管理责任，督促各级政府立下"军令状"、写下"责任书"，将生态指标纳入干部考评体系，促进各级政府加强对生态保护的检查监督，保证生态治理达到标准。并且，要建立一套适用于各地基层政府的考核标准，敦促上级政府部门加强对基层政府的监督，以强有力的约束、有效的激励守好生态安全的"政府关"。同时，要合理制定干部考核指标，不能只考虑环境而片面地制止一些发展行为，为了环保而环保，忽略农牧民的生计，应当协调好生态保护、经济发展、牧民民生等问题，实现青藏高原地区的可持续发展。

第三，改革创新经济政策，为生态保护注入资金。为促进青藏高原生态恢复，牢筑高原生态安全屏障，中央财政加大了生态环境保护资金投入，但由于青藏高原大部分区域经济比较落后、贫困人口相对集中、地方财政拮据，地方经济发展和社会保障支出难以承担高额的生态保护和修复资金，经费投入严重不足成为制约青藏高原有效开展生态文明建设的重大现实问题。因此，如何引导社会资本投入，丰富青藏高原地区生态建设的资金来源是推动该地生态环境保护的重要课题。可建立青藏高原生态专项基金，构建生态环境补偿市场，增加绿色投资渠道，通过市场化的手段促进绿色融资。生态专项基金的来源，除了中央财政的转移支付、企业缴纳的环保费税，还应该纳入生态环境补偿资金。随着我国"双碳"目标提出以及碳交易市场的试点和逐步建立，将青藏高原的生态保护效应进行合理折算并参与全国碳交易市场有利于丰富青藏高原地区生态保护的资金来源，吸引环保企业投资，激发当地政府环境保护的积极性，从而满足生态保护方面的资金需求。

2. 经营管理主体参与策略

企业是环境治理中的关键环节，要自觉承担保护环境的责任。企业是经济活动的细胞，是经营活动的主体，在多元共治格局下，要提高企业参与环境治理的积极性，激发企业活力，利用市场机制控制污染企业扩张，倒逼排污企业节能减排，推动环保企业在环境治理中发挥更加有效的作用。

第一，提高企业的责任意识。当前企业主体的责任意识不足，所承担的责任和企业能力不相匹配。近年来，随着东部地区环保监管执法力度加大，部分污染企业在经济利益的驱使下，将工厂建立在环保监管较弱的青藏高原，且大多数企业生产技术落后，生产设备陈旧，技术改造缺乏资金，资源利用总体水平低，污染防治能力低下。同时相关省份经济发展过度依赖畜牧、采矿等产业，替代产业发展缓慢，产业结构调整难度大，这种长期资源掠夺式开采、粗放式开发利用使青藏高原生态环境遭到严重破坏。因此，应该提高企业的社会责任感，开发利用各种工具，引导企业自觉参与环境保护与污染防治。一方面，加强对企业的教育引导，鼓励企业积极参与环境保护培训，对企业员工、管理者进行环境保护教育，不断提升其生态保护意识；另一方面，鼓励企业开展环境管理体系认证，将企业的社会责任与经济利益联系在一起，对主动减排、采用绿色生产技术的企业和自觉参与青藏高原生态环境保护的企业进行奖励和舆论支持，提升企业形象和知名度，从而激励

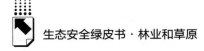

更多企业参与环境改善行动。

第二，完善污染企业的信息披露制度。要建立可操作的污染企业信息披露机制，对企业信息披露的内容、格式进行规范，并引入第三方进行环境审计，对信息披露内容的真实性、可信度进行审计验证，加强对持续信息披露的监督与审核，对不规范、虚假的信息披露行为进行处罚，对信息披露完整的企业进行政策鼓励，从而为建立有效的市场机制提供有力支持。

第三，激发市场活力，促进资金融通。激发市场活力，运用市场手段推进环境治理有利于促进资金融通，提高环境治理效率。对于污染企业，可以尝试将治理市场化，委托专业化公司参与企业的环境管理或者代为处理污染物，将排污处理活动进行外包，建立排污交易制度；同时努力探索将青藏高原地区的碳中和、碳排放纳入全国碳交易市场，加快建立碳核算指标体系，将环保企业的生态效益纳入核算，鼓励环保企业参与环境治理并通过碳交易市场进行经济补偿，让企业看到实实在在的真金白银，实现"绿水冰川也是金山银山"。

3. 公众参与策略

公众是生态治理的中坚力量。随着环保、绿色、节约等观念的深入人心，公众参与环境治理的意愿增强；随着社会主义民主法治建设的推进，公众参与生态治理的途径和方式也逐渐增多。因此，树立全民生态保护与生态安全意识，鼓励公众参与青藏高原生态安全建设，有利于持续巩固生态安全屏障。

第一，提升当地居民生态安全意识，提高其生态环境保护参与能力。随着政府不断开展生态宣传和环保教育，当地牧民逐渐重视起生态环境的有效保护，加之受自然条件和宗教观念的影响，当地天然形成了一种崇尚自然、敬畏自然、与自然和谐共生的朴素生态伦理观。在这些观念的影响下，人们敬畏山水、敬畏树木和草原，与环境有着某种天然的情感纽带。但是目前人们的关注点大多在与自身利益切实相关的生态环境问题，对森林破坏、冰川融化等问题关注较小，与此同时，由于缺乏相关知识和经验，生态环境保护参与水平比较低。因此，应该加强对当地居民以及全民的生态安全警示教育并开展生态保护知识教育，利用多种艺术形式、媒体工具加大宣传力度，为生态环境保护创造良好的舆论氛围，切实提升当地牧民参与环境保护的能力。

第二，实施生态环境信息公开，为公众参与环境监督提供平台。加强信息公开有利于为公众参与生态环境保护提供平台，进一步扩大生态环境信息公开的范围，加强舆论引导和公众监督，推动公众参与生态环境违法行为的监督，对举报有效的个人或组织进行一定的奖励，提高其参与环境监督的积极性。同时，政府也要建立良好畅通的沟通渠道，为公众提供表达平台，通过生态环境听证会、生态信息公示等制度措施，鼓励公众参与生态环境保护政策制定、规划实施、实时监督和效果评估的全过程，充分反映当地居民意愿。

第三，整合民间力量，巩固生态安全屏障。我国环保类民间组织数量多，已粗具规模，青藏高原上的许多公益组织在传播环境知识、动员普通群众参与环境保护行动中发挥了积极的作用，但由于管理不统一，可能导致事务重合、效率降低。应当适当引导，由政府牵头，联系各类环保组织，共同构建环境管理、生态安全建设中有组织、有效率、有能力的重要环节。

（四）搭建生态安全大数据平台

1.建立监测数据库

梳理各类资源数据，建立青藏高原生态安全目录，为生态安全监测工作提供数据资源清单，形成数据治理标准和规范。通过统一空间基准、统一数据标准、统一数据本底，搭建青藏高原生态安全大数据中心，实现青藏高原生态安全"一套数"管理目标。通过叠加森林资源、草地资源、湿地资源、雪域资源、荒漠资源、野生动物资源和自然保护地等数据，实现青藏高原生态安全监测数据库的有效建立与逐步完善。

2.构建动态监测系统

针对青藏高原生态安全监测工作的复杂性与艰巨性等特点，应用卫星、无人机、视频监控和传感器等物联网技术，构建天空地一体化、多尺度的感知网络体系，及时获取所需的数据，实现对各种生态资源的动态监测。利用高分辨率遥感卫星获取多源、多尺度、多时相遥感数据，掌握青藏高原大范围生态资源动态变化信息；利用无人机获取高分辨率影像，开展森林火灾监测、林地征占用监测、湿地保护监测、草原保护监测、雪域保护监测、野生动物监测等航空监测；在地面利用视频监控、红外相机以及各类传感器对有害生物、火情、青藏高原地区的水土气生等生态因子进行实时在线监测，提高数据采集的自动化程度。完善监测数据信息化传输网络，利用遥感卫星、微波通信、无线自组织网络等方案解决山区信号问题，满足监测信息的实时传输需求。扩大监测终端设备的部署范围和各类生态资源感知网络的覆盖范围。

3. 数字赋能生态安全保障机制

考虑到当前是"数字经济"时代，青藏高原生态系统安全保障机制的建立也需考虑数字赋能。第一，根据青藏高原当前民情，搭建线上线下一体化的生态安全文化教育体系，拓展公共服务的深度和广度，提升公共服务能力。应用多媒体和信息可视化方式，如数字重建、虚拟现实等技术，结合微信、微博、短视频平台等新媒体，构建具有青藏高原特色的生态文化平台，开展相关生态文化的宣传活动。第二，树牢安全管理科学理念，落实安全管理工作。保障机制的建立，离不开政府的参与和引导。政府部门在运用先进科技手段建立监管机制的同时，要落实相关部门的责任细化工作，并积极指导公众参与生态安全保障机制的创建与运行。

参考文献

张训华、王忠蕾、侯方辉等：《印支运动以来中国海陆地势演化及阶梯地貌特征》，《地球物理学报》2014 年第 12 期。

胡骏：《青藏高原地区气候特征与工程防水》，《中国建筑防水》2023 年第 7 期。

王金南、董战峰、蒋洪强、陆军：《中国环境保护战略政策 70 年历史变迁与改革方向》，《环境科学研究》2019 年第 10 期。

田一聪、田明、刘劲松、魏金鹏：《青藏高原人口空间分布格局及其演变特征》，《科技促进发展》2022 年第 5 期。

杨春蓉：《建国 70 年来我国民族地区生态环境保护政策分析》，《生态环境与保护》2020 年第 1 期。

赵志刚、史小明：《青藏高原高寒湿地生态系统演变、修复与保护》，《科技导报》2020 年第 17 期。

国务院：《青藏高原生态文明建设状况白皮书》2018 年 7 月 18 日。

青海省林业和草原局：《2020 年青海省国土绿化公报》，2021。

中共西藏自治区委员会：《西藏"十四五"林业和草原保护发展规划》，2021。

青海省人民政府办公厅：《青海"十四五"林业和草原保护发展规划》，2022。

G.8
粤港澳大湾区城市群生态安全评价报告

顾艳红　余　涛　韩笑*

摘　要:　本报告以粤港澳大湾区内地9个城市为研究对象,基于自然与经济社会发展状况,构建生态环境与城市经济发展系统的评价指标体系及评价模型,在此基础上,运用耦合度模型定量分析2010~2018年粤港澳大湾区2个系统耦合关系的时空演变规律,揭示2个系统耦合的关键要素。结果表明:①除了深圳市、中山市和肇庆市,其余6市生态环境指数整体上呈波动上升态势;②粤港澳大湾区经济发展指数呈现明显的空间分异格局,具有中部高、外围低的分布特征;③9个城市生态环境与经济发展耦合度和耦合协调度均存在较大差异性,协调经济发展与生态环境保护的关系是粤港澳大湾区未来发展中需要重点关注的问题。最后提出生态文明建设建议:①严守生态保护红线,强化生态用地管制;②加强生态资源保护,构筑生态安全屏障;③合作推进减排措施,完善协同治理机制;④聚焦绿色发展问题,推进湾区整体发展。

关键词:　生态环境　经济发展　耦合关系　生态安全　生态文明

---

*　顾艳红,博士,北京林业大学副教授,研究方向为生态安全、应用数学;余涛,国家林业和草原局发展研究中心高级工程师,研究方向为林草法制政策;韩笑,北京林业大学经济管理学院博士研究生,研究方向为生态系统服务、生态保护和修复。

一 粤港澳大湾区自然概况

粤港澳大湾区由广州、深圳、珠海、佛山、东莞、中山、惠州、江门、肇庆 9 个地级市和香港、澳门两个特别行政区组成，地处我国南部沿海、珠江流域中下游，区域面积约 5.6 万平方公里，是继美国纽约湾区和旧金山湾区、日本东京湾区之后的世界第四大湾区①。

粤港澳大湾区内地九市位于广东省中南部、珠江下游，该地是由珠江水系的西江、北江、东江及其支流潭江、绥江、增江带来的泥沙在珠江口河口湾内堆积而成的复合型三角洲，其中五分之一的面积是丘陵、台地和残丘。西部、北部和东部三面被丘陵和山地环绕，形成天然屏障；南部濒临南海，海岸线长达 1059 公里，加上珠江的八个出海口，形成"三面环山、一面临海、三江汇合、八口分流"的独特地形地貌。香港特别行政区位于珠江口以东，由香港岛、九龙半岛、新界内陆地区以及 262 个大小岛屿组成。澳门特别行政区位于珠江口以西，包括澳门半岛、氹仔岛、路环岛等。总体来看，粤港澳大湾区地理条件优越，是距离南海最近的经济发达地区，是中国经略南海的桥头堡，更是太平洋和印度洋航运的重要枢纽，向西、向东、向南都可到达世界重要的经济区。

粤港澳大湾区内珠江三角洲属南亚热带湿润季风气候，具有终年高温、光照充足、夏季长、霜期短、降水丰沛、水热季节配合好等气候特征。年日照时数 1900~2000 小时，年平均气温 21~22℃，全年实际有霜期在 3 天以下，年降水量 1600~2000 毫米，降水以夏季最多，春季次之，秋冬季最少。每年4~9 月为雨季，降水量占全年的 80%左右，降水年变化呈双峰型，最高峰在 6月，次高峰在 8 月。各大支流汛期错开，但夏秋多台风，洪涝威胁大。

二 粤港澳大湾区生态文明建设历程

（一）粤港澳大湾区生态文明建设的意义

党的十八大报告首次提出中国特色社会主义"五位一体"的总体布局，

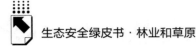

强调"必须树立尊重自然、顺应自然、保护自然的生态文明理念，把生态文明建设放在突出地位，融入经济建设、政治建设、文化建设、社会建设各方面和全过程，努力建设美丽中国，实现中华民族永续发展"。这为推进国家治理体系和治理能力现代化、建设美丽中国树立了一面绿色发展、科技领先、综合治理的鲜明旗帜。

生态文明建设是关系中华民族永续发展的根本大计①，大力推进生态文明建设是实现粤港澳大湾区可持续发展的必然要求。粤港澳大湾区城市在经济社会迅速发展的同时，资源环境压力日益加重。一是自然生态系统面积骤减、生态系统破碎化程度增加。据统计，1980~2016年湾区建设用地面积占比由0.7%提高到17.2%，农业和生态空间持续转换为城镇用地，森林湿地面积明显缩小，快速城镇化导致绿地破碎化、孤岛化问题严重，生态廊道断裂度较高，生态风险增高。二是部分地区陆海统筹意识不强，海洋开发活动多集中在近海海域，岸线开发利用方式粗放，存在低效占有、无序圈占、浪费岸线资源等现象，自然岸线不断减少，红树林、珊瑚礁、海草床等南海典型生态系统健康受到明显影响。三是环境质量持续改善压力增加，大气污染物排放总量仍然较大，且湾区污染排放绩效分化明显，近岸海域水质恶化，生态功能有所退化，海洋生态灾害频发②。因此，加快构建具有前瞻性、科学性的生态文明框架体系，是推进粤港澳大湾区协调发展、创新发展、绿色发展的必然选择。

2018年10月，习近平总书记在广东考察时强调，要把粤港澳大湾区建设作为广东改革开放的大机遇、大文章，抓紧抓实办好。2023年4月，习近平总书

---

① 习近平：《推动我国生态文明建设迈上新台阶》，《求是》2019年第3期，第6~9页。

② 张修玉、施晨逸：《美丽大湾区乘风破浪扬帆起航——积极构建粤港澳大湾区生态文明战略体系》，《环境生态学》2019年第5期，第69~73页；许乃中、奚蓉、石海佳、张玉环：《粤港澳大湾区生态环境保护现状、压力与对策》，《环境保护》2019年第23期，第11~14页；陈鹏：《粤港澳大湾区建设绿色发展湾区路径研究》，《环境保护与循环经济》2021年第11期，第107~110页；苟登文、宫清华、陈爱兵等：《粤港澳大湾区生态协同治理策略研究综述》，《生态科学》2022年第2期，第249~258页；叶长盛、王枫：《珠江三角洲地区土地利用和景观格局变化研究》，《水土保持通报》2012年第1期，第238~243页。

记在广东考察时又强调，要加强海洋生态文明建设，坚持绿色发展。总书记对广东生态文明建设的重要指示和科学指导为粤港澳大湾区的生态环境保护指明了前进的方向。对标国际一流湾区，粤港澳大湾区的生态环境还存在一定的差距，还需要进一步改善，因此在积极推进粤港澳大湾区建设中，要把生态保护放在优先位置，在进一步推进生态文明建设的过程中，要注意加强粤港澳三地在生态环保方面的合作，推动大湾区绿色发展，把粤港澳大湾区建设成宜居宜业宜游的美丽湾区，这也是粤港澳三地人民的最大共识。积极构建粤港澳大湾区生态文明战略体系是推动大湾区可持续发展的必然选择，是贯彻习近平生态文明思想的生动实践，对坚持人与自然和谐共生、践行社会主义生态文明观、探索"中国方案、全球治理"新模式都具有重要的现实意义①。

（二）粤港澳大湾区生态文明建设历程

2019年2月《粤港澳大湾区发展规划纲要》印发实施，提出要"推进生态文明建设，为居民提供良好生态环境，促进大湾区可持续发展"，并从"打造生态防护屏障、加强环境保护和治理、创新绿色低碳发展模式"等方面提出了具体要求。生态系统的整体性和关联性决定了大湾区城市群属于生态环境共同体。从20世纪80年代以来，粤港澳三地开展了一系列生态环境保护和修复治理合作行动，并在部分领域取得良好的效果。

1. 粤港、粤澳两地合作

20世纪80年代初，粤港开始生态环境保护交流和合作。1981年12月，内地与港英政府针对深圳河的治理进行谈判，并于1982年4月成立联合小组，开展深圳河治理前期规划的编制等工作，出台了《深圳河防洪规划报告书》。1990年，粤港保护联络小组成立，2000年更名为"粤港持续发展与环保合作小组"，该合作小组主要开展环境合作领域的政策制定和管理等工作，商讨生态环境和可持续发展方面的问题，评估环保项目对粤港生态环境产生的可能

---

① 张修玉：《粤港澳大湾区生态文明战略体系构建研究》，《科学》2020年第4期，第26~28页。

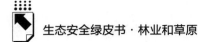
影响，共享粤港两地的某些环保数据，定期回顾合作小组各项计划的执行情况。1998 年 3 月粤港建立联席会议制度，会议每年举行一次，至今已签订多项环保协议，以推动粤港在空气、水、环境监测、环保科研、环保产业、突发环境事件事故通报等领域的合作。例如，粤港于 2002 年 4 月签署和发布《关于改善珠江三角洲空气质素的联合声明（2002~2010 年）》，提议二氧化硫、氮氧化物、可吸入颗粒物和有机化合物的排放总量到 2010 年要达到一定的要求①。

2000 年后，粤澳开展了一系列环保方面的合作，2000 年组建了粤澳环保合作机构，2002 年 5 月建立"粤澳环保合作专责小组"，下设林业及护理专题小组、空气质量合作专项小组、水葫芦治理专项小组。2001 年，粤澳高层会晤制度开始运行，在此基础上，双方于 2003 年 12 月建立了粤澳合作联席会议制度，每年举行一次相关会议，至今签订了多项环保协议，为推动粤澳在环境监测、环保产业、突发环境事故通报等领域的合作发挥了重要作用。2017 年 3 月，《2017~2020 年粤澳环保合作协议》签订，推动粤港澳大湾区环境保护规划编制，推进包括环境监测、环境科研与交流在内的多方面合作②。

2. 粤港澳三地合作

为了治理深圳湾，深圳和香港两地于 2000 年共同制定了《后海湾（深圳湾）水污染控制联合实施方案》，对深圳湾集水区内的污水基础设施进行拓建与优化。2002 年底，广东省委省政府颁布《关于加强珠江综合整治工作的决定》，并建立珠江综合整治工作联席会议制度。2003 年，深港完成并施行《大鹏湾水质区域控制策略》。2004 年，粤港澳三地启动珠江口湿地生

---

① 苟登文、宫清华、陈爱兵等：《粤港澳大湾区生态协同治理策略研究综述》，《生态科学》2022 年第 2 期，第 249~258 页；王玉明：《粤港澳大湾区环境治理合作的回顾与展望》，《哈尔滨工业大学学报（社会科学版）》2018 年第 1 期，第 117~126 页；周丽旋、罗赵慧、朱璐平等：《粤港澳大湾区生态文明共建机制研究》，《中国环境管理》2019 年第 6 期，第 28~31 页；王玉明：《大珠三角城市群环境治理中的政府合作》，《南都学坛》（南阳师范学院人文社会科学学报）2018 年第 4 期，第 109~117 页。

② 苟登文、宫清华、陈爱兵等：《粤港澳大湾区生态协同治理策略研究综述》，《生态科学》2022 年第 2 期，第 249~258 页；王玉明：《粤港澳大湾区环境治理合作的回顾与展望》，《哈尔滨工业大学学报（社会科学版）》2018 年第 1 期，第 117~126 页；周丽旋、罗赵慧、朱璐平等：《粤港澳大湾区生态文明共建机制研究》，《中国环境管理》2019 年第 6 期，第 28~31 页。

态保护工程,计划在5年内种植5万公顷红树林,构筑珠江口红树林湿地保护圈,对珠江口周边50万公顷的湿地进行抢救性保护。[①]

2005年,广东省环保局牵头编制了《珠江三角洲环境保护规划纲要(2004~2020年)》。2008年,粤港两地合作建立了一套水质数值模型,为珠江河口地区水环境的分析提供了科学工具。2009年2月,粤港澳三地共同编制《环珠江口宜居湾区建设重点行动计划》,对大湾区的湿地系统、跨区域污染、环境保护、水资源利用等方面开展研究和分析。2010年5月,粤港澳实施废旧汽车拆解基地项目,探索循环经济发展新路。2012年,粤港澳共同编制实施《共建优质生活圈专项规划》,规划了粤港澳区域合作的蓝图,将生态环保作为共建优质生活圈的前提条件。[②]

3. 粤港澳大湾区、泛珠三角区域合作

2004年,福建、江西等内地九省区与香港、澳门两个特别行政区共同签署《泛珠三角区域合作框架协议》,其中的合作领域就包括环境保护。2008年,广东省提出建立广佛肇、深莞惠和珠中江三大经济圈,并在三个经济圈城市间签订了《深莞惠环境保护与生态建设合作协议》《广佛肇经济圈生态环境保护合作协议》《珠中江环境保护区域合作协议》。2009年,粤港澳三地共同参与完成《大珠江三角洲城镇群协调发展规划研究》,跨区域合作初现雏形。2014年,由广东省林业厅牵头负责的《珠江三角洲地区生态安全体系一体化规划(2014~2020年)》编制完成,旨在推动改善生态环境,推进珠三角地区生态安全一体

---

① 苟登文、宫清华、陈爱兵等:《粤港澳大湾区生态协同治理策略研究综述》,《生态科学》2022年第2期,第249~258页;王玉明:《粤港澳大湾区环境治理合作的回顾与展望》,《哈尔滨工业大学学报(社会科学版)》2018年第1期,第117~126页;周丽旋、罗赵慧、朱璐平等:《粤港澳大湾区生态文明共建机制研究》,《中国环境管理》2019年第6期,第28~31页;王玉明:《大珠三角城市群环境治理中的政府合作》,《南都学坛》(南阳师范学院人文社会科学学报)2018年第4期,第109~117页。

② 苟登文、宫清华、陈爱兵等:《粤港澳大湾区生态协同治理策略研究综述》,《生态科学》2022年第2期,第249~258页;王玉明:《粤港澳大湾区环境治理合作的回顾与展望》,《哈尔滨工业大学学报(社会科学版)》2018年第1期,第117~126页;周丽旋、罗赵慧、朱璐平等:《粤港澳大湾区生态文明共建机制研究》,《中国环境管理》2019年第6期,第28~31页;王玉明:《大珠三角城市群环境治理中的政府合作》,《南都学坛》(南阳师范学院人文社会科学学报)2018年第4期,第109~117页。

化建设。2016 年，《珠三角国家森林城市群建设规划（2016~2025 年）》颁布，作为全国首个国家森林城市群建设规划，主要目的是着力解决珠三角突出的生态环境问题。2017 年 7 月，国家发展改革委员会、广东省人民政府、香港特别行政区政府、澳门特别行政区政府四方签订了《深化粤港澳合作推进大湾区建设框架协议》，合作的原则之一是"生态优先、绿色发展。着眼于城市群可持续发展，强化环境保护和生态修复，推动形成绿色低碳的生产生活方式，有效提升城市群品质"。2019 年 2 月 18 日，中共中央、国务院印发《粤港澳大湾区发展规划纲要》，在第七章"推进生态文明建设"中指出，要执行最严格的生态环境保护制度。

2009 年，广州市、佛山市、肇庆市签署《广佛肇经济圈建设合作框架协议》，环境保护是重点合作领域之一。协议提出要"加强区域绿色生态屏障建设""建立健全区域生态环境协调机制""加强水资源保护利用合作""加强大气环境综合治理"。深圳市、东莞市、惠州市三市一直对环保合作高度重视。2009 年 2 月，深圳、东莞、惠州三市签订《推进珠江口东岸地区紧密合作框架协议》，提出环境生态是三市的合作重点之一。深莞惠三市自环保合作模式建立后，稳步推进了一系列环境保护工作。一是对跨界河流污染进行治理。2009 年，深莞惠三市共同签订《深圳市东莞市惠州市界河及跨界河综合治理计划》，对石马河、茅洲河、沙河等跨界河流污染问题的解决达成共识，明确了治理目标、2009~2012 年的主要任务和进度安排等。二是对大气污染开展联防联治。三市签署了《深莞惠大气污染防治区域合作协议》，建立了大气污染防治交流的工作会议制度、跨界污染协调机制等。三是加强区域环境执法监管与信息共享，自2009 年起，三市先后签订了《深圳东莞惠州三市突发环境事件应急联动工作框架协议》《深圳东莞惠州三市饮用水源与跨界河流水质监测工作一体化协议》《环境信息共享系统数据安全及运营管理协议》等协议①。

---

① 苟登文、宫清华、陈爱兵等：《粤港澳大湾区生态协同治理策略研究综述》，《生态科学》2022 年第 2 期，第 249~258 页；王玉明：《粤港澳大湾区环境治理合作的回顾与展望》，《哈尔滨工业大学学报（社会科学版）》2018 年第 1 期，第 117~126 页；周丽旋、罗赵慧、朱璐平等：《粤港澳大湾区生态文明共建机制研究》，《中国环境管理》2019 年第 6 期，第 28~31 页；王玉明：《大珠三角城市群环境治理中的政府合作》，《南都学坛》（南阳师范学院人文社会科学学报）2018 年第 4 期，第 109~117 页。

三　粤港澳大湾区城市群生态安全评价方法

随着粤港澳合作的不断深化实化，如何开展生态文明建设，协调好经济建设与生态文明建设之间的关系是政府和学界共同关注的焦点所在。提升生态环境质量、维护生态安全，实现经济与生态环境的协调发展是生态文明建设的根本要求和重要目标。

生态环境与经济发展是两个相对独立的系统，但二者又相互影响。经济发展需要消耗资源和能源，同时经济生产活动会产生废弃物，如果资源和能源消耗过量，污染物排放超过了生态系统的承载能力，可能导致生态系统结构的改变和功能的弱化，从而影响地区生态环境，威胁区域生态安全。从另一个角度看，经济发展为生态环境的修复提供了技术支持和财力保障，而生态环境会反作用于社会经济发展，生态系统为经济活动提供必要的资源能源，因为经济生产活动产生的直接或间接的废弃物需要生态系统来容纳和净化。随着经济发展，资源能源的约束趋紧，生态环境可能成为制约社会经济可持续发展的重要因素。可以看出，区域生态环境和社会经济发展组成了一个交互影响的耦合系统，只有协调发展，二者才能相互促进，从而实现良性循环，因此有必要对生态环境与经济发展的状况及耦合关系进行研究。

（一）生态环境与经济发展评价指标体系

1. 生态环境评价指标体系

粤港澳大湾区生态环境是指该地区空间范围内可以直接或间接影响人类生存、生活和发展的各种（环境）要素的总体。生态环境是一个包括多方面要素的系统，因此采用一个或几个指标不足以分析和评价一个地区的生态环境状况，需要建立一个多层次多维度的综合指标体系对地区生态环境状况进行分析和评价。

本报告根据科学性、系统性、实用性和区域性原则，建立了包括目标层、系统层、指标层三个层次的粤港澳大湾区生态环境评价指标体系。

①目标层：反映粤港澳大湾区生态环境的总体状况，用生态环境指数表示。

②系统层：依据生态环境的内涵，粤港澳大湾区生态环境的复合系统包括生态用地、生态资源、空气质量、生态干扰、生态治理五个方面，分别用生态用地指数、生态资源指数、空气质量指数、生态干扰指数、生态治理指数表示其状况。

③指标层：选用29个可测的指标对系统层进行直接度量，具体见表1。

表1 粤港澳大湾区生态环境评价指标体系

目标层	系统层	指标层	单位	指标性质
生态环境指数	生态用地指数	林地面积占比	%	正指标
		园地面积占比	%	正指标
		草地面积占比	%	正指标
		水域及水利设施用地面积占比	%	正指标
	生态资源指数	森林覆盖率	%	正指标
		建成区绿化覆盖率	%	正指标
		人均公园绿地面积	平方米	正指标
		单位面积活立木蓄积量	立方米	正指标
		人均水资源量	立方米	正指标
	空气质量指数	空气中二氧化硫日均值	微克/米³	负指标
		空气中二氧化氮日均值	微克/米³	负指标
		空气中可吸入颗粒物日均值	微克/米³	负指标
		全年空气质量优良率	%	正指标
	生态干扰指数	人口密度	人/平方公里	负指标
		单位GDP能耗	吨标准煤/万元	负指标
		单位GDP水耗	米³/万元	负指标
		废水排放总量	亿吨	负指标
		工业废水排放总量	亿吨	负指标
		工业废气排放量	亿标立方米	负指标
		工业烟粉尘排放量	万吨	负指标
		工业固体废物产生量	万吨	负指标
		化肥负荷指数	吨/公顷	负指标
		农药负荷指数	吨/公顷	负指标
		水产品养殖面积占比	%	负指标
		降水pH值		负指标
	生态治理指数	污水集中处理率	%	正指标
		工业固体废物综合利用率	%	正指标
		生活垃圾无害化处理率	%	正指标
		环保投入占GDP比重	%	正指标

生态用地是生态要素空间定位的统称，成片森林、湖泊水体、湿地、农业用地以及开敞空间等属于斑块状的生态用地；河流、交通走廊、沿海滩涂等属于线状或带状生态用地，或称生态走廊①。生态用地的功能包括涵养水源、保护土壤、防风固沙、调节气候、净化环境、保护生物多样性等，生态用地是衡量一个地区生态环境质量好坏的关键指标②。结合学者们的研究及粤港澳大湾区土地类型的实际情况，本报告在生态用地状况类指标中，选取了四个二级指标：林地面积占比、园地面积占比、草地面积占比、水域及水利设施用地面积占比。这四个指标均属于正向指标，指标值越大，区域生态环境状况越好。

生态资源是指具有一定结构和功能的各类资源的总和，包括土地资源、水资源、森林资源、气候资源、生物资源和空间资源等③。生态资源是生态系统的构成要素，是人类赖以生存的环境条件，生态资源的数量和质量与地区生态环境状况紧密相关。本报告在生态资源状况类指标中选取森林覆盖率、建成区绿化覆盖率、人均公园绿地面积、单位面积活立木蓄积量、人均水资源量五个指标。这五个指标均属于正向指标，指标值越大，区域生态环境状况越好。

空气是指地球周围的气体，它维护着人类及生物的生存。空气质量状况是表征地区生态环境状况的重要指标。在空气质量状况类指标中，选取空气中二氧化硫日均值、空气中二氧化氮日均值、空气中可吸入颗粒物日均值、全年空气质量优良率四个具体指标综合表征地区空气质量状况。其中全年空气质量优良率为正指标，指标值越高，地区空气质量越好，其余三个指标则为负指标。

生态系统受到人类社会经济活动、环境污染等因素干扰后，会在一定程度上产生不利生态效应，使生态系统的组成、结构发生改变而导致生态系统

---

① 董雅文、周雯、周岚、周慧：《城市化地区生态防护研究——以江苏省、南京市为例》，《城市研究》1999 年第 2 期，第 6~9 页；唐双娥：《国土空间规划中生态用地的法律界定——兼谈生态环境损害的范围》，《湖湘法学评论》2023 年第 1 期，第 23~35 页。

② 喻锋、李晓波、张丽君等：《中国生态用地研究：内涵、分类与时空格局》，《生态学报》2015 年第 14 期，第 4931~4943 页。

③ 叶有华、尹魁浩、梁永贤：《城市生态资源定量评估》，《环境科学研究》2010 年第 11 期，第 1390~1394 页。

功能损害。生态系统是一个复杂的整体，生物与生物之间、生物与环境之间、不同的生态系统之间都有复杂的关系，生态系统之间存在的巨大物质循环，会导致外界干扰（人口增长、环境污染等）的影响从某个生态系统传导到其他的生态系统，进而影响整个生态系统和地区生态环境。生态干扰状况类指标共包括 12 个具体指标，分别为人口密度、单位 GDP 能耗、单位 GDP 水耗、废水排放总量、工业废水排放总量、工业废气排放量、工业烟粉尘排放量、工业固体废物产生量、化肥负荷指数、农药负荷指数、水产品养殖面积占比、降水 pH 值，这些指标均属于负指标，指标值越大，地区生态系统受到的干扰越大，生态环境状况越差。

生态治理状况类指标选取污水集中处理率、工业固体废物综合利用率、生活垃圾无害化处理率、环保投入占 GDP 比重四个指标，这四个指标属于正指标，指标值越大，越有利于缓解地区生态环境压力。

2. 经济发展评价指标体系

经济发展是在经济增长的基础上，一个国家或地区经济结构和社会结构持续高级化的创新过程或变化过程。衡量一个地区经济发展状况、比较不同地区经济发展的差异性，需要结合研究对象的特征选择反映经济各方面发展状况的指标进行综合评定[①]。

根据综合性、科学性、实用性和区域性原则，本报告建立了包括目标层、系统层、指标层三个层次的粤港澳大湾区经济发展评价指标体系。

（1）目标层：反映粤港澳大湾区经济发展的总体状况，用经济发展指数表示。

（2）系统层：依据经济发展的内涵，粤港澳大湾区经济发展的复合系统包括经济实力水平、人民生活水平、经济开放程度三个方面，其状况分别由经济实力指数、人民生活指数、经济开放指数表示。

（3）指标层：选用 8 个可测的指标对系统层进行直接度量，具体见表2。

---

① 白雅洁、陈鑫鹏、许彩艳：《我国西部地区经济发展空间分布特性及影响因素分析》，《兰州财经大学学报》2018 年第 2 期，第 86~98 页。

表 2　粤港澳大湾区经济发展评价指标体系

目标层	系统层	指标层	单位	指标性质
经济发展指数	经济实力指数	地方财政收入	亿元	正指标
		固定资产投资总额	万元	正指标
		第三产业比重	%	正指标
	人民生活指数	人均 GDP	元	正指标
		社会消费品零售总额	亿元	正指标
		居民人均可支配收入	元	正指标
	经济开放指数	进出口总额	亿美元	正指标
		外商直接投资额	万美元	正指标

　　经济实力指数包括三个具体指标，分别为地方财政收入、固定资产投资总额、第三产业比重。地方财政收入是政府为履行其职能、实施公共政策和提供公共物品与服务需要而筹集的一切资金的总和，是衡量地区政府财力的重要指标。固定资产投资总额是以货币表现的建造和购置固定资产的工作量以及与此有关的费用的总称，固定资产投资会形成未来的生产与服务，同时固定资产投资也是地区当前社会经济实力的反映，因为没有经济发展，投资就成为无源之水。第三产业是国民经济的重要组成部分，第三产业占比是衡量一个地区发展水平和发达程度的重要标志，从世界范围内来看，经济发达地区第三产业比重较高，经济欠发达地区第三产业比重较低[①]。

　　人民生活指数包括三个具体指标，分别为人均 GDP、社会消费品零售总额、居民人均可支配收入。人均 GDP 是一个国家（或地区）核算期内（通常是一年）实现的国内生产总值与这个国家（或地区）常住人口的比值，是衡量人民生活水平的一个标准，也是衡量经济发展状况的重要指标。社会消费品零售总额是指企业（单位）通过交易售给个人、社会集团的非生产、非经营用的实物商品金额，以及提供餐饮服务所取得的收入金额，是表现居民消费需求、反映地区经济景气程度的重要指标。居民可支

① 白雅洁、陈鑫鹏、许彩艳：《我国西部地区经济发展空间分布特性及影响因素分析》，《兰州财经大学学报》2018 年第 2 期，第 86~98 页。

配收入是居民可用于最终消费支出和储蓄的总和，即居民可用于自由支配的收入，居民可支配收入被认为是影响消费开支最重要的因素，因而常被用来衡量一个国家或地区生活水平的变化情况。一般来说，居民人均可支配收入与生活水平成正比，人均可支配收入越高，生活水平越高，地区经济发展状况越好。

　　高度包容开放是纽约湾区、旧金山湾区和东京湾区等世界一流湾区的共有特征，也是湾区发展集聚高端要素资源、实现产业结构转型升级、打造全球核心竞争力的关键所在[①]。对外开放水平的提升对形成更强的发展引擎、集聚更多的高端要素和资源服务于经济发展具有重要作用。在粤港澳大湾区经济发展评价体系中，选取了两个表征地区经济开放指数的指标，分别为进出口总额、外商直接投资额。经济全球化促进了各国之间商品和资本的流通，也优化了全球资源配置，进出口贸易对于经济增长的积极影响日益凸显，进出口贸易在推动经济复苏、有效拉动内需、创造就业机会、融入国际市场、推动产业升级等方面发挥了积极作用。进出口总额又称进出口贸易额或进出口总值，是以货币表示的一定时期内一国（或地区）全部实际进出口商品的总金额，也就是同一时期的进口总额与出口总额之和。进出口总额越大，地区经济增长的活力和动力越强。外商直接投资是外国企业和经济组织或个人（包括华侨、港澳台同胞以及中国在境外注册的企业）按中国有关政策、法规，用现汇、实物、技术等在中国直接投资的行为，包括：在中国境内开办外商独资企业，与中国境内的企业或经济组织共同举办中外合资经营企业、合作经营企业或合作开发资源的投资（包括外商投资收益的再投资），以及经政府有关部门批准的项目投资总额内企业从境外借入的资金。研究表明，外商直接投资对经济增长有着显著的正效应，长期来看带动了经济增长[②]。

---

① 申明浩、杨永聪：《国际湾区实践对粤港澳大湾区建设的启示》，《发展改革理论与实践》2017年第7期，第9～13页。

② 乔晓、刘宏：《外商直接投资对经济增长的影响》，《统计与决策》2020年第15期，第124～127页。

（二）生态环境与经济发展指数模型及两系统的耦合模型

1. 生态环境指数模型

粤港澳大湾区生态环境评价系统由生态用地、生态资源、空气质量、生态干扰和生态治理五个子系统构成，因此生态环境指数（Ecological Environment Index，EEI）是生态用地指数、生态资源指数、空气质量指数、生态干扰指数、生态治理指数的综合值。

粤港澳大湾区生态环境指数 EEI 具体计算模型如下：

$$EEI = \sum_{k=1}^{5} d_k I_k \tag{1}$$

其中 d_1，d_2，d_3，d_4，d_5 分别表示生态用地、生态资源、空气质量、生态干扰和生态治理五个子系统的权重。I_1，I_2，I_3，I_4，I_5 分别表示生态用地指数、生态资源指数、空气质量指数、生态干扰指数、生态治理指数。

生态环境各子系统指数的计算，均按以下步骤实现：第一步，原始指标数据标准化；第二步，根据变异系数法确定各个指标的权重；第三步，根据综合指数法计算各子系统指数。

2. 经济发展指数模型

粤港澳大湾区经济发展状况由地区经济实力水平、人民生活水平、经济开放程度三个方面构成，经济发展指数（Economic Development Index，EDI）是经济实力指数、人民生活指数、经济开放指数的综合值。

粤港澳大湾区经济发展指数 *EDI* 的具体计算模型如下：

$$EDI = \sum_{k=1}^{3} d_k I_k \tag{2}$$

其中 d_1，d_2，d_3 分别表示经济实力指数、人民生活指数、经济开放指数三个子系统的权重。I_1，I_2，I_3 分别表示经济实力指数、人民生活指数、经济开放指数。经济发展各子系统指数的计算同生态环境各子系统指数。

3. 耦合度模型

耦合作为一个物理学概念，是指两个或两个以上的系统通过各种相互作用而彼此影响的现象①。生态环境与经济发展的耦合是指生态环境系统与经济发展系统通过各自的耦合元素，在各自系统内以及生态系统与经济系统之间建立相互作用关系的过程。

耦合度是两个系统之间或者子要素之间相互影响和协调的程度，是两个系统之间同方向相互影响、相互关系的量度②。本研究根据前文构建的生态环境指数模型和经济发展指数模型，建立生态环境与经济发展系统耦合度模型③：

$$C = \left(\frac{U_1 U_2}{\left(\frac{U_1 + U_2}{2} \right)^2} \right)^k \tag{3}$$

其中 C 表示生态环境与经济发展系统的耦合度，C 的取值范围为 [0，1]，耦合度数值越大，表示两个系统的相关程度越高。当 $C = 0$ 时，表明两系统之间处于失衡状态；当 $C = 1$ 时，表明两系统之间处于最佳协调发展状态。k 为调节系数，主要用于调节耦合度 C 的计算结果，使其具有明显的层次性和差异性，通常情况下，k 的取值范围为 [2，5]，依据研究区的实际情况，本研究取 $k = 2$，以反映生态环境与经济发展系统耦合的程度。U_1，U_2 分别表示地区生态环境指数和经济发展指数。耦合度作为判断地区生态环境与经济发展耦合作用强弱的依据，目前还缺乏统一的划分标准，本文借鉴已有

---

① 江红莉、何建敏：《区域经济与生态环境系统动态耦合协调发展研究——基于江苏省的数据》，《软科学》2010 年第 3 期，第 63~68 页。

② 舒婷、雷思友：《安徽省新型城镇化与生态环境的耦合分析》，《中国环境管理干部学院学报》2019 年第 4 期，第 61~65 页。

③ 刘耀彬、李仁东、宋学锋：《中国区域城市化与生态环境耦合的关联分析》，《地理学报》2005 年第 2 期，第 237~247 页；杨清可、段学军、王磊、王雅竹：《长三角地区城市土地利用与生态环境效应的交互作用机制研究》，《地理科学进展》2021 年第 2 期，第 220~231 页；吴大磊、邓超、梁宇红：《粤港澳大湾区生态文明建设评价与耦合协调发展研究》，《新经济》2022 年第 11 期，第 32~41 页；张丽、曹建：《乌鲁木齐市经济系统与生态环境系统耦合协调发展研究》，《新疆财经》2018 年第 5 期，第 5~14 页；赵美玲、陈春丽、高岗：《呼和浩特市生态环境与经济协调发展综合评价研究》，《内蒙古林业科技》2015 年第 3 期，第 40~45 页。

研究成果①，结合研究区的实际情况，将耦合度划分为 4 种类型，具体见表 3。

表 3　耦合阶段

耦合度 C	$[0,0.3]$	$(0.3,0.5]$	$(0.5,0.8]$	$(0.8,1]$
耦合阶段	低水平耦合阶段	拮抗阶段	中度耦合阶段	高水平耦合阶段

4. 耦合协调度模型

耦合协调度模型是用于描述两个系统协调发展水平的定量公式，耦合协调度表达了耦合相互作用关系中良性耦合程度的大小，它可体现出协调状况的好坏。在生态环境与经济发展系统耦合度计算的基础上，进一步构建耦合协调度模型来判断生态环境系统与经济发展系统的协调发展程度。具体公式如下：

$$D = \sqrt{C \times U} \tag{4}$$

其中 D 表示耦合协调度，D 的取值范围为 $[0,1]$，其数值越大，说明生态环境系统与经济发展系统协调发展水平越高。C 表示生态环境系统与经济发展系统的耦合度。$U = \alpha U_1 + \beta U_2$，为生态环境系统与经济发展系统的综合指数，$\alpha$，$\beta$ 分别表示生态环境系统与经济发展系统的权重，本研究取 $\alpha = \beta = \dfrac{1}{2}$，表示生态环境与经济发展同等重要。本研究借鉴已有研究成果②，将生态环境与经济发展耦合协调度划分为 10 个等级，具体见表 4。

---

① 刘耀彬、李仁东、宋学锋：《中国区域城市化与生态环境耦合的关联分析》，《地理学报》2005 年第 2 期，第 237~247 页；杨清可、段学军、王磊、王雅竹：《长三角地区城市土地利用与生态环境效应的交互作用机制研究》，《地理科学进展》2021 年第 2 期，第 220~231 页。

② 刘耀彬、李仁东、宋学锋：《中国区域城市化与生态环境耦合的关联分析》，《地理学报》2005 年第 2 期，第 237~247 页；杨清可、段学军、王磊、王雅竹：《长三角地区城市土地利用与生态环境效应的交互作用机制研究》，《地理科学进展》2021 年第 2 期，第 220~231 页。

表4　生态环境与经济发展耦合协调度等级划分标准

D	[0,0.1)	[0.1,0.2)	[0.2,0.3)	[0.3,0.4)	[0.4,0.5)
协调等级	极度失调	严重失调	中度失调	轻度失调	濒临失调
D	[0.5,0.6)	[0.6,0.7)	[0.7,0.8)	[0.8,0.9)	[0.9,1.0]
协调等级	勉强协调	初级协调	中级协调	良好协调	优质协调

四　粤港澳大湾区城市群生态安全评价与分析

根据前文构建的生态环境与经济发展评价指标体系、生态环境与经济发展评价指数模型，以及生态环境系统与经济发展系统的耦合协调度模型，本研究选取粤港澳大湾区内地九市，即广州、深圳、珠海、佛山、东莞、中山、惠州、江门、肇庆作为实证检验的对象。研究的时间跨度为2010~2018年。数据来源于《广东统计年鉴》及各市统计年鉴、《广东农村统计年鉴》和各市环境状况公报、水资源公报、土地利用公报。

（一）生态环境评价与分析

1. 生态环境指标权重及主要影响因子

由于各地区生态治理类指标数据缺失较多，在实际计算中，生态环境系统选取了四个系统层共计25个具体指标参与计算。

根据变异系数法，得到生态环境系统各级指标的权重，如表5所示。

表5　粤港澳大湾区生态环境系统各级指标权重

系统层指标权重	指标层	权重
生态用地指数 （0.300）	林地面积占比	0.077
	园地面积占比	0.059
	草地面积占比	0.086
	水域及水利设施用地面积占比	0.078

系统层指标权重	指标层	权重
生态资源指数 （0.238）	森林覆盖率	0.056
	建成区绿化覆盖率	0.018
	人均公园绿地面积	0.032
	单位面积活立木蓄积量	0.060
	人均水资源量	0.072
空气质量指数 （0.124）	空气中二氧化硫日均值	0.031
	空气中二氧化氮日均值	0.028
	空气中可吸入颗粒物日均值	0.035
	全年空气质量优良率	0.030
生态干扰指数 （0.338）	人口密度	0.028
	单位 GDP 能耗	0.031
	单位 GDP 水耗	0.022
	废水排放总量	0.034
	工业废水排放总量	0.014
	工业废气排放量	0.030
	工业烟粉尘排放量	0.031
	工业固体废物产生量	0.035
	化肥负荷指数	0.008
	农药负荷指数	0.026
	水产品养殖面积占比	0.041
	降水 pH 值	0.038

2. 内地九市生态环境指数比较

根据 2010 年、2012 年、2014 年、2016 年、2018 年五年大湾区内地九市生态环境指数柱状图（见图 1）可知，在研究期内，惠州市各年份的生态环境指数高于其他市对应年份的生态环境指数，2016 年和 2018 年肇庆市生态环境指数在九市中排名第二，珠海市绝大部分年份生态环境指数排在第三位，江门市绝大部分年份生态环境指数排在第四位，东莞市绝大部分年份生态环境指数排在第五位，广州和深圳 2015 年以后生态环境指数比较接近，2014 年及以前年份深圳生态环境指数高于广州市，佛山市生态环境指数整体偏低，中山市数据缺失较多。

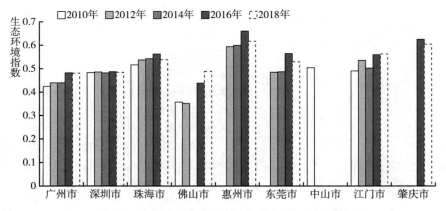

图1　大湾区内地九市各年份生态环境指数

从各市生态环境指数的年际变化看，深圳市生态环境指数年际变化不明显，指数值在0.467~0.487区间波动，另外中山市和肇庆市由于数据较少，指数值波动也不明显，其余六市生态环境指数整体上呈波动上升态势，说明在研究期内，这六市生态环境状况总体上处于改善状态。以2010年为基年、2018年为报告年，佛山市生态环境指数变化最大，指数值增加了0.131；其次为江门市，指数值增加了0.072；广州市指数值增加了0.057；东莞市指数值增加了0.044。

3.大湾区内地九市生态环境因子分析与比较

根据各评价指标的权重及无量纲化的指标值，基于综合指数法，得到九市2010~2018年四个系统层因子的指数值，即生态用地指数、生态资源指数、空气质量指数、生态干扰指数（本部分各指数均为标准化指数，介于0与1之间）。

（1）生态用地因子分析。2010年、2012年、2014年、2016年、2018年九市生态用地指数柱状图（见图2）表明，在研究期内，东莞市的生态用地指数在九市中处于最高水平，说明东莞市的生态用地相对较充足，而深圳市和佛山市生态用地指数在九市中处于较低水平，说明深圳市和佛山市生态用地相对稀缺。另外，除了佛山市在2018年生态用地指数有明显增加外，其余各市生态用地指数呈逐年下降的趋势，因此生态用地的减少是粤港澳大湾区内地九市生态环境改善的主要制约因素。

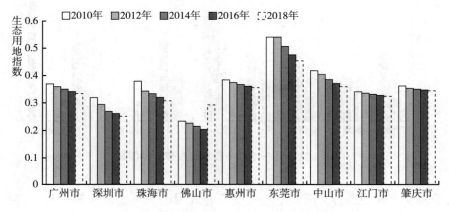

图2　大湾区内地九市各年份生态用地指数

（2）生态资源因子分析。2010年、2012年、2014年、2016年、2018年大湾区内地九市生态资源指数柱状图（见图3）表明，2016年以来肇庆市的生态资源指数在九市中处于最高水平，其次为惠州市和江门市，说明肇庆市、惠州市和江门市的生态资源相对较好，深圳市和佛山市生态资源指数在九市中处于较低水平，说明深圳市和佛山市生态资源在数量和质量上相对较低。另外从图3可以看出，除了中山市和肇庆市由于数据原因缺乏可比性，其余七市生态资源指数整体上处于上升的态势，因此生态资源在质量和数量上的提升成为促进粤港澳大湾区生态环境改善的重要因素。

（3）空气质量因子分析。2010年、2012年、2014年、2016年、2018年大湾区内地九市空气质量指数柱状图（见图4）表明，在研究期内，惠州、珠海、深圳、中山四市的空气质量指数相对较高，而江门市空气质量指数整体上处于最低水平。相对其他类因子，九市空气质量因子指数较高。研究期内，空气质量指数最大值为0.94（惠州市，2016年），空气质量指数最小值为0.461（江门市，2014年），同时也可以看出，不同地区空气质量指数差异较大。另外从图4可以看出，各市空气质量指数整体上

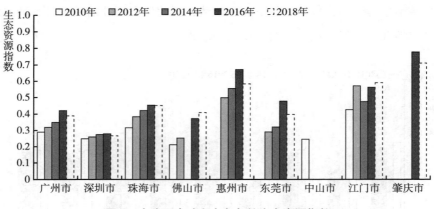

图3 大湾区内地九市各年份生态资源指数

处于波动上升的态势，因此空气质量提升成为改善粤港澳大湾区生态环境的一个重要因素。

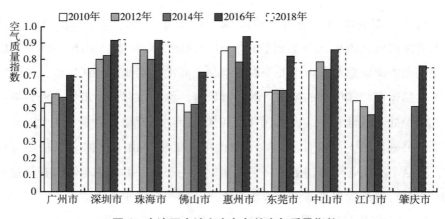

图4 大湾区内地九市各年份空气质量指数

（4）生态干扰因子分析。2010年、2012年、2014年、2016年、2018年大湾区内地九市生态干扰指数柱状图（见图5）表明，在研究期内，惠州市的生态干扰指数处于最高水平，表示在九市中惠州市生态系统受到的干扰最小，佛山、东莞、广州三市生态干扰指数明显偏低，说明这三市生态系统受到的干扰相对较大。从年际变化看，深圳市在研究期内生态干扰指数变化不明显，其指数值位于 0.677~0.699 区间，整体上呈缓慢下降态势，其余八市在研究期内生态干扰指数基本呈波动增长态势，说明这些地区生态系统受到的干扰基本上在减少，生态干扰减少是提升生态环境状况的因素之一。

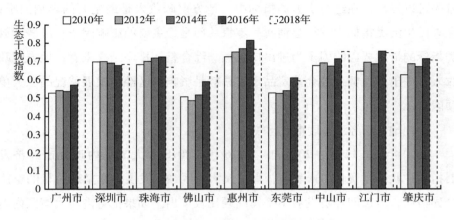

图5　大湾区内地九市各年份生态干扰指数

（二）经济发展评价与分析

1. 经济发展指标权重及主要影响因子

在实证分析中，经济发展系统选取了三个系统层共计 8 个具体指标参与计算。根据变异系数法，得到经济发展系统各指标的权重，如表 6 所示。

表6　粤港澳大湾区经济发展系统各级指标权重

系统层指标权重	指标层	权重
经济实力指数 （0.417）	地方财政收入	0.199
	固定资产投资总额	0.120
	第三产业比重	0.098
人民生活指数 （0.303）	人均 GDP	0.079
	社会消费品零售总额	0.151
	居民人均可支配收入	0.073
经济开放指数 （0.280）	进出口总额	0.169
	外商直接投资额	0.111

197

在三个系统层因子中，经济实力指数权重最大，达0.417，人民生活指数和经济开放指数的权重分别为0.303、0.280，说明影响地区经济发展指数的最主要因素是地区经济实力。另外，对各系统层中的二级指标权重进行排序可以发现，在经济实力类指标中，地方财政收入是最主要的影响因子；在人民生活类指标中，社会消费品零售总额是最主要的影响因子；经济开放类指标的最主要影响因子为进出口总额。综合整体排序结果来看，地方财政收入、进出口总额及社会消费品零售总额是影响地区经济发展状况的三大单项因素。

2. 内地九市经济发展指数比较

2010年、2012年、2014年、2016年、2018年大湾区内地九市经济发展指数柱状图（见图6）表明，粤港澳大湾区经济发展指数呈现明显的空间分异格局，城市间经济发展不平衡问题比较突出。如果把粤港澳大湾区内地九市划分为三个区域，东岸包括广州、东莞、深圳，西岸包括佛山、中山和珠海，外围城市包括江门、肇庆和惠州，很明显东岸城市的经济发展指数整体高于西岸城市，中心区城市的经济发展指数高于外围城市。

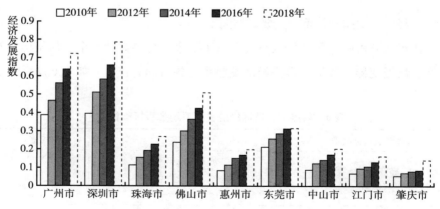

图6 大湾区内地九市各年份经济发展指数

从年际变化看，九个城市的经济发展指数呈逐年增长态势，以2010年为基年、2018年为报告年，指数变动的绝对量位于0.085～0.389区间，深圳市经济发展指数变动最大，其次为广州市和佛山市，肇庆市经济发展指数变动最小，江门市经济发展指数变动的绝对量为 0.093，东莞市经济发展指数变动的绝对量为 0.103。以 2010 年为基年、2018 年为报告年，九市经济发展指数增长率位于 48.3%～153.9% 区间，肇庆市经济发展指数的增长率最大，其次为珠海市（138.1%）和江门市（137.1%），东莞市经济发展指数的增长率最小，广州市和深圳市经济发展指数的增长率分别为 86.5% 和 98.4%。

3. 内地九市经济发展因子分析与比较

2010～2018 年大湾区内地九市经济发展各系统因子指数均值堆积柱形图（见图 7）表明，广州市、佛山市和深圳市的经济实力指数在九市排名中处于前三位，珠海、惠州、中山、江门、肇庆的经济实力指数比较接近，略低于东莞市的经济实力指数。广州市、深圳市、佛山市生活水平指数在九市排名中处于前三位，生活水平指数排名后三位的地区包括惠州市、江门市和肇庆市，其余三市处于中间位置。深圳市的经济开放指数明显高于其他地区，中山市、江门市和肇庆市的对外开放指数远远低于其他地区。

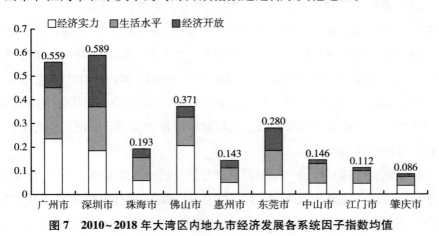

图 7　2010～2018 年大湾区内地九市经济发展各系统因子指数均值

（三）生态环境与经济发展耦合评价与分析

1. 生态环境与经济发展耦合度时空演化

根据综合指数法计算出 2010～2018 年各年的生态环境指数与经济发展

指数，依据耦合模型，计算出 2010～2018 年大湾区内地九市生态环境与经济发展耦合度，具体如表 7 所示。

表 7　2010～2018 年大湾区内地九市生态环境与经济发展耦合度（C）

地区	2010 年	2011 年	2012 年	2013 年	2014 年	2015 年	2016 年	2017 年	2018 年	差值
广州	0.996	1	0.998	0.980	0.971	0.972	0.962	0.936	0.921	-0.075
深圳	0.980	0.998	0.999	0.980	0.982	0.969	0.955	0.919	0.891	-0.089
珠海	0.350	0.423	0.482	0.543	0.599	0.634	0.674	0.745	0.794	0.444
佛山	0.923	0.964	0.988	1		0.997	1	1	0.999	0.076
惠州			0.292	0.355	0.412	0.398	0.418	0.523	0.545	0.253
东莞			0.824	0.878	0.872	0.876	0.844	0.841	0.877	0.053
中山	0.256	0.333								
江门	0.194	0.236	0.265	0.338	0.332	0.358	0.374	0.425	0.481	0.287
肇庆						0.204	0.178	0.307	0.375	0.171

注：表中空白处表示对应年份相关数据缺失。

通过表 7 可以看出，广州、深圳、佛山、东莞四个城市在 2010～2018 年生态环境与经济发展的耦合度均大于 0.8①，按照耦合阶段划分表，这四个城市生态环境系统和经济发展系统处于高水平耦合阶段，两系统指数相互匹配，二者具有很强的依赖关系。其余五个城市在 2010～2018 年生态环境与经济发展的耦合度位于 0.178～0.794 区间，不同地区、不同年份耦合度相差较大，存在低水平耦合阶段、拮抗阶段以及中度耦合阶段三个类型，肇庆市各年份的耦合度最小。

从年际变化看，广州、深圳两市耦合度呈波动下降趋势，但一直处于高水平耦合阶段；珠海、惠州、江门、肇庆四个城市耦合度整体呈上升趋势；珠海市在 2010～2012 年耦合度处于拮抗阶段，2013～2018 年处于中度耦合阶段。惠州市 2012 年处于低水平耦合阶段，2013～2016 年属于拮抗阶段，2017～2018 年处于中度耦合阶段。江门市 2010～2012 年处于低水平耦合阶段，2013～2018 年处于拮抗阶段。肇庆市 2015～2016 年处于低水平耦合阶

———————————
① 佛山、东莞个别年份无数据。

段，2017~2018 年处于拮抗阶段。佛山市在研究期内处于高水平耦合阶段，其中 2012~2018 年耦合度接近或达到 1。东莞市 2012~2018 年耦合度呈一定波动性，但一直处于高水平耦合阶段。中山市 2010 年处于低水平耦合阶段，2011 年处于拮抗阶段。

粤港澳大湾区内地九市 2018 年生态环境与经济发展耦合度柱状图（见图 8）表明，内地九市（中山市相关数据缺失）生态环境与经济发展耦合度分为三类：①高水平耦合阶段，广州、深圳、佛山、东莞四个城市生态环境与经济发展处于该阶段，其中佛山市生态环境与经济发展耦合度接近 1；②中度耦合阶段，珠海、惠州属于该类型的城市，其中珠海市的耦合度为0.794，接近高水平耦合阶段，惠州市的耦合度为 0.545，略超过拮抗阶段；③拮抗阶段，江门和肇庆两市属于该类型的城市，其耦合度分别为 0.481、0.375。综合以上可以发现，2018 年粤港澳大湾区内地 9 个城市的生态环境与经济发展耦合度存在较大差异性。

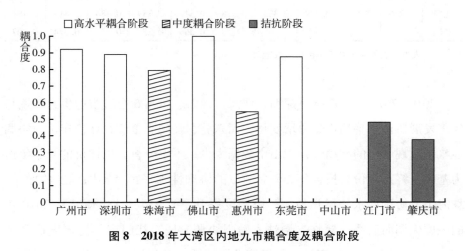

图 8　2018 年大湾区内地九市耦合度及耦合阶段

2. 生态环境与经济发展耦合协调度时空演化

根据 2010~2018 年各年的生态环境指数与经济发展指数、耦合度及耦合协调度模型，计算出 2010~2018 年大湾区内地九市生态环境与经济发展耦合协调度（见表 8）。在 2010~2018 年研究期内，粤港澳大湾区内地九市生态环境和经济发展的耦合协调度存在较大差异,广州、深圳、佛山、东莞四个城市的耦合协调度位于 0.525~0.752 区间,均处于协调状态;惠州、中山、江门、肇庆四个城市在研究期内生态环境和经济发展的耦合协调度位于 0.226~0.472 区间,均处于失调状态。而珠海市 2010~2015 年期间处于失调状态,2016~2018 年则处于协调状态。

表8 2010~2018 年大湾区内地九市生态环境与经济发展耦合协调度(D)

地区	2010 年	2011 年	2012 年	2013 年	2014 年	2015 年	2016 年	2017 年	2018 年	差值
广州	0.636	0.653	0.672	0.685	0.697	0.726	0.734	0.744	0.745	0.109
深圳	0.656	0.683	0.706	0.713	0.723	0.732	0.740	0.741	0.752	0.096
珠海	0.332	0.373	0.408	0.446	0.469	0.492	0.516	0.550	0.566	0.234
佛山	0.525	0.551	0.568	0.586		0.644	0.657	0.694	0.706	0.181
惠州			0.321	0.360	0.393	0.395	0.416	0.459	0.472	0.150
东莞			0.554	0.578	0.581	0.609	0.608	0.595	0.609	0.055
中山	0.275	0.322								0.047
江门	0.226	0.255	0.289	0.322	0.318	0.344	0.359	0.386	0.417	0.191
肇庆						0.266	0.257	0.330	0.374	0.107

注:表中空白处表示对应年份相关数据缺失。

2010~2018 年,广州、深圳、珠海、佛山、惠州 5 个城市的生态环境与经济发展协调水平呈逐年递增变化,而东莞、江门、肇庆在评价年份内协调性水平呈现一定的波动性,中山市数据太少,不予分析。以评价的起始年份为基年、终止年份为报告年,9 个城市的协调性水平都有不同程度的增长,珠海市的协调性水平增长最大,协调度提升了 0.234,这也使其从 2010 年的轻度失调而后经历濒临失调进入勉强协调阶段。江门市的协调度提升了 0.191,2010 年该市生态环境与经济发展处于中度失调状态,随着协调性指数的逐年递增,2013 年提升为轻度失调,到 2018 年进一步提升为濒临失调。佛山市的协调度提升了 0.181,2010 年为勉强协调,随着协调度的逐年递增,2015 年提升为初级协调,2018 年则提升为中级协调。惠州市的协调度提升了 0.150,2012 年为轻度失调,2016~2018 年则处于濒临失调阶段。

广州市的协调度提升了 0.109，2010～2014 年处于初级协调阶段，2015～2018 年则提升为中级协调阶段。肇庆市在 2015～2018 年 4 年间协调度提升了 0.107，由中度失调提升为轻度失调。深圳市在 2010～2018 年协调度提升了 0.096，2010 年处于初级协调阶段，从 2012 年开始进入中级协调阶段。东莞市在 2012～2018 年协调度提升 0.055，2012～2014 年处于勉强协调阶段，2015～2018 年基本上处于初级协调阶段。

大湾区内地九市 2018 年生态环境与经济发展耦合协调度柱状图（见图 9）表明，2018 年粤港澳大湾区 9 个城市（中山市相关数据缺失）生态环境系统与经济发展系统耦合协调度分为五类：①轻度失调型，属于该类型的城市为肇庆市，其耦合协调度为 0.374；②濒临失调型，惠州市和江门市属于该类型，两个城市的耦合协调度分别为 0.472、0.417；③勉强协调型，珠海市属于该类型的城市，其耦合协调度为 0.566；④初级协调型，东莞市属于该类型的城市，其耦合协调度为 0.609；⑤中级协调型，属于该类型的城市包括深圳、广州和佛山，三个城市的耦合协调度分别为 0.752、0.745、0.706。综合以上可以发现，2018 年粤港澳大湾区 9 个城市生态环境与经济发展耦合协调度存在较大的差异性，且都有不同程度的上升空间。

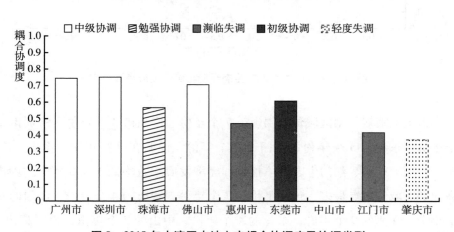

图 9　2018 年大湾区内地九市耦合协调度及协调类型

3. 生态环境与经济发展动态演化规律

以 2010~2018 年大湾区内地九市的生态环境指数为横坐标、经济发展指数为纵坐标做散点图，并将整个坐标区域划分为四个对称区域，把生态环境系统和经济发展系统综合状况划分为四种类型（见图10）：第 I 象限属于生态环境指数和经济发展指数双低型区域；第 II 象限属于生态环境指数得分高，经济发展指数得分低的区域；第 III 象限属于生态环境指数和经济发展指数双高型区域；第 IV 象限属于生态环境指数得分低，经济发展指数得分高的区域。由于生态环境状况和经济发展水平会随着时间的推移发生变化，下面从动态的角度分析两个系统的变化规律。

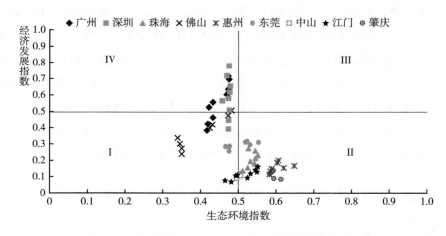

图 10　大湾区内地九市生态环境与经济发展指数分布

第 I 象限双低型区域包括佛山市 7 个年份、广州市 3 个年份、深圳市 2 个年份、东莞市 3 个年份、江门市 3 个年份，说明在这些年份，佛山、广州、深圳、东莞、江门生态环境指数和经济发展指数均低于 0.5。第 II 象限高低型区域的散点最多，包括惠州的 7 个年份、肇庆的 4 个年份、江门的 6 个年份、珠海的 9 个年份、东莞的 4 个年份、中山的 2 个年份，说明惠州、肇庆、江门、珠海、东莞、中山在散点对应年份的生态环境指数超过 0.5，而经济发展指数低于 0.5，生态环境状况相对较好，经济发展水平相对滞后。第Ⅲ象限双高类型区无散点，说明研究区域在研究期内没有生态环境指数和经济发展指数均超过 0.5 的地区。第Ⅳ象限低高型区域包括深圳 7 个年份、广州 6 个年份、佛山 1 个年份，说明这三个地区在对应年份的经济发展指数高于 0.5，而生态环境指数低于 0.5，地区经济发展水平较高，生态环境状况滞后于经济发展。

五　粤港澳大湾区生态文明建设的建议与展望

（一）生态文明建设建议

1. 严守生态保护红线，强化生态用地管制

生态用地具有涵养水源、保护土壤、防风固沙、调节气候、净化环境、保护生物多样性等生态功能，是衡量一个地区生态环境质量好坏的重要指标之一。通过前文的分析发现，在研究期内，深圳市、中山市和肇庆市生态环境指数年际变化不明显，其余六市生态环境指数整体上呈波动上升态势，说明这六市生态环境状况总体上处于改善状态，但是九市生态用地指数呈逐年下降的趋势，生态用地类因子成为制约粤港澳大湾区九市生态环境指数增加的因素。因此未来生态建设需要按照生态功能的重要性，对自然生态空间进行分类，把生态保护红线和其他生态空间区分开，在此基础上，采取一定措施更加严格地保护生态保护红线区域，同时对各类生态用地的开发利用进行管控。

2. 加强生态资源保护，构筑生态安全屏障

生态资源是生态系统的构成要素，是人类赖以生存的环境条件，生态资源的数量和质量与地区生态环境状况紧密相关。通过实证分析发现，除了中山市和肇庆市由于数据原因缺乏可比性，其余七市生态资源指数在研究期内整体上处于上升的态势，但是部分地区生态资源的数量和质量相对较低，如深圳市和佛山市生态资源指数明显低于其他地区。随着社会经济的发展，粤港澳大湾区的生态环境压力将面临更大挑战，因此一方面需要加强对现有生

态资源的保护，严格保护红树林等滨海湿地，同时要加快推进重要生态屏障区的生态保护和修复工程建设，打通深港、珠澳跨界绿道，提升生态资源的数量和质量。

3. 合作推进减排措施，完善协同治理机制

实证分析结果表明，粤港澳大湾区内地九市空气质量指数在研究期内整体上处于波动上升的态势，除了深圳市，其余八市生态系统受到的干扰基本上呈逐年递减态势，粤港澳大湾区的生态环境也越来越好，但是江门等城市的空气质量还有待提高，佛山、东莞、广州等城市中心区仍面临较大的生态干扰，另外湾区还存在臭氧浓度居高不下、部分支流水质超标等生态环境问题。生态系统是一个复杂的整体，生物与生物之间、生物与环境之间、不同的生态系统之间都有复杂的关系。生态系统之间存在的巨大物质循环，会导致环境污染等外界干扰的影响从某个生态系统传导到其他生态系统，进而影响整个生态体系和地区生态环境。随着粤港澳三地合作的加深，经济迅速融合发展会加大生态环境承载压力。要从根源上改善生态环境，需要粤港澳三地共同推进减排措施，着力发展新能源、新材料、节能环保、高端电子信息、生物医药等战略性新兴产业，同时进一步优化能源供应与消费结构，构建以清洁新能源为主的能源体系，淘汰落后产能和燃煤锅炉，加速推动工业、能源、建筑、交通等重点领域大规模去碳化，推动产业转型升级，实现结构性减碳减排。另外由于空气污染、水污染等具有很强的空间溢出性、区域关联性和污染转移性，单边治理和局部治理的效果有限，为了从根本上扭转环境污染局面，三地需要进一步加强协同合作，互通相关信息，实现三地治理主体共建、共治、共享。

4. 聚焦绿色发展问题，推进湾区整体发展

实证分析结果表明，研究期内粤港澳大湾区内地九市生态环境与经济发展的耦合度和耦合协调度分异明显，生态环境与经济发展系统的耦合协调性水平整体上需要提升。

东莞、肇庆、惠州、江门、珠海5个城市的生态环境指数高于经济发展指数，但变化趋势不尽相同，要走生态经济型发展道路，打出生态资源优势

的底牌，在保护的前提下，抓住大湾区高质量协调发展机遇，将生态资源转化为经济发展优势。具体地说，东莞市生态环境指数远高于经济发展指数，生态环境指数前期处于上升态势，2016年达到峰值后开始下降，而经济发展指数呈一定的波动性，但年际波动幅度不明显，今后东莞市要抓住机遇、发挥生态区位优势，加快实现高质量发展。肇庆市生态环境指数在2015～2018年远高于经济发展指数，肇庆市生态环境指数在粤港澳大湾区内地九市中排名第二，但经济发展指数排名靠后。肇庆市不仅是广东面向大西南的枢纽门户，也是粤港澳大湾区城市群中面积最大的城市，在国家大力推进粤港澳大湾区发展的背景下，肇庆市要抓住发展机遇，主动承接大湾区中心城市的溢出资源，加强与湾区其他城市的合作，提升经济发展水平。惠州市生态环境指数远高于经济发展指数，同时惠州市生态环境指数在粤港澳大湾区9个城市中也是最高的，从演化趋势看，经济发展指数上升缓慢，而生态环境指数呈倒U形变化，随着经济发展，生态用地被占用、污染物排放增加、生态系统受到的干扰加剧，这些都是引起惠州市生态环境指数下降的因素，今后惠州市在发展经济的同时要注意维护良好的生态环境。江门市两个系统的指数同步增长，但生态环境指数明显高于经济发展指数，未来在保护生态环境的同时，要抓住发展机遇，把现有的生态优势转化为经济优势，进一步提高经济发展水平，促进经济发展与生态环境保护形成协同效应。珠海市的生态环境指数明显高于经济发展指数，且在2016～2018年，随着经济发展指数增长，生态环境状况变差，今后的发展要特别注重环境保护。

广州、深圳、佛山3个城市的特点是经济发展指数相对较高，高于生态环境指数，要走经济生态型的发展道路，今后需要更加注重绿色发展，对经济结构和能源结构进一步进行调整，推进资源全面节约和循环利用，在降低污染排放水平的基础上，实现经济发展水平的提升。具体地说，广州市的生态环境指数和经济发展水平都呈递增变化，但经济发展指数的变化率远大于生态环境指数的变化率。随着经济的快速发展，广州市生态环境压力递增，广州市今后要进一步加大环境保护的力度，走高效生态经济发展之路。深圳市经济高速发展，生态环境几乎没有明显改善，深圳市今后还要重视生态环境的保护，进一步节能减排，减轻对生态环境的压力。佛山市生态环境和经济发展系统的指数曲线呈两段式变化：2010~2013 年，经济发展指数上升，生态环境指数小幅下降；2015~2018 年，经济发展指数和生态环境指数均有上升，两个系统实现协调发展。

（二）研究展望

随着粤港澳大湾区城市集群式发展的不断深入，经济社会发展全面绿色转型将面临更大的机遇与挑战。生态环境监测、评价与分析作为生态环境保护的重要基础，是生态文明建设的重要科学支撑，亟须进一步加强。本研究目前还存在一些局限与不足，今后的研究将从三个方面继续深化：首先，需要进一步完善评价指标体系，在数据可获得的情况下增加滨海湿地等反映湾区特点的生态状况指标；其次，需要继续探索生态评价方法，为生态文明建设提供可行的科学参考；最后，需要在已有研究的基础上开展生态环境状况的预警、预测研究，为粤港澳大湾区未来的规划提供依据。

参考文献

白雅洁、陈鑫鹏、许彩艳：《我国西部地区经济发展空间分布特性及影响因素分析》，《兰州财经大学学报》2018 年第 2 期。

陈鹏：《粤港澳大湾区建设绿色发展湾区路径研究》，《环境保护与循环经济》2021 年第 11 期。

董雅文、周雯、周岚、周慧：《城市化地区生态防护研究——以江苏省、南京市为例》，《城市研究》1999 年第 2 期。

苟登文、宫清华、陈爱兵等：《粤港澳大湾区生态协同治理策略研究综述》，《生态科学》2022 年第 2 期。

江红莉、何建敏：《区域经济与生态环境系统动态耦合协调发展研究——基于江苏省的数据》，《软科学》2010 年第 3 期。

刘耀彬、李仁东、宋学锋：《中国区域城市化与生态环境耦合的关联分析》，《地理学报》2005 年第 2 期。

乔晓、刘宏：《外商直接投资对经济增长的影响》，《统计与决策》2020 年第 15 期。

申明浩、杨永聪：《国际湾区实践对粤港澳大湾区建设的启示》，《发展改革理论与实践》2017年第7期。

舒婷、雷思友：《安徽省新型城镇化与生态环境的耦合分析》，《中国环境管理干部学院学报》2019年第4期

唐双娥：《国土空间规划中生态用地的法律界定——兼谈生态环境损害的范围》，《湖湘法学评论》2023年第1期。

王玉明：《粤港澳大湾区环境治理合作的回顾与展望》，《哈尔滨工业大学学报（社会科学版）》2018年第1期。

王玉明：《大珠三角城市群环境治理中的政府合作》，《南都学坛》（南阳师范学院人文社会科学学报）2018年第4期。

温国辉：《粤港澳大湾区城市群年鉴》，方志出版社，2020。

吴大磊、邓超、梁宇红：《粤港澳大湾区生态文明建设评价与耦合协调发展研究》，《新经济》2022年第11期。

习近平：《推动我国生态文明建设迈上新台阶》，《求是》2019年第3期。

许乃中、奚蓉、石海佳、张玉环：《粤港澳大湾区生态环境保护现状、压力与对策》，《环境保护》2019年第23期。

杨清可、段学军、王磊、王雅竹：《长三角地区城市土地利用与生态环境效应的交互作用机制研究》，《地理科学进展》2021年第2期。

叶有华、尹魁浩、梁永贤：《城市生态资源定量评估》，《环境科学研究》2010年第11期。

叶长盛、王枫：《珠江三角洲地区土地利用和景观格局变化研究》，《水土保持通报》2012年第1期。

喻锋、李晓波、张丽君等：《中国生态用地研究：内涵、分类与时空格局》，《生态学报》2015年第14期。

张丽、曹建：《乌鲁木齐市经济系统与生态环境系统耦合协调发展研究》，《新疆财经》2018年第5期。

张修玉、施晨逸：《美丽大湾区乘风破浪扬帆起航——积极构建粤港澳大湾区生态文明战略体系》，《环境生态学》2019年第5期。

张修玉：《粤港澳大湾区生态文明战略体系构建研究》，《科学》2020年第4期。

赵美玲、陈春丽、高岗：《呼和浩特市生态环境与经济协调发展综合评价研究》，《内蒙古林业科技》2015年第3期。

周丽旋、罗赵慧、朱璐平等：《粤港澳大湾区生态文明共建机制研究》，《中国环境管理》2019年第6期。

范 例 篇
Case Reports

G.9
生态保护修复扎牢生态根基

余琦殷*

一　塞罕坝机械林场筑牢绿色屏障

（一）背景概况

塞罕坝机械林场于 1962 年 2 月建立，是河北省林业厅直属的大型国有林场，国家级森林公园、国家级自然保护区，地处河北省最北部、内蒙古高原浑善达克沙地南缘。半个多世纪以来，三代塞罕坝人以坚韧不拔的斗志和永不言败的担当，在荒寒遐僻的塞北高原营造出了百万亩林海，演绎了"荒原变林海、沙地成绿洲"的人间奇迹，践行了"绿水青山就是金山银山"理念，铸就了林业建设史上的绿色丰碑①。

＊　余琦殷，国家林业和草原局发展研究中心工程师，研究方向为生态安全理论与实践。
①　刘凤庭：《牢记总书记嘱托　弘扬塞罕坝精神　奋力开创全省林业草原高质量发展新局面——在学习贯彻习近平总书记重要讲话精神座谈会上的发言》，《河北林业》2021 年第9 期。

（二）具体做法

一是坚持科学绿化。摸索总结了高寒地区全光育苗技术，培育了"大胡子、矮胖子"优质壮苗，为全场开展大规模造林绿化奠定了坚实基础。实施了荒山"清零"行动，把坡度大（15度以上）、土层瘠薄、岩石裸露的"硬骨头"地块作为绿化重点，又探索出苗木选择与运输、整地客土、幼苗保墒、防寒越冬等一整套造林技术，进一步提升造林成效。二是着力提高森林质量。从自然保护、经营利用和观赏游憩三大功能一体化经营出发，采取机械疏伐、低保留抚育间伐、定向目标伐、块状皆伐、引阔入针等作业方式，培育复层异龄混交林，促进林下灌、草生长和诱导异种进入，提升森林质量。三是加大科研投入。林场累计科研投入800余万元，完成育苗、造林、营林、森林保护、多种经营等9类76项科技攻关。不断加大更新造林投入，仅2011年至2022年，就投入造林资金1亿余元。四是加快产业结构调整。培育林业产业新的经济增长点，着力推进绿色发展、循环发展、低碳发展，实施了森林旅游、绿化苗木和引进风电项目等一批优势产业。近年来，林场木材产业收入占总收入的比例逐年大幅下降，不到全部收入的50%，减少了对木材的依赖，为资源的永续利用可持续发展奠定了基础。

（三）主要成效

一是塞罕坝精神已成为中国共产党精神谱系的组成部分。2017年，习近平总书记专门对河北塞罕坝林场建设者感人事迹做出重要指示，赞扬林场建设者们"创造了荒原变林海的人间奇迹，用实际行动诠释了绿水青山就是金山银山的理念，铸就了牢记使命、艰苦创业、绿色发展的塞罕坝精神"。2021年习近平总书记到塞罕坝机械林场考察时强调，塞罕坝精神是中国共产党精神谱系的组成部分，全党全国人民要发扬这种精神，把绿色经济和生态文明发展好，塞罕坝要更加深刻地理解生态文明理念，再接再厉，二次创业，在新征程上再建功立业。2012年以来，塞罕坝机械林场先后获得联合国环保最高荣誉"地球卫士奖"、联合国防治荒漠化领域最高荣誉"土地生命奖"，先后被授予全国脱贫攻坚楷模、全国先进基层党组织、最美奋斗者、时代楷模、全国绿化先进集体等荣誉称号。在全社会持续弘扬塞罕坝精神，对凝聚推进生态文明和美丽中国建设的智慧、力量，具有重要时代意义。

二是生态效益显著。2012 年以来，全场累计造林 16.6 万亩，营林130.4 万亩，森林面积由 112 万亩增加到 115.1 万亩，森林覆盖率由 80% 提高到 82%，森林蓄积量由 1012 万立方米增加到 1036.8 万立方米，每年涵养水源 2.84 亿立方米，固定二氧化碳 86.03 万吨，释放氧气 59.84 万吨，为京津冀地区筑起了绿色生态安全屏障，同时每年提供超过 142 亿元的生态服务价值。

三是助推区域发展。通过驻村帮扶，发展森林旅游、苗木生产等特色产业，为当地百姓提供就业岗位，4 万多名百姓受益，2.2 万名贫困人口实现脱贫。塞罕坝机械林场累计上缴利税近亿元，以产业发展创造了大量就业岗位，带动了周边地区乡村游、农家乐、养殖业、山野特产、手工艺品、交通运输等外围产业的发展，每年可实现社会总收入 6 亿多元。

四是示范带动作用突出。由林场提供技术支持，带动周边区域规模化造林 445 万亩，推动了三北防护林、太行山绿化攻坚、雄安新区千年秀林等生态工程建设。联合国防治荒漠化公约组织 30 多个国家代表来林场考察学习植树造林、防沙固沙技术。

二 山西右玉沙地造林防沙止漠

（一）背景概况

右玉县地处毛乌素沙漠边缘，属晋西北高寒冷凉干旱区，是国家级贫困县。右玉县历届县委、县政府团结带领全县党员干部群众，坚持植树造林，改善生态环境，全县森林覆盖率由不到 0.3% 提高到 52% 以上，有力促进了全县经济社会发展。

（二）具体做法

一是确保生态建设延续性。不断加强组织领导，成立了由各级党政一把手挂帅的生态建设工程指挥部，形成"党委政府统一领导、乡镇部门分头落实、人民群众广泛参与"的领导机制。全县干部群众累计种下约1.4亿棵树。二是注重造林技术科学性。筛选、配套先进的科技成果和适用技术，生根粉、保水剂等一大批抗旱造林技术在生产中得到推广应用。选派技术员深入工程第一线，严格造林关口跟踪监督。尊重自然规律，坚持生物多样性、树种适应性、林分稳定性、体系完备性，调整树种结构，提高林分质量。三是坚持产业发展可持续性。坚持生态建设与产业结构调整相结合，逐年加大生态建设力度，不断调整优化产业结构，带动了农民持续增收。全县现有沙棘林26万亩，每年的沙棘采摘量在1800吨左右，每年可收入720万元。四是增强宣传带动普遍性。广泛宣传发动，增强全民造林绿化意识，激发广大群众植树造林绿化家园的热情。建立植树基地，开展义务植树教育活动。同时，全县大力开展植"机关林""三八林""共青林""成人林"等多种活动，使造林绿化既有了纪念意义，又达到了美化效果。

（三）主要成效

一是形成了"久久为功"的右玉精神。2012年9月28日，习近平同志在中共山西省委上报的《关于我省学习弘扬右玉精神情况的报告》的批示中，对右玉精神做了高度概括："右玉精神体现的是全心全意为人民服务，是迎难而上、艰苦奋斗，是久久为功、利在长远。"2020年5月，习近平总书记在山西考察时，再次强调要发扬右玉精神。右玉精神象征着"功成不必在我、功成必定有我"的崇高境界，激励着社会各界人士像接力赛一样，一棒接着一棒干下去。

二是生态系统稳定向好。全县建成集中连片万亩以上林区26处，大型防风林带15条，现有林地面积达170万亩，所有的宜林荒山全部绿化，林木绿化率达到56%。以燕麦为主的杂粮种植面积达35万亩，羊的饲养量达 75 万只。苍头河沿岸整治出 5 万多亩稳产高产的基本农田,四五道岭项目区成为治沙造林示范基地和重要的牧草基地。全县有效治理沙化土地面积达 200 万亩,土地沙化得到全面遏制,沙尘天气明显减少。2011~2018 年,3~5 月大风日数年均 3.8 天,明显少于 1960~2010 年的 10.4~14.5 天。

三是有力促进农牧民增收和精准脱贫。全县育苗面积达 8 万亩,有120 多个育苗大户,年产苗木 560 万株。聘用 473 名建档立卡贫困人口为护林员,人均每年增收 5300 元。2017 年,通过议标方式,将 1.4 万亩造林任务交由 19 家扶贫攻坚造林合作社,共计 323 名贫困人口参与造林,人均增收 3100 元。建设沙棘、柠条、苜蓿等灌草基地 30 多万亩,每年仅采摘 5000 吨沙棘果就可为农民增收 3000 多万元。2018 年 8 月,右玉县脱贫摘帽。

四是带动地方产业结构调整。建成以苍头河国家湿地公园、杀虎口省级森林公园、小南山城郊森林公园等为重点的一批生态观光旅游景区。成立山西省第一家生态文化旅游开发区。2021 年 1~7 月,全县接待游客总数 125.39 万人次,同比增长 31.3%,实现旅游收入 11.78 亿元,同比增长 28.2%。以沙棘为主要原料的龙头加工企业促进县域经济发展。全县现有沙棘林 28 万亩,汇源果汁、山西塞上绿洲有限公司等 12 家沙棘加工企业,年产饮料、罐头、沙棘油等各类产品 3 万吨,产值 2 亿多元。

三 青海祁连黑土滩治理修复草原生态

(一)背景概况

祁连县位于青海省东北部、海北藏族自治州西北部,境内平均海拔3169 米,县城海拔 2787 米。祁连县是青海省重要的资源富集地区,全县面积 1.4 万平方公里,占海北藏族自治州辖区总面积的 41%。祁连县草地总面积为 1679.29 万亩,占全县土地总面积的 79.97%。沙龙滩地区位于祁连县野牛沟乡边麻、大浪、大泉三村夏秋草场，涉及牧户 555 户 2692 人、牲畜 24.56 万头只，面积为 110 余万亩。由于该区域海拔高、生态脆弱，加上过度放牧、气候变化等因素，该区域 90 万亩草场出现不同程度退化，其中 35 万亩草场退化为黑土滩、55 万亩草场中度退化。

（二）具体做法

一是实施草原生态保护项目。通过实施祁连山生态保护与建设综合治理及退牧还草工程，2014～2022 年，累计投资 1.95 亿元，建成畜用暖棚 852 栋 11.864 万平方米、贮草棚 463 栋 1.852 万平方米，治理沙化草地 3.5 万亩，建设一年生人工饲草基地 3 万亩，防治草原鼠害 295.5 万亩，防治草原毛虫 75 万亩，配套农村能源设备 2.7 万台套，建设休牧及划区轮牧围栏 120 万亩，治理黑土滩 16 万亩，改良退化草原 5 万亩，建成人工饲草基地 1.5 万亩。

二是构建草原保护长效机制。依托青海省内草业科研团队，对县域内重度、中度、轻度退化草地进行分类治理，采取"封、围、育、种、管"等综合措施，利用补播、施肥、灌溉等人工干预增草技术，逐步将沙化草地和黑土滩变成天然优良草场和草原原生植物制种基地。推动牲畜周转，减轻草场压力，加快推进草场规模化流转、集约化经营、划区轮牧、分群放牧、分群管理。推广藏羊"两年三胎"高效繁育技术、牦牛"一年一胎"技术、饲草料青贮技术、舍饲和半舍饲规模养殖技术，通过良料和良法，实现四季均衡出栏，达到"减畜不减收"。充分发挥农牧区能人作用，以县级草业（农机）体系为技术依托，以 7 个规范化合作社为服务平台，充分利用山东援建农机具和试验区配套项目，建立草牧业机械服务专业队，整合农机具 100 台套，为饲草种、贮、压、运等提供一条龙优质服务。

三是完善草原保护管理体系。建立县、乡、村、管护员、农牧户五级管理体系，层层签订目标责任书，明确各级责任主体在草原生态保护方面应承担的职责义务，切实将补奖资金发放与应承担的草原保护责任有效挂钩，建立起层级管理、相互制约、相互监督、协同推进的草原生态补奖绩效管理长

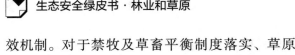

效机制。对于禁牧及草畜平衡制度落实、草原生态管护员履职、村（牧）委会管理行为、典型案例查处、补奖资金发放、管护员绩效工资兑现等形成常态化绩效管理机制。

四是全面提升依法治牧和草原监管水平。加大草原执法力度，依法查处乱开滥垦、乱采滥挖等破坏草原的案件，及时纠正违反禁牧和草畜平衡制度的行为，有效保护草原资源和生态环境，维护农牧民合法权益。加大禁牧管护、督查力度，实施专人督办、定期出栏、跟踪服务等措施，严厉打击违规放牧，同时不断加强草场防火工作力度，提升草原火灾防控水平。

（三）主要成效

一是草地资源保护与利用新格局基本形成。畜牧业基础设施得到很大改善，明显提高了草地生产能力和牲畜越冬抗灾能力，促进了草原生态保护。法治体系支撑能力持续增强，初步形成了"禁牧封育、草畜联动"的有利局面。二是草地生产力显著恢复。治理前项目区植被盖度为 10%~20%，治理后项目区植被盖度提高到 80% 以上，牧草平均高度达到 50 厘米以上，平均亩产鲜草由 50 公斤左右提高到 350 公斤以上。

四　天津七里海湿地保护修复辟新径

（一）背景概况

七里海湿地是 1992 年经国务院批准的天津古海岸与湿地国家级自然保护区的重要组成部分，河道纵横，沟汊交织，苇草丛生，草木竞秀，百鸟云集，鱼美蟹肥。由于长期由承包大户生产经营，核心区被人为地分割成若干块，形成一个个"土围子"。承包户投放饵料从事渔业生产，对水环境造成污染；在核心区周边开展旅游业，大量游人进入核心区，破坏了湿地自然幽静的自然环境，湿地生态功能发生退化。针对上述问题，从 2017 年起，天津市宁河区对核心区、缓冲区土地以及全部苇田水面实行统一流转，从而结束了"各自为政、割据管理"的局面，为统一规划、统一保护、统一修复、统一管理创造了条件。相关部门实施了水源调蓄、苇海修复、鸟类保护、生物链恢复等十大系列工程项目，使得湿地生态环境、水环境和生物多样性得到明显改善，湿地生态功能有效恢复，生态环境质量大幅提升。

（二）具体做法

一是坚持规划引领。2017年天津市委市政府批复实施《天津市湿地自然保护区规划（2017~2025年）》和《七里海湿地生态保护修复规划》，从土地流转、生态移民、生态补水、湿地恢复等方面对七里海的修复进行系统性全方位规划，落实属地政府责任，对违规建设进行拆除整改，对七里海湿地保护区范围进行优化，从根本上解决居民生活与保护管理的矛盾。同时将七里海修复工作纳入乡村振兴等各类发展规划，协同推进七里海湿地的修复工作。

二是坚持以人为本。对于因湿地保护受到损失的群众，市、区财政安排资金将核心区、缓冲区集体土地进行流转，给予补偿。通过生态移民示范镇建设，结合乡村振兴发展战略，不断改善当地群众生活环境，多次召开专题会议进行研究部署，制定了《关于历史遗留整改后给予经济抚慰的实施方案》《关于七里海湿地核心区树木补偿问题的规定》《关于七里海湿地核心区土地流转实施方案》等政策措施，妥善处理群众切身利益，化解矛盾纠纷。设立区政府补贴抚慰金，作为二次创业启动资金，帮助养殖户在生态红线以外承包水面，解决养殖场地问题。

三是发挥典型示范作用。从宁河区到镇村各级领导都下力量培植典型，探索好做法、好经验。七里海镇任凤村村民杜乃合在区委领导鼓励后认真研究水产养殖新情况、新问题，联合6户农民成立了河蟹育种合作社和家庭农场，开始专攻稻蟹混养。宁河区政府成立技术服务组，组织专家技术人员深入田间地头，指导更多百姓开展立体生态种植养殖。

四是探索开展湿地生态游。依托七里海湿地大面积苇海和水域，在核心区周边33个村打造湿地水乡，营造水乡美景，为开展集湿地观光、垂钓、休闲娱乐于一体的生态旅游创造条件。宁河区委区政府已将这项工作纳入推进乡村振兴战略的重要议程，正全力组织推动。各村积极配合，整治村容村貌、美化绿化环境。

（三）主要成效

一是湿地生态环境得到了有效恢复。"京津绿肺"功能得到明显提升，七里海发现的鸟类由10年前的182种增加到251种，东方白鹳、白琵鹭等珍禽大量增加，曾经在七里海消失10多年的震旦雅雀、文须雀、中华攀雀等全球近危物种重返七里海。二是经济效益显著。在享受土地流转带来的生态补偿的同时，七里海周边农民通过拓展新的就业门路，包括在七里海外围的现代产业园区务工、从事建筑业、开展水产养殖和稻蟹混养、组织专业队伍开展绿化等，总收入将增加约2亿元。三是生态文明理念深入人心。七里海湿地划定为保护区以来，宣传教育工作一直是工作重点。保护修复规划实施以来，生态环境的变化更是带来了更直观的感受，唤起群众湿地保护意识，使群众从思想上加深了对生态文明建设重要意义的认识，从而带动转变发展理念和区域经济转型发展。

五　甘肃八步沙林场将治沙进行到底

（一）背景概况

八步沙位于腾格里沙漠南缘的甘肃省古浪县县城东北30公里处，是河西走廊东端、腾格里沙漠南缘的一个重点风沙口，曾经是一片漫天黄沙的不毛之地，风沙以每年7.5米的速度向南推移，给周边村庄、良田和当地群众的生产生活造成巨大影响。1981年，时任漪泉村党支部书记和生产队长的贺发林、石满等年过半百的6位老汉，自发组建了八步沙林场。40多年来，八步沙林场"六老汉"三代人完成治沙造林21.7万亩、管护封沙育林草37.6万亩、栽植各类沙生植物3040多万株、栽植稻草1.2万吨、播撒草籽5万多公斤，使亘古荒漠变为绿色屏障，创造了震撼的绿色奇迹。

（二）具体做法

一是持之以恒承包治理沙漠。1981 年，时任村社干部的"六老汉"以联户承包的形式组建了八步沙林场，承包治理 7.5 万亩流沙。之后"六老汉"第二代治沙人主动请缨，在远离林场 25 公里的黑岗沙、大槽沙、漠迷沙完成治沙造林 6.4 万亩、封沙育林 11.4 万亩，栽植各类沙生苗木 2000 多万株。2015 年，又承包八步沙 80 公里外的北部沙区麻黄塘15.7 万亩沙漠治理工程。2016 年以来，第三代人陆续加入治沙队伍，不断地改进治沙技术，提高机械化程度。二是探索防沙治沙技术模式。发展"麦草沙障+沙生苗木"、"固身削顶、前挡后拉"、多功能立体固沙车机械压沙等治沙技术。制定沙障压设技术规程，开展生物治沙、机械治沙、工程治沙、产业治沙，建成不同类型的防沙治沙示范区，展示治沙新技术、新材料 20 多项。三是开辟防沙治沙新途径。探索"以农促林、以副养林、农林并举、科学发展"新路。2009 年，成立了古浪县八步沙绿化有限责任公司。2018 年，按照"公司+林场+农户"的模式，以绿化种苗培育、造林绿化、防沙治沙及农牧产品生产、养殖、销售等为主，建立"按地入股、效益分红、规模化经营、产业化发展"的公司化林业产业经营机制，流转沙化严重的土地 1.25 万亩，在黄花滩移民点建立枸杞、红枣等经济林基地，通过梭梭接种肉苁蓉开发沙产业，积极探索绿色产业发展新途径。

（三）主要成效

一是形成了"八步沙精神"。2019 年 8 月，沿着砂石路一路颠簸，习近平总书记来到八步沙林场考察调研时强调，新时代需要更多像"六老汉"这样的当代愚公、时代楷模，要继续发扬"六老汉"的当代愚公精神，弘扬他们困难面前不低头、敢把沙漠变绿洲的进取精神，再接再厉，再立新功，久久为功，让绿色的长城坚不可摧。"八步沙精神"是一笔宝贵的精神财富，在社会发展的道路上，鼓励着千千万万的人。二是生态环境明显改善。"六老汉"完成治沙造林 21.7 万亩、管护封沙育林草 37.6 万亩。沙化土地得到有效治理，遏制了风沙危害，土壤涵养水源的能力显著增强，地表植被逐渐恢复，林草植被盖度不断提高，保护了当地生物多样性，改善了当地群众生产和生活环境，减少了风沙危害给农牧业造成的经济损失。三是促进贫困群众增收。防风固沙林带活木蓄积量在 3 万立方米以上，林中每年产鲜草 500 多万公斤，产薪柴 200 多万公斤，其经济价值在千万元以上。在 6 万多人的黄花滩移民区流转 2500 多户贫困户的 1.25 万亩土地，种植梭梭接种肉苁蓉、枸杞、红枣，帮助从山区下来的移民贫困群众发展特色产业，实现增收致富。四是带动全民参与生态文明建设。以实际行动践行"绿水青山就是金山银山"理念，武威市将八步沙"六老汉"困难面前不低头、敢把沙漠变绿洲的当代愚公精神确定为新时代武威精神，鼓舞、激励和引导全市广大干部群众更加积极投身生态文明建设。

六　贵州荔波开辟石漠化治理新路径

（一）背景概况

　　贵州省荔波县是石漠化土地主要分布地，是国家滇黔桂石漠化片区区域发展与扶贫攻坚集中连片区域，是水土保持型国家重点生态功能区，是中国南方喀斯特世界自然遗产地和世界生物圈保护区。荔波全县 73% 的面积为生态脆弱的喀斯特岩溶山地，石漠化现象普遍，石漠化及潜在石漠化土地面积 186.5 万亩，占全县面积的 51.1%。地形破碎、生态环境脆弱、水土流失和石漠化问题突出，是喀斯特岩溶地区的基本特征，严重制约着荔波当地经济社会发展。荔波县历届党委、政府高度重视，通过不断的摸索和实践，科学治理石山荒山，不断强化生态保护和发展林业特色经济，使荔波县成为贵州省践行生态文明的先行区和秉承"绿水青山就是金山银山"发展理念的成功典范。

（二）具体做法

一是积极落实国家保护政策。对坡度大、不宜实施人工造林的石山和半石山进行封山育林，按照生态区位重要程度，将其划入生态公益林和天然商品林停伐管护范围，甚至建立各类自然保护区进行保护，减少人为活动，有序恢复森林植被。二是制定完善地方保护办法。为从源头上杜绝人为造成石漠化，早在 1996 年荔波县就实施了"一保护、两禁止、三关闭、严治理"的生态环境保护政策，即保护喀斯特森林，禁止砍伐天然林、禁止放火烧山，关闭乡镇林工商公司、关闭杂木市场、关闭木炭市场，保护水源涵养林、严格治理水土流失，并在 2017 年出台《樟江流域保护条例》，保护樟江沿岸的森林植被，有效遏制石漠化的蔓延。三是科学开展国土绿化。在国家林业生态建设和发展林业特色经济政策的号召下，荔波立足既需要恢复生态又需要发展经济的实际，因地制宜，按照"山上种林子、山中种果子、山下种稻子"的方式进行石漠化治理，在山坡上部造就生态林，让山上绿起来；在山腰种植经济林，让百姓富起来；在山下种稻米，让粮食有保障。

（三）主要成效

一是生态安全基础更加牢固。全县森林覆盖率从 2005 年的 55.24%提高到 2023 年的 71.04%，所有的石山荒山变成了绿水青山，大量减少了水土流失和土壤侵蚀量，水资源日益丰富，全年空气质量均达优良等级。如佳荣镇作为樟江上游主要水源涵养地，除对自然保护区实现应保尽保外，还在其他地方造了大片生态林，保护了荔波樟江水源和"绿色银行"。

二是居民收入明显增加。全县 212.43 万亩森林被划为生态公益林，每年有 3142.89 万元生态直补资金，国家和省倾斜安排生态护林员 4230名，每人每年获得 1 万元劳务补助，实现了"一人护林，全家脱贫"。瑶山瑶族乡高桥村的村民，将土地入股大小七孔景区，每年可以获得 200

多万元红利分成,他们还依托移民搬迁建成 3A 级景区梦柳布依风情小镇,几乎家家户户都开了餐馆或旅店,实现了旅游增收致富。玉屏街道拉岜村大力发展荔波蜜柚,户均种植 30 亩,年人均纯收入达 1.5 万元以上,成了贵州闻名的蜜柚村。

三是绿色转型初见成效。荔波获评国家首批全域旅游示范县,成为贵州省南部旅游龙头县。经济林基地建设深入推进,打造了樟江河谷 10 万亩精品水果基地、龙宝山万亩血桃基地、水利万亩油茶基地、马鞍山 3 万亩林业特色产业园区、兰鼎山万亩仙草园等。

G.10
建立国家公园推进美丽中国建设

刘诗琦*

一 三江源国家公园特许经营创新

（一）背景概况

三江源国家公园地处青藏高原腹地，是长江、黄河、澜沧江的发源地，总面积为 19.07 万平方公里。三江源国家公园物种丰富，共有维管束植物 760 种、野生陆生脊椎动物 270 种，其中国家一级重点保护动物有雪豹、藏羚、野牦牛、藏野驴、白唇鹿、马麝、金钱豹、黑颈鹤、白尾海雕、金雕等 16 种。海拔 4000 米的昂赛乡，隶属于玉树州杂多县，位于三江源国家公园澜沧江源头的扎曲河畔，拥有青藏高原腹地独特的峡谷景观，是世界上雪豹密度最大、种群生存状况最好的区域之一，因此得名"大猫谷"。2016 年，山水自然保护中心与杂多县政府共同举办自然观察节，在昂赛乡年都村挑选了 10 户牧民帮助接待从世界各地来的科考团队。

（二）具体做法

一是开展实地评估。昂赛乡当地人与自然和谐共生的状态为自然体验创造了有利条件，但由于脆弱的生态环境一旦被破坏就难以恢复，因此在开展活动前邀请有关专家充分评估了活动对当地生态和野生动物的影响，选择适宜区域，将影响降至最低，同时又能促进当地的生态保护。二是创新组织形

---

* 刘诗琦，博士，国家林业和草原局发展研究中心工程师，研究方向为国家公园政策。

式。自然体验项目依托新成立的雪豹观察合作社，开展自然体验特许经营。项目由社区自行制定收费标准、分配接待机会和收入分配的比例，由牧民家庭提供服务，自然体验限定于牧民生活的区域开展。政府帮助培训该村 22户牧民成为生态向导，他们按照抽签顺序接待来自世界各地的自然体验者，收益的 45%归牧民示范户，45%返回村集体用于公共事务，剩下的 10%属于村级保护基金，专门用于村级的生态环境保护事务。参与体验项目的访客，每人每天需缴纳 300 元食宿费和一辆车的使用费 1000 元。三是优化有关程序。为了有序管理体验活动和限制探访人数，合作社规定了预约访问制度。预约申请成功后，昂赛乡政府会给访客一份准入许可。访客不能自行选择接待的家庭，而是由社区提前安排，按接待家庭的抽签顺序进行轮换，初衷是参与接待的家庭能够获得相对平等的机会，保障多数人的收入。四是推行技能培训。为了更好地服务访客，澜沧江源国家公园管委会、杂多县政府请专家对接待示范家庭进行了岗前培训，包括向导服务、安全驾驶、烹饪技能、医疗救助等，并制作了自然体验指导手册，培训当地青年了解雪豹以及其他野生动物的活动规律，学习如何在不破坏植被、不伤害动物的前提下引导访客去观看它们。

（三）主要成效

一是农牧民生产生活条件得到明显改善。特许经营项目共接待国内外生态体验团队 98 个、体验访客 302 人次，经营收入 101 万元。其中自然体验接待家庭户均增收 1.8 万元，社区公共基金收入 24.6 万元。二是初步形成了特许经营新模式。积极创新组织形式，依托雪豹观察合作社，通过智能生物监测、专业技能培训和预约访问制度，开展以牧民家庭为主导的生态低影响、经济高效益自然体验特许经营模式，与传统的以商业公司运营为主的生态旅游模式不同，最大限度保障了体验者和居民利益。三是带动自然教育蓬勃发展。在开展特许经营的同时，昂赛乡与山水自然保护中心的志愿者合作，在小学设置了垃圾分类等自然课堂与社会实践，采用积分的方式鼓励小学生收集废弃物并科学分类。四是农牧民及志愿者参与生态保护的积极性得到充分激发。在此项目的启发下，三江源国家公园管理局依托三江源生态保护基金会，在园区 53 个行政村成立了生态保护协会，以社区化和组织化的方式搭建国家公园共建共享机制，进一步调动广大农牧民和民间组织参与生态保护建设的积极性；同步建立了志愿者招募、培训管理等机制，广泛吸引志愿者特别是青年志愿者积极融入三江源保护和建设。

二　大熊猫国家公园生态系统完整性保护

（一）背景概况

大熊猫国家公园地跨四川、陕西、甘肃三省，总面积 2.2 万平方公里，其中大熊猫栖息地面积 1.5 万平方公里，是我国特有世界珍稀濒危物种大熊猫的重要家园，占全国大熊猫栖息地面积的 58.5%。大熊猫国家公园物种丰富，是全球生物多样性热点区之一，分布着 8000 多种野生动植物，其中国家 I 级保护野生动物 22 种、重点保护野生动物 116 种，国家 I 级保护野生植物 4 种、重点保护野生植物 35 种。针对大熊猫栖息地破碎化等问题，大熊猫国家公园全面加强了生态系统完整性保护，促进大熊猫种群稳定繁衍。

（二）具体做法

一是加强栖息地恢复和廊道建设。对大熊猫集中分布、主要栖息繁衍和活动频繁区实行最严格的保护，整合园区内 69 个自然保护地，恢复栖息地植被、建设大熊猫廊道等 8.4 万亩。对重大项目、民生项目进入国家公园开展生态影响评价和专家论证，实施最严格保护。大力实施天然林保护修复、长江流域防护林体系建设等生态工程，对集中连片人工林进行改造，栽种乡土树种和大熊猫喜食竹种，逐步恢复为大熊猫适宜栖息地。对因矿山、小水电等人为活动影响受损退化的栖息地实行关停退出和生态修复，修复面积达退化破坏面积的 95%。在大熊猫种群间交流的关键地带，建设了黄土梁、小河、土地岭等多个栖息地连通廊道和走廊带，实施植被恢复 100 多平方公里。

二是全面提升科研监测水平。各级管理机构整合投入科研资金约 5200 万元开展保护重点课题研究，"大熊猫野化放归关键技术研究"荣获梁希科技进步一等奖。成立了大熊猫国家公园珍稀动物保护生物学国家林业和草原局重点实验室，建立了大熊猫国家公园野生动物救护中心。运用 DNA 技术，对大熊猫进行个体识别、性别鉴定和遗传多样性分析。制定了监测评估指标体系和监测系统专项规划，整合设置监测样线 1732 条，网格化布控红外线触发相机 9700 余台、视频监控 1300 多个，设置生态定位观测站 43 处，实现对园区生态保护情况的 24 小时监测。2021 年首次在岷山中部核心区采集到狼与雪豹影像资料。

三是创新司法保护协作机制。创新生态环境资源刑事、民事、行政案件"三审合一"模式，建立生态环境资源司法保护协作机制，在四川片区设立 7 个专门法庭，在成都率先成立全国第一支大熊猫保护生态检察官团队，形成强大的司法保护合力。雅安片区专门法庭以专业化法庭方式审理了全国首例大熊猫国家公园资源环境案件。

（三）主要成效

一是栖息地斑块间的连通性明显增强。大熊猫国家公园将岷山、邛崃山山系野生种群高密度区、主要栖息地连成一片，建设局域种群遗传交流廊道，有效促进了 13 个局域种群的 1340 只大熊猫间的基因交流，野生大熊猫适宜生境面积增加了 1.6%。首次在秦岭主峰和岷山土地岭、大相岭、峨眉山区域发现了野生大熊猫，野外监测年遇见率逐步上升。二是民生发展得到有力保障。大熊猫国家公园组织遴选社区种植、加工类生态产品，进入"大熊猫原生态产品"系列，积极打造推广"熊猫茶""熊猫蜜""熊猫山珍"等国家公园社区生态产品。在甘肃省碧口镇李子坝村开展协议保护项目，已与园区内 69 个行政村签订保护协议，协议保护面积 6.3 万公顷，集体公益林补偿资金 1518.86 万元全部下达到村、到户、到人。三是宣传教育成效显著。在大熊猫国家公园北川区域举办 2022 四川"自然教育周"系列宣传推广活动，为四川全民自然教育普及推广提供了新的实践案例。甘肃省多措并举，广泛传播国家公园理念。

三　东北虎豹国家公园智慧监测管理

（一）背景概况

东北虎豹国家公园地跨吉林、黑龙江两省，与俄罗斯、朝鲜接壤，总面积 1.41 万平方公里，是我国野生东北虎、东北豹种群的重要栖息地，也是目前唯一由中央政府直接行使全民所有自然资源资产所有权的国家公园。为进一步提高东北虎豹等野生动物保护能力与效率，2016 年以来，国家林草局积极推动建设东北虎豹国家公园天地空一体化监测系统，创新了"看得见虎豹、管得住人"的管理模式，成为全球首个实现大面积覆盖的生物多样性实时监测系统，也是国内首个在少人区或无人区真正实现大面积通信网络覆盖的智能化自然资源监测评估和管理系统，推动东北虎豹保护取得明显成效。

（二）具体做法

一是创新引领。该系统综合运用、研发和集成了云计算、物联网、移动互联、大数据、人工智能、新型实时传输监测终端等大量现代信息技术和新型设备，信息化基础设施和通信网络信号在林区大范围覆盖，能远距离、大面积实时监测东北虎豹等野生动物的活动状态，还可以实时获取生物多样性、各类生态要素和人类活动信息，传回的数据搭建起一个宝贵的数据库，实现了新技术与新型设备的优化集成，形成了"互联网+生态"的自然资源信息化、智能化管理新模式。

二是试点先行。2018 年 2 月启动小试，在吉林珲春 500 平方公里虎豹密集活动区域，成功建立了东北虎豹国家公园自然资源监测小试基地，安装在园区内的100余台野生动物、水文、气象、土壤等监测终端，从野外实时回传大量自然资源监测数据，包括东北虎、东北豹等珍稀濒危物种数据。在小试成功的基础上，2020年1月启动中试，覆盖面积超过5000平方公里，建设基站42座，700M基站覆盖半径大、绕射能力强、传输速率高。在中俄边境200公里虎豹跨境监测带、虎豹核心分布区、虎豹扩散区安装无线相机3000余台，实时监控30多种野生动物和人为活动要素。

三是应用推广。2021年10月，东北虎豹国家公园正式设立后，天地空一体化监测系统进入全面推广阶段，安装无线红外相机等野外监测终端近2万余台，实现了园区基本无死角覆盖，监测系统共实时传输和识别超过3万次东北虎、东北豹以及1000多万次其他野生动物和人类活动监测影像视频数据。

（三）主要成效

一是国家公园的"家底"更加清晰。监测系统数据显示，目前园区内野生东北虎、东北豹数量分别为50只、60只以上，比试点初期的27只、42只大幅增加，东北虎幼崽成年率由试点前的33%提高到目前的50%以上，国家公园腹地的珲春地区更是恢复到"众山皆有虎"的历史风貌，中俄边境的东北虎群也逐渐成波浪状向中国内陆扩散。监测系统显示，梅花鹿种群从21世纪初几乎消失到目前种群数量恢复到数千只，棕熊、亚洲黑熊、水獭、獐、原麝等大量珍稀濒危物种也呈现快速增长趋势。二是国家公园保护能力明显提高。监测系统推动国家公园自然资源监测和监管真正进入大数据和人工智能时代，实现了自然资源监测的智慧化。利用红外影像、高分相机等视觉处理设备可以找寻野生动物，对自然生境下野生东北虎豹野外生存状况进行全面跟踪掌握，识别老虎活动范围，真正做到了个体识别、精准保护、及时救护。通过预警预报，有效避免了人员出现在虎豹活动区域，确保了人虎两安全。三是有力促进了自然教育和生态体验。监测系统依托国家林草局东北虎豹监测与研究中心建立了综合研究平台，该平台已成为全国科普教育基地，致力于开展青少年自然教育，让公众参与体验，累计为学生和社会公众讲解百余次，受众超过 2 万人次，深入传播了虎豹保护理念。

四　海南热带雨林国家公园生态搬迁

（一）基本概况

海南热带雨林国家公园位于海南岛中南部，总面积 4269 平方公里，涉及五指山等 9 个市县 34 个行政村 137 个自然村，区域内常住人口 2.43 万人。其中，核心保护区面积 2331 平方公里，占公园总面积的 54.6%，现有常住人口 1387 人；一般控制区面积 1938 平方公里，占比 45.4%，包括 129 个自然村，户籍人口约 2.29 万人。为进一步减少人为活动对热带雨林生态系统和天然林分布区、海南长臂猿等珍稀濒危物种重要栖息地的干扰影响，严格执行核心保护区原则上禁止人为活动的管控要求，海南省委省政府于 2019 年 9 月启动白沙县 3 个自然村共 118 户 498 人整体搬迁，2023 年已完成国家公园核心保护区的全部搬迁工作。

（二）具体做法

一是做好思想工作。针对村民普遍存在的"故土难离"思想，发挥村民身边人的带动作用，由大队长和老党员教育引导村民认识到村庄地处国家公园核心保护区，按照国家公园差异化管控要求，核心保护区原则上禁止人为活动，因此基础设施建设受限，教育、医疗、就业不便。另一方面，针对村民"怎么搬"的疑惑和"搬出后怎么办"的顾虑，当地党委政府多次走访座谈，征求村民对新村选址，特别是搬迁后的住房、就业、产业发展等方面意见建议，并及时出台相关文件予以明确，让村民自觉支持配合搬迁工作。

二是强化政策保障。以白沙县为例，其整合海南省林业、扶贫、发改等多个部门项目资金和县级财政涉农资金投入生态搬迁，新建了 59 栋小楼，按一栋 2 层 2 户设计，每户 115 平方米。预留庭院经济发展空间，配套建设了文化室、篮球场等基础设施。还结合黎族群众有酿山兰米酒的习惯，为村民建设 5 间公用的酿酒间。村民子女在县内公办学校就读高中的，免除学杂费和住宿费。

三是扶持替代生计。在搬迁过程中，当地推行集体土地与国有土地置换的搬迁安置方式，通过给予村民种植的经济作物一定补偿回收高峰村 7601 亩集体土地，调整规划为国有土地；将海控集团 5349 亩国有土地和白沙农场集团 283 亩土地收回置换划拨用于新村建设，保障村民搬迁后离乡不失地。围绕产业和就业两个重点，给予搬迁村民人均 10 亩丰产橡胶田、户均 1 亩水田，保证每户有 1 名以上劳动力接受实用技能培训，并安排引导村民到附近的光伏发电厂、食用菌基地、茶园、茶厂务工。对符合护林员相关条件的村民，按每户 1 人标准吸收为护林员，搬迁村民还可以继续享受每人每年 600 元的森林生态效益直补政策。

（三）主要成效

一是搬迁后居民收入总体增加。调查数据显示，白沙县搬迁户搬迁后户均年收入为 11.36 万元，是搬迁前（4.91 万元）的 2.3 倍。搬迁户的户均净收入从搬迁前的 -2.85 万元，转为搬迁后的 0.35 万元，即从收不抵支转为略有盈余。二是生活难题得到有效解决。搬迁居民出行难、上学难、看病难、通信难等问题得到有效解决，搬迁后适龄少年儿童可就近进入白沙县条件较好的中小学就读，医疗卫生站和医院从原来距老村 10 公里以上调整为距新村 1 公里以内，集中安置点的手机信号十分稳定。三是卫生条件明显改善。居民饮用自来水，使用室内冲水厕所，生活污水统一进入污水管网并集中处理。社区还设有专门的垃圾回收处理设施。四是住房安全得到充分保障。搬迁前，大部分居民的住房为 2007~2008 年建设的土房、砖房或木房，年久失修，部分困难居民更是无力修缮，只能生活在危房内，存在一定安全隐患。新居均为钢混结构的现代住房，由政府负责修建维护，质量安全有保障。五是居民对国家公园认可度显著提升。随着生活设施的完善和出行的便捷，搬迁居民改变了过去烧火做饭洗衣、种菜喂牲畜等习惯，家务劳动强度进一步降低，有更多时间照顾老人孩子。生态搬迁在一定程度上提升了居民的家庭幸福感，也促进了当地居民对国家公园的理解和认识，居民的生活满意度超过80%。

五　武夷山国家公园绿色发展

（一）背景概况

武夷山国家公园涉及福建、江西两省，属于我国典型的南方集体林区，总面积1280平方公里，主要保护对象为世界同纬度最完整、最典型、面积最大的中亚热带森林生态系统和世界文化与自然遗产。武夷山国家公园被中外生物学家誉为"蛇的王国""昆虫世界""鸟的天堂"，生活着国家重点保护野生动物57种、特有野生动物59种。武夷山国家公园范围内超过50%的山林产权归集体和个人所有，是影响生态保护成效的重要变量。针对人地矛盾，武夷山国家公园创新管理运行机制，积极探索绿水青山转化为金山银山的有效途径，着力打造国家公园绿色发展的样板。

（二）具体做法

一是多举措打造生态产业，注入国家公园品牌新动能。打造生态茶产业，推动茶叶从商品到名品的升级，开展生态茶园改造，提升茶叶品质，开展地理标志申报和绿色认证，提升茶产业经济效益，促进农户持续稳定增收。打造生态旅游业，大力发展乡村旅游、生态观光游和茶旅慢游，有效增加农民收入，同时实施访客容量动态监测和环境容量控制，保障园区游赏适宜、运营可靠、生态平衡。

二是多渠道增加生态补偿，促进居民在保护中得实惠。出台生态补偿实施办法，将园区内生态公益林补偿标准提高到每年每亩32元，比公园外多

9元；对5.41万亩天然林，按生态公益林补偿标准给予停伐补助，每年合计给村民发放补偿资金2700多万元。通过赎买、租赁、生态补助等方式，开展重点区位商品林收储；在全国首创毛竹林地役权管理，对园内1.13万亩毛竹林按照118元/亩·年的标准予以停伐补助；对9242亩集体人工商品林参照天然林停伐管护补助标准予以管控补偿，既保障林农利益，又保护森林资源；对7.76万亩景区集体林进行补偿，并与旅游收入建立联动递增机制，平均每年给村民分红300余万元。

三是多层次规范社区发展，建设绿色和谐优美新社区。优化乡村建设规划，规范建筑风格、环境景观和旅游配套设施。强化建设管控，严格控制开发利用强度，开展违建清查专项整治和"两违"打击工作，依法拆除"两违"建筑。开展乡村环境整治。实施环境综合整治项目3个，每年下达垃圾处理补助资金125万元。实施生态移民搬迁，投入351万元完成大洲村牛水桥村民小组11户49人生态移民搬迁，开展南源岭旧村70户村民分步搬迁工程，引导搬迁户依托风景区和度假区发展民宿和餐饮业，真正实现"搬得出、留得住、发展好"。

四是多途径建立参与机制，促进居民成为生态保护者。引导村民参与特许经营、资源保护、旅游服务。公开择优招聘生态管护员、哨卡工作人员137人，公开择优招聘竹筏工、环卫工、观光车驾驶员、绿地管护员等共1300余名。在国家公园网站设置局长信箱，并公布投诉、举报电话，聘请人大代表、政协委员、基层村干、群众代表等一批社会监督员，接受社会公众和新闻媒体监督。建立志愿服务机制，定期向社会公开招募志愿者，开展生态保护、综合服务、动植物普查、生态监测以及宣传教育等志愿服务活动。

（三）主要成效

一是生态质量更加优良。通过建立全社会参与保护管理的长效机制，有力提升保护成效，国家公园山更绿了、水更清了，生态环境质量稳中向好，森林覆盖率达96.72%，新发现雨神角蟾、福建天麻等11个物种，地表水、大气、森林、土壤各项指标达到国标Ⅰ类标准。二是绿色产业更加发达。通过打造生态茶产业、生态旅游业、富民竹业，探索绿水青山变为金山银山的有效途径，促进生态保护与社区经济协调发展，形成了"用10%面积的发展，换取90%面积得到保护"的管理模式，实现了保护与发展共赢。三是社区环境更加优美。通过规范乡村建设、建设森林村庄、实施生态移民搬迁、改善社区环境卫生，建立了"布局合理、规模适度、减量聚居、环境友好"的国家公园居民点体系。四是居民生活更加富裕。通过完善生态保护补偿机制，支持社区居民参与特许经营和保护管理，破解生态保护与社区发展、林农增收的矛盾，增强社区群众获得感、幸福感，初步实现百姓富、生态美的有机统一。区内桐木、坳头2个完整行政村人均收入分别比周边村高0.5万元和0.7万元。

六　新疆兵团探索国家沙漠公园

（一）背景概况

驼铃梦坡沙漠公园位于新疆生产建设兵团第八师一五〇团西部，南北跨幅约7.4公里，东西跨幅约5.8公里，总面积2039.78公顷。公园土地权属均为国有，公园区域内沙地面积约1797公顷，占公园总面积的88.1%；林地面积187.5公顷，占公园总面积的9.2%；未利用地43.5公顷，占公园总面积的2.1%；公园北部有少面积流动沙丘。因一五〇团位于古尔班通古特沙漠南缘，团场深入沙漠腹地70公里，东西北三面环沙，故有"沙海半岛"之称，属于典型的温带干旱荒漠，常年干旱缺水。团场周围沙漠植被稀疏，流沙移动，自然条件恶劣，风沙长年肆虐，严重影响制约了团场的经济、生产、生活及各项社会事业的发展。近年来，一五〇团积极探索生态产品价值实现方式，结合驼铃梦坡沙漠公园及驼铃梦坡景区建设，围绕西古城镇全域旅游规划，坚持生态立团理念，打造优美的旅游城镇，取得了一定的成效，积累了一些经验及做法。

（二）具体做法

一是坚持规划引领。科学统筹谋划沙漠公园建设，重点解决沙漠公园外围沙漠植被稀疏、流沙移动的问题，对荒漠植被进行严格封育保护，建成了以荒漠防风固沙林、防风阻沙基干林、农田防护林、人居绿化防护林为主的四级生态防护林体系，从根本上阻止流沙的移动，在沙漠公园各项建设中始终把生态保护放在首位，对影响荒漠生态系统的各种主要人为活动进行有效管理，创造人与自然和谐共生的生命共同体奇迹。二是加快补齐短板。在确保生态系统健康的前提下，完善沙漠公园和旅游景区基础设施配套建设，累计投资 9000 余万元，恢复保护项目沙漠绿化工程机井，新建红色军垦教育纪念馆等宣教展示项目 3 个、冬季滑雪等娱乐体验项目 6 个、道路等管理服务项目 10 个。三是强化宣传引导。通过广播电视、高速路口宣传牌、道路指引牌等，长期宣传沙漠公园。不断举行沙漠越野车环塔拉力赛、全国沙漠音乐节（新疆地区）等节庆活动，扩大了驼铃梦坡沙漠公园的知名度。

（三）主要成效

一是防沙治沙成效显著。一五〇团坚持生态立团，创造了人进沙退的奇迹。现有林地 28.51 万亩，其中国家公益林面积 24.97 万亩、基干林 1.08 万亩、农田道路林 1.03 万亩、庄园林 0.15 万亩、防护用材林 0.68 万亩、退耕还林 0.6 万亩。在完成土地确权的同时，按照生态要求完成了 3.9 万亩的退地减水任务和 4 万亩的高标准农田建设，更新造林 1000 亩，实施 2019 年重点防护林工程建设项目 600 亩，团场全年优良天气指数达到 98% 以上。

二是"绿色名片"带动生态保护。一五〇团先后荣获"全国环境优美镇""全国防沙治沙综合示范区""全国三北防护林建设 30 年突出贡献单位""全国关注森林活动 20 周年突出贡献单位"等荣誉称号。驼铃梦坡沙漠公园荣获了"中国最令人向往的地方""2013 美丽中国十佳旅游镇"等称号，既给人们提供了旅游观光的场所，又让人们在亲近自然、融入自然的过程中，增强热爱自然和保护环境的生态意识。

三是民生得到有效改善。沙漠公园和驼铃梦坡景区相互涵养，景区和旅游业的经济收入，一部分用于沙漠公园的日常维护、公园的自然生态保护，另一部分带动了民宿和旅游采摘等旅游业的蓬勃发展，居民收入普遍增加。通过提升商贸行业整体层次、服务功能和服务水平，居民各方面购物需求得到满足。

G.11
持续深化改革赋能绿色发展

张欣晔 *

一 山东淄博原山林场焕新国有林场面貌

（一）背景概况

淄博市原山林场是市自然资源局下属的公益一类事业单位。党的十八大以来，原山林场坚持以习近平新时代中国特色社会主义思想为指导，深入贯彻习近平生态文明思想，以走在前列、干在实处为目标定位，坚定不移地走出了一条林场保生态、原山集团创效益、原山国家森林公园创品牌的新路子，形成了使命至上、艰苦创业、自强不息、崇德兴仁的原山精神，成为全国林草系统的一面旗帜、全国国有林场改革发展的样板。[①]

（二）具体做法

一是坚持党建引领，坚定职工理想信念。原山林场党委一班人抱定"千难万难，相信党依靠党就不难"的坚定信念，以党的建设为总抓手，全面落实从严治党主体责任，创造性地在全场 191 名党员中开展五星级管理、定期党性体检和党员示范岗建设，团结带领原山林场职工"一家人一起吃苦、一起干活、一起过日子、一起奔小康、一起为国家作贡献"，在全场上下形成了"有困难找支部、怎么干看党员"的干事创业浓厚氛围。在林场

---

* 张欣晔，国家林业和草原局发展研究中心工程师，研究方向为自然资源管理、资源核算和生态保护修复政策。

[①] 国家林业和草原局改革发展司：《绿水青山就是金山银山典型实践 100 例》，中国林业出版社，2020。

人员的管理上，打破了干部任用终身制和身份限制，采取"能者上、庸者下、平者让"的科学管理机制，使一大批业务精、能力强、敢担当的同志走上了领导岗位。2017年，原山林场成功创建为省级文明单位。

二是坚持生态优先，保护培育森林资源。在全省150多家国有林场中第一个停止了商业性采伐，把发展产业挣来的钱，源源不断地反哺投入植树造林、森林防火、生态管护和职工工资中，率先提出"防火就是防人"理念，组建山东省内第一支专业防火队，率先建立森林防火微波视频监控中心，打造山东省第一个"大区域"防火体系，在全国率先装上雷达探火系统，每年防火期打烧防火隔离带70公里，初步建立起"天地空人"一体化防火体系。

三是坚持绿色发展，弘扬原山精神。原山林场依托"绿色生态"和"艰苦创业"两块金字招牌，突出"红+绿"融合发展模式，发展森林旅游、园林绿化和森林康养等特色产业，打造山东省第一家森林乐园，在全省国有林场中率先成立第一家绿化公司。

（三）主要成效

一是生态系统质量和稳定性明显提升。营林面积净增3385亩，森林蓄积量由19.7万立方米增加到25.2万立方米，森林覆盖率达94.4%，优质侧柏林被林业专家称赞为"中国北方石灰岩山地模式林分"。林区内连续25年实现零火警。林场成为首批中国最美森林氧吧、全国自然教育学校、中国森林康养林场，被当地市民亲切地称作"淄博的肺"。二是宣传教育示范水平明显提高。打造了山东原山艰苦创业教育基地，国家林业和草原局党员干部教育基地、国家林业和草原局党校现场教学基地、国家林业和草原局管理干部学院原山分院和中共国家林业和草原局党校原山分校相继挂牌，2018年3月原山精神与焦裕禄精神、红旗渠精神、井冈山精神等一起，入选中央国家机关首批12家党性教育基地，每年接待全国各地的党员干部职工10万多人次。三是职工福利得到更好保障。职工年均收入由2012年的2.9万元增加到2021年的10万元，职工平均住房面积较2012年之前增加了一倍。

二 福建南平"森林生态银行"助力"两山"转化

（一）背景概况

在林改均山到户的背景下，南平市 76% 以上的山林林权处于碎片化状态，单家独户经营林地的成本高、收益低、见效慢，林农手中的森林资源难以有效利用。为打通自然资源变资产变资金的转化路径，南平市深入学习贯彻习近平生态文明思想，紧盯抓实福建省关于深入实施生态省战略、加快生态文明先行示范区建设的目标任务，以顺昌县为试点，在全国首创"森林生态银行"建设，探索政府主导、企业和社会各界参与、市场化运作、可持续的自然资源变资产变资金的发展路径，打造林业金融创新升级版，助推新时代新福建建设[①]。

（二）具体做法

一是"五机构"搭建平台。依托县国有林场，成立"森林生态银行"运营主体——林业资源运营有限公司，下设"两中心、三公司"，即林业资产评估收储中心、数据信息管理中心、林木经营有限公司、资源托管有限公司、林业金融服务公司，赋予林木资源调查设计、赎买收储、森林质量提升、项目开发经营、林权抵押贷款担保、林业信息服务等功能，并开辟集中办公场所，即"森林生态银行"营业部，为林农、合作社办理业务提供一站式服务。

二是"五输入"管理资源。即通过赎买、租赁、托管、入股、质押等单一或组合形式，在不改变林地所有权的前提下，将零散化、碎片化林木资源集中储备到"森林生态银行"。同时，立足林农从业意愿，推出四种林权流转方式：有共同经营意愿的，以林业资产作价入股，林农变股东，共享发

---

① 《南平市深入推进"森林生态银行"助推"两山"转化》，《福建林业》2020 年第 4 期。

展收益；无力管理森林但不愿共同经营的，可将林业资产委托管理；有闲置林地的，可将林地进行租赁，获取租金回报；希望转产的，可一次性卖出林权，获得转产启动资金。

三是"五输出"运作资产。依托内外部技术力量，将存入"森林生态银行"的林木资源打包成连片优质高效的资源包，通过提供原材料基地服务、金融服务、重资产服务、生态服务和市场服务，引入市场化资金和专业运营商，对森林资源资产包开展项目策划包装、招商推介和开发经营，发展木材经营、竹木加工、林下经济、森林旅游康养等相关产业，丰富林业产业结构。

四是"一键理财"获取收益。林农、合作社等林业经营主体凭身份证、林权凭证，即可将林木资源存入"森林生态银行"运作，获得相应的服务与收益。如顺昌县双溪街道水南村村民夏六妹存入一片面积 9 亩的杉木幼林，据协议条款，今后 20 年，她每月可从"森林生态银行"领到 310 元的预期利润；托管期满，根据山场林木价值并扣除管护成本，还能拿到木材销售收入的 60%。

五是"林权+金融"做好保障。当地成立福建省首家"林权+金融"模式的林业融资担保公司，为"林业+"产业实体企业、个体林农提供融资担保服务，实现最高 15 倍额度的基准利率贷款，"森林生态银行"与商业银行按 4：1 承担风险，目前已办理担保业务 257 笔，发放贷款 2.25 亿元。同步合作成立"南平市乡村振兴基金"，首期规模 6 亿元，在顺昌聚焦投资林业质量提升、林下种养、林产加工、林下康养等项目。

（三）主要成效

一是助力精准脱贫。开发扶贫碳汇项目"一元碳汇"，通过开发微信小程序，面向大众线上线下出售贫困村、贫困户林木的碳汇量。目前，顺昌县已试点将 3 个贫困村 90 个贫困户的碳汇林面积 6086 亩、核算碳汇量 2.99 万吨纳入交易，销售碳汇量 629.23 吨。二是助力乡村振兴。充分开发林下立体空间，大力培育发展花卉苗木、林下经济、森林康养等项目，推动形成以林药、林菌、林蜂、林旅等为主的发展模式，助力国有林场每亩林地产值增加2000元以上，林农亩均林地年收入增加约3000元。三是助力生态提升。结合总投资215亿元的国家储备林质量精准提升工程项目建设，利用国有林场资金、人才和管护优势，对导入"森林生态银行"的森林资源采取改单层林为复层异龄林、改单一针叶林为针阔叶混交林、改一般用材林为特种乡土珍稀用材林等"三改"措施，在全省首创林木强度间伐套种试点，进一步优化林分结构，增加林木蓄积量。经测算，年均亩产值可达一般杉木纯林的4倍以上。

三 广东花都区公益林碳普惠机制创新

（一）背景概况

花都区地处广东省广州市北部，拥有丰富的林业资源，被称为广州市的"北大门"和"后花园"。为打通绿水青山向金山银山的转化通道，促进生态产品价值实现，花都区依托广东省碳排放权交易市场和碳普惠制试点，选取梯面林场开发公益林碳普惠项目。

（二）具体做法

一是政府提供基础数据和制度保障。首先是2017年，广东省公布了公益林、商品林项目碳普惠方法学，其次是制定林业碳普惠交易规则。2017年7月，广州碳排放权交易所出台了《广东省碳普惠制核证减排量交易规则》，对交易的标的和规格、交易方式和时间、交易价格涨跌幅度和资金监管、交易纠纷处理等进行了明确规定，同步建成了广州碳排放权交易所碳普惠制核证减排量竞价交易系统，为林业碳普惠项目实践奠定了基础。

二是提升生态产品供给能力。为保护和恢复梯面林场及周边区域的自然生态系统，林场实行了最严格的林地和林木资源管理制度，停止了商业性林木砍伐，做好生态公益林和其他林地养护，积极开展防火带建设、防火设施添置、防火员技能培训等林地保护项目，着力提升森林抚育水平和生态产品质量。同时，积极推动广州市首个林业碳普惠项目，探索生态产品的价值实现路径。通过正反案例教育，激发群众和林场干部职工保护生态环境的意识及行动自觉。

三是第三方核算明确碳减排量。2018年2月，梯面林场委托中国质量认证中心广州分中心，依据《广东省森林保护碳普惠方法学》，对其权属范围内1800多公顷生态公益林2011~2014年产生的林业碳普惠核证减排量进行了第三方核算，并重点核实了林场内森林生态系统碳汇量优于省平均值的情况。

四是交易显化生态产品价值。广东省每年将碳排放配额分配给纳入控制碳排放范围的企业，企业的实际碳排放量一旦超过配额，将面临处罚。经统计，共有10家机构和个人会员参加竞价，最终成交价格为17.06元/吨，溢价率超过40%，总成交金额22.72万元，成为广州市首个成功交易的林业碳普惠项目。2019年6月，该林业碳普惠核证减排量由广州市一家企业购得，并用于抵消其碳排放配额。

（三）主要成效

一是通过市场化手段盘活了自然资源资产。花都区梯面林场公益林碳普惠项目在不影响公益林正常管护的前提下，利用其资源基础开展碳普惠交易，依托碳排放权交易市场体系和碳普惠机制，采取市场化方式将其转换为经济效益，有效盘活了"沉睡"的自然资源资产，实现了森林生态系统的生态价值。

二是实现了"政府+市场"模式下的多方共赢。碳普惠项目是政府与市场双向发力、共同促进生态产品价值实现的典型模式。控排企业作为购买方，降低了减排成本，实现了预期的碳排放目标，彰显了企业社会责任和品牌价值。森林经营部门作为销售方，借助碳交易市场获得了一定收益，进而激发森林经营主体抚育公益林、保护自然、修复生态等方面的积极性。政府作为监管方和制度供给方，促进了林业资源的有效保护和质量提升，增强了生态产品的供给能力。

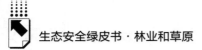

三是形成了良好示范效应。花都区梯面林场公益林碳普惠制项目的成功实施，开启了广东碳普惠项目交易的序幕。此后，广东省河源市国有桂山林场、广东省新丰江林场、韶关市始兴县、清远市英德市等地都依托自身丰富的森林资源，成功开展了碳普惠核证减排量交易。

四　重庆市森林覆盖率指标横向生态补偿机制

（一）基本情况

近年来，重庆市委、市政府全面贯彻习近平总书记对重庆提出的"两点"定位、"两地""两高"目标、发挥"三个作用"和营造良好政治生态的重要指示要求，牢固树立"绿水青山就是金山银山"理念，加快国土绿化，保障森林生态安全，推动城乡自然资本增值。重庆市以开展大规模国土绿化提升行动为契机，大力实施生态保护与修复，计划完成营造林1700万亩，到2022年全市森林覆盖率从45.4%提升到55%。为促使各区县切实履行职责，重庆市全国首创森林覆盖率横向生态补偿机制，将森林覆盖率作为约束性指标，对每个区县进行统一考核，明确各地政府的主体责任，对完成森林覆盖率目标确有困难的地区，允许其购买森林面积指标，用于本地区森林覆盖率目标值的计算。

（二）具体做法

一是明确任务，分类划标。重庆市将全市2022年森林覆盖率达到目标值作为每个区县的统一考核目标，促使各区县政府由被动完成植树造林任务，转变为主动加强国土绿化工作，切实履行提高森林覆盖率的主体责任。同时，根据全市的自然条件和主体功能定位，将38个区县到2022年底的森林覆盖率目标划分为三类：产粮大县或菜油主产区（不包括国家重点生态功能区）的9个区县森林覆盖率目标值不低于50%，既是产粮大县又是菜油主产区（不包括国家重点生态功能区）的6个区县目标值不低于45%，其余 23 个区县的目标值不低于 55%。

二是构建平台，自愿交易。构建基于森林覆盖率指标的交易平台，对达到森林覆盖率目标值确有实际困难的区县，允许其在重庆市域内向森林覆盖率已超过目标值的区县购买森林面积指标，计入本区县森林覆盖率；但出售方扣除出售的森林面积后，其森林覆盖率不得低于 60%。需购买森林面积指标的区县与拟出售森林面积指标的区县进行沟通，根据森林所在位置、质量、造林及管护成本等因素，协商确认森林面积指标价格，原则上不低于1000 元/亩；同时购买方还需要从购买之时起支付森林管护经费，原则上不低于 100 元/亩·年，管护年限原则上不少于 15 年，管护经费可以分年度或分 3~5 次集中支付。交易双方对购买指标的面积、位置、价格、管护及支付进度等达成一致后，在重庆市林业局见证下签订购买森林面积指标的协议。交易的森林面积指标仅用于各区县森林覆盖率目标值计算，不与林地、林木所有权等权利挂钩，也不与各级造林任务、资金补助挂钩。

三是定期监测，强化考核。协议履行后，由交易双方联合向重庆市林业局报送协议履行情况。市林业局负责牵头建立追踪监测制度，印发了《重庆市国土绿化提升行动营造林技术和管理指导意见》和检查验收、年度考核等制度规范，加强业务指导和监督检查，督促指导交易双方认真履行购买森林面积指标的协议，完成涉及交易双方的森林面积指标转移、森林覆盖率目标值确认等工作。

（三）主要成效

一是建立了生态产品的直接交易机制。政府通过设置森林覆盖率这一约束性指标和相应的管控措施，形成了森林覆盖率达标地区和不达标地区之间的交易需求，并建立了完整的市场交易循环、明晰了各方权责。二是打通了生态产品价值实现的渠道。例如 2019 年 3 月，位于重庆市主城区、绿化空间有限的江北区，为实现森林覆盖率55%的目标，与渝东南的国家级贫困县酉阳县签订了全国首个森林覆盖率交易协议，江北区向酉阳县购买 7.5 万亩森林面积指标，交易金额 1.875 亿元，按照 3：3：4 的比例分三年向酉阳县支付指标购买资金，专项用于酉阳县森林资源保护发展工作。三是优化了生态保护的长效机制。重庆市通过建立以森林覆盖率为管控目标的生态保护激励机制和补偿机制，让保护生态者不吃亏、能受益，推动了生态效益与经济效益的有机统一，实现了生态服务受益地区与重点生态功能区的双赢，激励各方更加主动地保护生态环境，提高生态产品供给能力，推动构建生态优先、绿色发展的生态保护长效机制。

五 安徽安庆市林长制智慧平台实现"林长治"

（一）背景概况

安徽省安庆市于 2017 年开始实施林长制改革。安庆市林长制智慧平台是林长制实施规划的重要内容，是林长制改革的基础支撑，是林长制管理的创新举措，对于落实属地责任、实现"林长治"目标发挥着重要作用。

（二）具体做法

一是数据汇集。平台以最新林地"一张图"为基础，汇集林地调查成果，数据做到每年更新。每个山头地块的信息都可点击查询。二是网格管理。按照林长制规划，安庆市划分了市、县、乡、村四级网格 3023 个，每个网格均有林长负责，并配有技术员、警员和护林员，层层包保，责任到人。三是任务落地。将 2018～2020 年"护绿、增绿、管绿、用绿和活绿"等"五绿"任务分解到具体地块、落实到最小网格，点击网格可以查看"五绿"任务及完成情况。四是业务协同。将巡护终端、业务终端和管理终端通过互联网统一接入平台，配备手机 App，手机 App 可以快速查询相关信息。平台开发了巡护子系统，巡护员在巡护中发现问题，通过手机 App 将图片、视频、文字信息上报到平台。林长和工作人员可以随时查看相应网格的目标任务信息，以及巡护员的巡护轨迹和上传事件，及时下达工作指令。五是及时监管。平台汇集多年卫星影像，通过比较即时影像和往年影像，可以准确监测并发现森林、湿地动态变化，快速判断地块变化是否正常，达到快捷预警的目的。六是绩效考评。林长制考核分为市考县、县考乡、乡考村三个层级。根据"五绿"目标任务完成及日常工作落实情况，按考核指标逐项打分，自动生成考核结果，为林长制量化考核提供准确依据。七是公众参与。设置林长制公示牌 1663 块，全部定位至平台。公示牌显示林长姓名、联系方式、责任范围、职责分工等信息，同时设置二维码。公众用手机扫描二维码，即可进入林长制公共监督平台。八是应用扩展。平台开发了造林抚育、林权管理、森林监管及林地变更等业务功能，实现数据互联互通，同时预留服务接口。

（三）主要成效

安庆市林长制智慧平台用活了全国森林资源管理"一张图"数据，通过互联网+信息共享与业务应用模式，架起了各级林长之间，林长与技术员、警员、护林员之间的信息通道，实现了多个年度遥感影像、各类资源调查数据、各种业务管理数据的融合贯通与开放共享，提供了在线分析、智能查询、精准统计服务，已经成为推动林长制改革的工作平台、强化林长制管理的调度平台、实施林长制考核的基础平台。

六　内蒙古库布齐立体治沙循环产业

（一）背景概况

库布齐沙漠是中国第七大沙漠，总面积约为 1.86 万平方公里，主体位于内蒙古鄂尔多斯市杭锦旗境内，生态环境极度脆弱，是内蒙古乃至全国沙漠化和水土流失较为严重的地区之一，也是京津冀地区三大风沙源之一。库布其的生态状况不仅关系本地区发展，也关系华北、西北乃至全国的生态安全。30 年前，库布其沙漠腹地寸草不生、荒无人烟，风蚀沙埋十分严重，恶劣的生态环境问题已成为地区经济发展的最大障碍。为改变困境，在杭锦旗党委、政府倾力支持下，亿利集团规模化、系统化、产业化治沙绿化，发展沙漠生态光伏、生态旅游和生态农牧业等沙漠生态产业，带动沙区农牧民创业就业、脱贫致富，逐步走出了一条"产业与扶贫""生态与生意"互促共赢的新路子[①]。

（二）具体做法和主要成效

一是林草治沙。开发本土化耐寒旱、耐盐碱种质资源，建立了乔、灌、草（甘草）相结合的立体生态治理体系，挖掘沙漠植物经济价值，适度开发甘草、苁蓉、有机果蔬等种植加工业，建立育苗基地、药材基地、加工基地，形成种植、加工、市场和工贸一体的完整产业链。建成120多万亩以甘草为主的中药材基地，医药年销售收入过百亿元。

二是工业治沙。利用粉煤灰等工业废渣，就地取用沙漠中的沙子，研发国际上技术领先的石油压裂支撑剂等产品。利用生物、生态技术，将工业废渣和农作物秸秆腐熟制造为土壤改良剂、复混肥、有机肥等。利用沙漠日照的光热资源，实施光伏发电项目，创新"板上发电、板间种草、板下养殖"的立体经济模式。利用光伏电池板遮风遮阴特点，促进植物的生长，为散养的羊和鸡提供庇护，禽畜的粪便提供了有机肥料，改良了土壤，使土地得到了修复。

三是旅游治沙。为农牧民建设新村，集中居住、集约生产，发展沙漠旅游业。依托大漠自然风光和沙漠绿洲，发展沙漠越野、沙漠探险、会议会展、农家乐、牧家乐等沙漠旅游，年接待游客超过20万人次。周边1303户农牧民发展起家庭旅馆、餐饮、民族手工业、沙漠越野等产业，户均年收入10万多元，人均超过3万元。

四是农牧民市场化参与。采取"公司+农户"的模式，赋予沙漠及周边地区的农牧民沙地业主、产业股东、旅游小老板、民工联队长、产业工人、生态工人、新式农牧民七种新身份，使他们成为库布齐沙漠绿化事业

---

① 奇钨乐：《库布其——两山理论实践西部样板》，《中国环境报》2019年1月11日。

最积极的参与者和最大的受益者。在沙漠治理中，当地农牧民主动参与企业沙漠治理和改造，先后组建 232 个治沙民工联队，5820 人成为生态建设工人，人均年收入达 3.6 万元。

五是持续创新治沙科技。在长期的生态建设实践中，不断推动技术借鉴、总结、改良、创新、推广等。探索创新了迎风坡造林、微创植树、甘草平移栽种、苦咸水治理与综合利用、光伏提水灌溉、原位土壤修复、大数据和无人机治沙等 100 多项沙漠生态技术成果。遵循"因地制宜、适地适树"的造林原则，提出"锁住四周、渗透腹部、以路划区、分块治理、科技支撑、产业拉动"的治沙方略和"路、电、水、信、网、绿"组合治沙方针，封育、飞播、人工造林"三措并举"，最终形成沙漠绿洲环境和生态小气候。数据显示，30 年的荒漠化治理使库布齐沙漠近 1/3 面积植被得到恢复，植被盖度由 2000 年之前的 26.54% 提高至 2018 年的 49.71%，沙尘天气比 20 年前减少 95%，生物种类增长 10 倍，年降雨量由治理前不足 70 毫米增长到 300 多毫米。

G.12
生态美百姓富诠释"两山"理论

刘佳欢[*]

一 浙江安吉县大力发展竹产业

（一）背景概况

浙江省安吉县是习近平总书记"绿水青山就是金山银山"理念的诞生地，全县竹林面积101.1万亩，竹产业产值153.1亿元，是中国著名竹乡。近年来，安吉县大力发展竹产业，取得了明显成效[①]。

（二）具体做法

一是推进竹林规模经营。出台了《关于完善我县毛竹林经营权流转的意见》，县财政每年安排600万元重点支持竹林经营权流转，建立以股份制合作社为主体，以家庭林场、合作林场、林业企业为补充的现代竹林经营体系。二是建成各类示范样板。推进竹子现代园区建设，建成示范园区21个，面积达20万亩，推广"一竹三笋"经营技术措施，建立大径竹材林10万亩、笋竹两用林10万亩、笋用高效林2.5万亩。推进"一亩山万元钱"行动，建立毛竹林下套种杨桐、中药材、菌菇、野菜等复合经营模式基地，面积达1.5万亩。启动竹林经营认证工作，建立可持续基地18个，面积达35万亩。三是打

---

* 刘佳欢，国家林业和草原局发展研究中心助理工程师，研究方向为国家公园和自然保护地政策。

① 张健：《做大产业　做优品牌　争当"两山"转化的排头兵》，《浙江林业》2020年第9期。

造产销服务体系。联合6家农林业合作社和1家林业龙头企业，吸纳317个社员，组建成立安吉"两山"农林合作社联合社，有效解决经营者融资及产品销售难题，实现从山头到市场无缝对接，2019年，销售冬笋5万斤，"两山"品牌的冬笋最高售价60元/斤。推动订单林业建设，帮助经营者与天赐农业、盒马生鲜、杭州世纪联华等建立安吉冬笋、竹荪等产品销售链，推进耕盛堂、老奶奶等笋企与股份制合作社签署春笋销售订单。

（三）主要成效

一是科技兴竹，集聚资源优势。安吉县毛竹林面积87.6万亩，立竹量1.8亿株，年采伐量达到3000万株。参与竹类资源科研取得成果近百项，已建成毛竹现代园区21个，面积20余万亩，修建竹林区作业道路2080公里。二是竹业制造，撑起百亿经济。安吉县竹加工企业数量达921家，年加工消耗竹材1.8亿株，竹子原材料85%以上来自外县、外省。拥有国家林业重点龙头企业2家、省级林业重点龙头企业20多家、注册商标200余项、专利1000余项。成立省级企业研究院或研发中心5家。安吉孝丰竹业科技园被国家林业和草原局授予"国家安吉竹产业示范园区"称号。三是绿色发展，引领产业融合。安吉县以竹为特色的景区景点达28家，"竹林+体验""竹林+康养""竹加工+旅游""竹文化创意+旅游"等新业态不断出现，共同构筑起安吉美丽乡村建设最亮丽的风景线。

二　江西油茶产业保障粮油安全

（一）背景概况

油茶是江西省山区最具特色的木本食用油料树种，栽培历史长、分布区域广、经营面积大、经济效益好、收益期限长。江西作为油茶主产区，长期以来非常重视油茶产业的发展，特别是近年来江西省认真贯彻落实习近平总书记重要指示精神，将油茶作为促进林农脱贫致富和乡村振兴发展的重要产业抓紧抓实，在政策扶持、科技支撑、创新模式等方面做了一些工作，取得了一些成效，使油茶产业成为江西省打通"绿水青山"与"金山银山"双向转换通道的重要载体①。

（二）具体做法

一是强化政策扶持，汇聚产业发展合力。2020 年江西省政府成立了由副省长担任组长的省油茶产业高质量发展工作领导小组，省林业局也成立了油茶产业高质量发展领导小组，设立了油茶办。从 2010 年到 2017 年，江西省政府相继出台《关于加快油茶产业发展的意见》等一系列政策文件，明确了油茶产业发展目标和支持保障措施。增加省财政设立的油茶产业发展专项资金。从 2020 年开始，提高了油茶林新造、改造补助标准。在金融支持方面，设立了"金穗油茶贷""林农快贷""网商贷"等金融产品，为种植经营油茶的林农、林企提供了更加简单便捷的融资渠道。

二是强化科技支撑，增强产业发展动力。狠抓种质质量，优中选优，筛选出 15 个油茶良种，向社会推荐了 14 家油茶良种专用采穗圃。加强科技推广。每年都安排专项经费开展油茶科技服务活动，通过中央财政林业科技推广项目，一批先进适用的技术成果在生产中得到应用和推广，转化为现实生产力。搭建技术平台。支持省林科院建立了国家林草局经济林产品检验检测中心（南昌）和江西省油茶产业综合开发工程研究中心。

三是强化创新引领，激活产业内生动力。在原有以家庭为单位分散经营的基础上，探索出了"五统一分""公司+基地+农户""国有林场+农户"等多种形式的油茶产业发展模式。积极鼓励引导企业和农户发展油茶林下经济，综合利用林地资源套种中药材、食用菌等适生植物，在成熟油茶林鼓励发展林下养殖和休闲康养，以短养长。2019 年江西省林业产业联合会向国

---

① 徐向荣、金晓鹏、万发令：《多措并举，高位推动江西省油茶产业迈入高质量发展阶段》，《中国林业产业》2021 年第 4 期。

家商标局申报了"江西山茶油"集体商标，申请了江西山茶油 logo 版权登记，并组织推荐 5 款山茶油产品参加 2019 年度国际风味品质评鉴，获得二星风味绝佳奖章。

（三）主要成效

一是产业规模不断壮大。截至 2019 年底，全省油茶林总面积已达到 1562 万亩，其中高产油茶林面积为 562 万亩，年产油茶 19.8 万吨，年产值达 320.9 亿元，油茶林面积、产量、产值均居全国第二位。全省已有 12 家油茶企业被认定为国家林业重点龙头企业，"得尔乐"等 5 个商标荣获"中国驰名商标"称号，"赣南茶油"已被批准为国家地理标志产品和证明商标，"宜春油茶""袁州茶油""永丰茶油""瑞金茶油""遂川茶油"被批准为"中国地理标志"证明商标。二是扶贫效应不断凸显。通过多年实践探索，江西省油茶产业发展主要形成了"五统一分""公司+基地+贫困户""国营林场+贫困户"等几种精准扶贫经营模式，全省油茶产业带动贫困人口 37.5 万人，扶贫带动面积 73.7 万亩，覆盖贫困村 1646 个，户均增收 2071 元，油茶成为名副其实的"脱贫树""致富树"。三是"两山"转化初见成效。在政策扶持、高位推动等多重利好作用下，江西省已形成推进油茶产业高质量发展的良好氛围，林农种植油茶积极性高涨，每年种植油茶面积 30 万亩以上，科学经营、生态化种植理念逐步深入人心，油茶树的生态效益、经济效益和社会效益得到了充分体现，发展油茶产业实现"两山"转化初见成效。

三 河南南召国储林带动产业多元化

（一）背景概况

南召县位于河南省西南部、伏牛山南麓、南阳盆地北缘，总面积 2946 平方公里，辖 16 个乡镇 340 个行政村，总人口 64 万人。全县林业用地 347.9 万亩，森林覆盖率 66.7%，是中国辛夷之乡、中国玉兰之乡、国家扶贫开发重点县。近年来，南召县围绕"五年增绿山川平原，十年建成森林河南"的奋斗目标，创新规划设计，创新运营机制，创新发展模式，创新管理体系，走出了一条符合南召县情的国储林建设融合发展之路。

（二）具体做法

一是创新规划设计，坚持城乡统筹之路。在谋划国储林项目时，充分考虑南召实际，经过深入调研论证，将县城与乡镇同步规划，将国储林建设与国土绿化、城镇建设、产业培育统筹推进，走统筹协调发展之路。围绕30万亩国储林建设任务，立足县城建设、库区生态建设及旅游产业发展，制定了"一城两区一廊"的总体规划布局。二是创新运营机制，坚持国有运营之路。为提高施工效率，保证工程质量，保障群众利益，有效防范贷款风险，南召县经过多方论证，坚持走国有运营之路，让国储林项目在国有公司控制下封闭运营，全力全速推进。明确县林业局为项目主管单位，负责项目总体规划、实施方案编制、项目检查验收和日常监管。项目施工前，森源公司负责流转土地（取得30年土地经营权），之后将土地经营权流转到金森公司，金森公司按照要求组织项目作业设计、评审、招投标等。根据南阳市国储林项目建设"地权国有、林权国有"的要求，为保证项目后期还款，在林权控制方面狠下功夫。三是创新管理体系，坚持智慧管理之路。成立以县长为组长的国储林工程建设领导小组，负责国储林项目建设。高标准规划建设国储林工程信息中心和培训中心，推进国储林管理信息化建设。成立南召县国储林工程管理中心，制定国储林项目监管实施办法，定期对金森公司、森源公司的招投标程序和施工运营情况进行检查督导。

（三）主要成效

一是林苗景一体化发展模式初步形成。全县以玉兰为主的苗木种植面积达38万亩，打造出玉兰生态观光园和玉兰国际花木城2处苗木观光景点，带动贫困群众9000多人，年户均增收1万元以上。二是林果药一体化发展模式不断成熟。全县中药材种植面积达52万亩，带动3000余户贫困户，户年均增收 4000 元以上；全县林果基地达 14 万亩，带动 1800 余户贫困户，户年均增收 8000 元左右。三是林蚕菌一体化发展模式深入推广。全县共种植食用菌 3000 万袋，其中带动 2000 余户贫困户种植 600 万袋左右，户均增收 11000 余元。放养蚕籽 1640 斤，产茧量达 40 万斤，带动 600 余户 1900 多名贫困群众稳定增收。四是林养游一体化发展模式。全县已建成国家级自然保护区 1 个、省级森林公园 2 个、乡村旅游示范园区和乡村旅游示范点 25 个，带动 1200 余户 3200 余名贫困群众稳定增收。

四 湖北房县林下仿生培育天然中药材

（一）背景概况

近年来，湖北房县 40% 以上农户均发展有不同程度的林下经济，特别是房县利用广阔的山林资源和丰富而独特的中药材资源，发展林下中药材栽植，开发生物医药产业，致力打造"神农药谷"。房县的林下经济和中药材产业带来了前所未有的发展，实现了"绿水青山就是金山银山"。

（二）具体做法

一是加强组织领导。县委、县政府把林下经济发展列入重要议事日程，成立林果产业领导小组和中药材产业领导小组，出台相关扶持政策，完善各项工作措施。二是加大扶持力度。为确保林下经济快速发展，县委、县政府整合林业、农业综合开发、农业农村经济结构调整、畜牧养殖、扶贫开发、科技推广等项目资金，按照性质不变、渠道多样、捆绑使用的原则，大力扶持林下经济发展。三是培植龙头企业。按照"扶优、扶大、扶强"的原则，培育壮大一批起点高、规模大、带动力强的龙头企业，已培植湖北神农本草中药饮片公司、武当金鼎制药、陵州药业等中药材加工企业，引进葵花药业集团在房县设立控股子公司。四是打响知名品牌。实施"品牌强县"战略，着力培育"房陵牌丹参""房陵牌苍术""房陵牌桔梗""房陵牌柴胡"等品牌，引导农民推行标准化生产，努力争创知名以上商标品牌。全方位提高房县林下产品的知名度，增强房县中药材产品的市场竞争力。

（三）主要成效

近年来，房县牢固树立和自觉践行"绿水青山就是金山银山"理念，着力把湖北省第一林业大县的资源优势转化为发展优势，牢守生态红线，加快生态修复治理，筑牢全县生态屏障，合理调整长效基地和速效产业结构，长短结合、以短养长，全县林业产业质效不断优化。截至 2019 年，全县森林覆盖率达 78.52%，森林蓄积量达 3051 万立方米，林业产值达 26.8 亿元。全县中药材种植面积达 30 万亩，其中，林下种植 18 万亩，500 亩以上规模基地 20 个。建设县、乡两级示范园 53 个，培育中药材专业合作社 40 个，辐射带动全县 3.5 万户农民发展中药材，人均增收 1500 余元。

五　宁夏西吉县乡村生态旅游新思路

（一）背景概况

坐落在六盘山脚下的西吉县龙王坝村 2013 年以前是一个贫困的小山村，距离县城 8 公里，北接 309 国道，南连西三公路，交通便利。通过发展乡村生态旅游，龙王坝在 2014 年至 2018 年分别被确定为中国最美休闲乡村、全国生态文化村、全国科普惠农兴村先进单位、中国乡村旅游创客示范基地、中国第四批美丽宜居乡村、中国美丽乡村百佳范例、全国新型职业农民培育示范基地、中组部和农业农村部全国农村实用人才培训基地。2013 年以来，在合作社示范带动下，龙王坝村以"生态休闲立村、休闲旅游活村"为思路，以"农村变景区、农房变客房、农民变导游、产品变礼品"为抓手，以带领乡亲们脱贫致富为根本目的，依托本村丰富的自然景观资源，大力发展乡村休闲旅游，推进旅游扶贫，形成了自己的特色与亮点——合作社带户实现精准脱贫。

（二）具体做法

一是合作社帮建 1 座日光温棚发展休闲采摘。创新推行"农户土地+政府补助+合作社兜底"的农村 PPP 扶贫帮扶模式，农户投入 2.8 万元（户均 1 亩地作价 3000 元入股，政府补贴合作社建温棚的 2.5 万元也作为农户的股份），合作社投入 6.2 万元建设 1 座日光温棚，种植草莓等果蔬，发展休闲采摘，为游客提供绿色产品。每座大棚按 2500 元/年标准出租，农户每亩每年保底收入 800 多元，这样可以把 50 元的山坡地增值为 800 元，比当地水浇地高出 300 元。二是合作社流转土地，发展景观农业。利用林下空闲地和陡坡地，户均种植 2 亩油用牡丹，套种万寿菊，油用牡丹亩产 200 公斤牡丹籽，按照市场最低价 40 元/公斤计算，年创收可达 1.6 万元，这样既发展了大地景观农业又提高了土地产出效益。三是发展民宿乡村旅游。依托休闲观光旅游资源优势，推进"乡村休闲观光旅游+餐饮+住宿"一条龙经营模式，采取"政府危房改造补贴+农户筹资"的方式改造 3 间客房，大力发展休闲民宿，提升接待能力和水平，户均年旅游收入达 1.5 万多元。

（三）主要成效

龙王坝村以脱贫攻坚为统领，以增加农民收入为核心，依托本村丰富的自然景观资源，以"合作社+农户+基地+市场"为发展模式，按照"穷人跟着能人走、能人跟着产业走、产业跟着市场走、市场跟着科技走"的路径建立合作社，实现精准脱贫利益联结机制，走一二三产业融合发展的路子，创新发展乡村旅游脱贫模式。

一是居民生活水平明显改善。龙王坝村在西吉县心雨林下产业专业合作社以及农牧等部门的大力扶持下，整合 9000 万元资金建成了百亩梯田高山观光温室果蔬园、千亩油用牡丹基地、万羽生态鸡基地、农家餐饮中心、文化小广场、民宿一条街、滑雪场、窑洞宾馆、山毛桃生态观光园等，形成了传统三合院、多种风格特色民居并存的美丽乡村风貌。二是社会效益充分彰显。龙王坝村的发展可以提高村民的市场意识和自我发展能力，全村产业结

构更加科学合理；群众的经济、文化和生活水平显著提高，有助于密切干群
关系，保持农村长期稳定。同时农户参与农村各类合作组织举办的学习与生
产活动，组织意识增强，促进了社会稳定、农村和谐和文明发展，推动了扶
贫开发进程。三是生态环境持续好转。2015年，龙王坝村被中国生态文化
协会评为"全国生态文化村"。近年来，龙王坝村持续深耕生态文化村这块
招牌，加大力量开展山林绿化、水土保持、植被覆盖等一系列行动，秉持
"绿水青山就是金山银山"理念，在开展经济建设的同时，没有付出污染环
境、浪费生态资源的代价，充分保护了现有植被和水土面积，合理地根据现
有的自然条件，营造适宜的文化景观。

六 贵州织金退耕还林生态扶贫

（一）背景概况

织金县位于贵州省中部偏西、毕节市东南部，地处乌江上游六冲河与三
岔河交汇的三角地带，素有"溶洞王国、西南煤海、中国竹荪之乡、宝桢
故里"之称。2002年以来，全县共实施完成退耕还林任务71.65万亩，其
中上一轮退耕还林38.51万亩（耕地造林12.61万亩，配套荒山造林21万
亩，封山育林4.9万亩），新一轮退耕还林33.14万亩（耕地造林32.14万
亩，配套荒山1万亩），涉及119155户，其中建档立卡贫困户55056户。

（二）具体做法

一是强化工作保障。县与乡镇（街道）签订退耕还林责任状，将建
设任务纳入目标考核范畴，作为领导干部提拔任用的重要依据。县林业
局制定了"领导包乡镇（街道）、技术员蹲点"的退耕还林还草督促指
导责任制，明确由副科级领导任组长、股室抽调专业技术人员蹲点督促
指导退耕还林工作，县林业局和各乡镇（街道）林业环保站技术人员全
过程进行跟踪指导把关。实行"一旬一调度、一月一通报、一季一考核、

"一年一总结",各乡镇(街道)督促经营主体组织做好苗木的栽植,栽足苗木、栽够面积,杜绝作数字文章、弄虚作假、欺上瞒下的不正之风。县督办督查局、县实绩考核办不定时督查督办考核,对推进不力、进展缓慢的通报批评,采取约谈、预警、召回等形式进行问责,并责令限期完成任务,保质保量按期完成建设任务。

二是建立"四个机制",增强发展动力。制定退耕还林任务、资金、责任、考核"四到乡"制度,明确乡镇(街道)的主体责任,由乡镇(街道)组织实施造林。在每个退耕还林村设立管理责任牌,对退耕还林实行挂牌管理,加强退耕还林后续管理管护;积极探索"资源变资产、资金变股金、农民变股民"的"三变"模式,在保证补助资金全部兑现给退耕农户的前提下,鼓励和支持企业、合作社、种植大户流转农户土地,先行垫资造林,验收合格后,兑现补助政策;按照"政府限价、乡镇组织、就近育苗、定向供应"的原则,建立以乡镇自行育苗为主、国有林场保障育苗为辅的苗木供应机制。

三是强化规划引领。把新一轮退耕还林与习近平总书记提出的精准扶贫"五个一批"中的生态脱贫有机衔接起来,如马场镇营上、龙井、中心等凹河一线退耕还林,实现了生态美、百姓富的有机统一,成为赏花品果的乡村旅游胜地。将退耕还林优先布局在重要交通沿线、城镇园区周边、景区景点周围和重要水源地四个重点区域,改善重点区域生态环境,提升景观质量。通过退耕还林,大力发展特色经济林、林下经济等林业产业,业态不断丰富,产值稳步增加,切实推进农业产业结构调整,为振兴乡村夯实基础。

(三)主要成效

一是生态环境明显改善。自 2002 年实施退耕还林工程以来,织金生态建设步伐明显加快,森林资源持续增长。实施退耕还林后,全县森林覆盖率由 2002 年的 38.3%上升到 2019 年的 63.02%。目前织金县获评国家级森林乡村 4 个、省级森林乡镇 4 个、省级森林乡村 21 个、省级森林人家

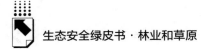

67 户，这些成绩的取得都与退耕还林工程在织金实施分不开。

二是经济效益突出。政策补助直接增加了农民收入，退耕农民人均享受政策补助 2975 元，退耕还林政策补助成为退耕农户稳定的收入来源。同时，退耕还林工程改善了生态环境，引导农民转型发展，解放了农村劳动力，推进了第二、第三产业的发展和农民增收致富，真正实现了"退得下、还得上、能致富、不反弹"。如马场镇营上、龙井、中心村充分利用海拔低、土地肥沃的地理优势，迅速扩大"早春第一果"玛瑙红樱桃的栽培，从当初的 50 亩发展到 2000 亩，并辐射带动周边村形成了 16000 余亩的马场镇凹河玛瑙红樱桃产业带，目前 5000 亩达到盛产期，年产值达到 4000 余万元，户均增收 2 万元以上，促进退耕群众增收致富。

三是社会效益凸显。退耕还林工程有力推动了织金农村产业结构的调整。种植业已由广种薄收向精耕细作转变，产量提高；设施农业、优质高效农业发展迅速，收益提升；养殖业比重不断提高，收入增加；专业合作社、生产经营大户、农副产品加工营销等生产经营组织不断涌现，活跃了农村经济，有力助推了织金县于 2019 年顺利脱贫摘帽。退耕还林工程因此被誉为"德政工程"、"民心工程"和"扶贫工程"。

参考文献

刘凤庭：《牢记总书记嘱托　弘扬塞罕坝精神　奋力开创全省林业草原高质量发展新局面——在学习贯彻习近平总书记重要讲话精神座谈会上的发言》，《河北林业》2021 年第 9 期。

刘金龙、张沛：《山西省右玉县的生态建设及其启示》，《山西农业大学学报（社会科学版）》2021 年 1 月 15 日。

国家林业和草原局改革发展司：《绿水青山就是金山银山典型实践 100 例》，中国林业出版社，2020。

《南平市深入推进"森林生态银行"助推"两山"转化》，《福建林业》2020 年第 4 期。

奇钧乐：《库布其——两山理论实践西部样板》，《中国环境报》2019 年 1 月 11 日。

刘浩、余琦殷：《我国森林生态产品价值实现：路径思考》，《世界林业研究》2022

年第 3 期。

张健:《做大产业 做优品牌 争当"两山"转化的排头兵》,《浙江林业》2020 年第 9 期。

徐向荣、金晓鹏、万发令:《多措并举,高位推动江西省油茶产业迈入高质量发展阶段》,《中国林业产业》2021 年第 4 期。

G.13
后　记

　　《中国林业和草原生态安全评价报告（2022～2023）》编写完成并出版，有几句话以为记。

　　林草生态安全指数是一项全新的研究，其思想渊源可以追溯到20世纪90年代末期。当时的林业部提出了我国林业建立发达的产业体系和完备的生态体系的总方针。后来不久，国家林业局经济发展研究中心立项开展了"建立完备林业生态体系的研究"。国家林业局领导在全国林业系统厅局长会议的工作报告中，首次提出了"林业生态综合指数"，并对其进行了简约的计算。2013年，国家林业局发展计划与资金管理司、经济发展研究中心共同组织了北京林业大学、中国农业大学等研究力量，全面系统地开展了"林业生态安全指数"的研究。历时十年，较为稳定的研究队伍前后有百余人参加，专家咨询和论证约两百人次，地方林业局、科技工作人员等参与调研和数据相关工作近千人次。本研究得到了省、市、县各级林业主管部门和林业科研单位的大力支持，特别是云南、浙江、吉林、湖北、青海、贵州、四川、江西、江苏、重庆等省市在项目研究的各个阶段都做出了贡献。

　　时任国家林业局发展计划与资金管理司领导的王前进、陆诗雷，国家林业局经济发展研究中心的王焕良、王月华，对这项研究做出了积极的努力。王前进较早提出了"林业生态安全指数"问题，2014年开始，指导了"林业生态安全指数和生态承载力项目"的研究工作，制定了项目一建平台、三次实验、全国推广"三步走"的研究方案，把项目研究的出发点和归宿点定位在"努力探索建立国家林业生态安全评价制度和指标体系"，并提出了出版绿皮书的建议。王焕良最早最完整地提出了"林业生态安全"概念，给研究工作提供了新的视角，为项目贡献了创新性学术思想。陆诗雷、王月华则一直跟进并参与项目的领导、组织、协调和研究工作，确保了研究工作的顺利进行。各位领导、专家提出的"林业生态安全"与"林业生态安全指数"等新概念，指明了项目研究方向，规划了项目研究框架，奠定了各个时期研究的基础。可以说，对于项目各阶段成果，对于本书的完成和出版，上述几任领导、专家起了主要作用。

随着研究的深入和推进，林业生态安全指数及其指标体系又扩充了湿地、荒漠、草原和雪域等内容，并在长江流域、黄河流域、青藏高原、粤港澳大湾区做了实证研究。以上研究工作得到了时任国家林业局经济发展研究中心领导戴广翠、李金华、王永海、李冰等的大力支持和指导，他们对本书的出版发挥了重要作用。

2022 年 6 月，在国家林业和草原局发展研究中心袁继明主任的大力支持下，在菅宁红副书记、吴柏海副主任的直接指导下，由发展研究中心生态安全研究室牵头，组建了由北京林业大学张大红教授领衔，发展研究中心、北京林业大学、中国农业大学、青岛农业大学等单位研究人员、教师、研究生共同组成的编写组，开始起草本书。历时一年多，编写组共组织召开了10 余次大小会议，其中线下集中封闭讨论会 3 次，克服新冠疫情等各种困难，完成了各阶段研究成果的收集、分类、梳理、归纳，指标体系和计算方法的完善，数据的更新和补充，大纲的制定，各章节的撰写，全书的汇总润色等编撰工作，终于完成并出版。感谢编写组每位成员的辛勤付出。

本书只是项目的基础成果，对于林草生态安全研究和制度建立而言，只是一个开端，还需要在此基础上进一步做好几个方面的工作。一是在林草生态安全论证方法和计算平台上，不断充实和完善；二是继续推动林草生态安全评价的制度建设，包括生态安全评价分析、发布与奖惩制度；三是尽快建立相关行业标准和国家标准，补充相关统计指标，进入相关年鉴，以便在全国范围内实际应用和推广。我们将继续努力，不断开拓创新。敬请广大读者提供宝贵意见。

编著者

2023 年 10 月

Abstract

When ecology prospers, civilization prospers, while when ecology deteriorates, civilization declines. Throughout the history of world development, protecting the ecological environment means protecting productive forces, and improving the ecological environment means developing productive forces. Ecological security is an essential part of safeguarding national security, a basic condition for the survival and development of mankind. Ecological issues are not only related to the daily life and health of the people, but also directly related to the economic development and long-term stability of the country, the rise and fall of the country and the survival of the nation.

President Xi Jinping emphasizes that forests and grasslands play a fundamental and strategic role in national ecological security; forests are reservoirs, money stores, grain stores and carbon stores; national parks are the most important areas in China's natural ecosystem, the most unique natural landscape, the most essential natural heritage, and the most abundant biodiversity. They are an important symbol of beautiful China and play a leading role in safeguarding national ecological security. Ensuring the ecological security of forest and grass is of important strategic significance, plays a basic and strategic role in ecological security, plays a decisive role in protecting biodiversity, plays a special role in addressing climate change, and plays a supporting role in regional development strategies. The "4+1+1" system of ecological security in the field of forest and grassland, including four ecosystems of forest, grassland, wetland and desert, biodiversity of wild animals and plants, and natural protected areas with national parks as the main body, is the research scope of this book.

The general report of this book expounds the overall concept of national security and the connotation of national ecological security, systematically explains the strategic significance of ensuring the ecological security of forests and grass, summarizes the practice and exploration of ensuring national ecological security since the 18th National Congress of the Communist Party of China, and puts forward countermeasures and suggestions, so as to make greater contributions to promoting the realization of the harmonious coexistence of man and nature in Chinese modernization.

The Method reports expound the theories related to ecological security, including the connotation of ecological security, the basic theory of ecological security, the basic framework of ecological security evaluation, and the main methods of ecological security evaluation. Based on the state-pressure framework model, the ecological security index system was established with forest, grassland, wetland, desert and snowy areas as the main index and type index, spatio-temporal index and analytic index as the auxiliary index. The index weight was determined by double weight method, the index was normalized by range method, the ecological security index was constructed by comprehensive index method, and the ecological security index was divided into five levels. In addition, a technical support platform for ecological security assessment was designed and developed, including data module, calculation module and expression module, to achieve unified collection of basic ecological security data, and complete the weight calculation of expert consultation method, entropy weight method and double weight method as well as the calculation of ecological security index for the data of the national district and county level. The main factors affecting the pattern of ecological security in a certain region are analyzed, and the evaluation results are visualized by external interaction function.

The regional reports took the Yangtze River Basin, the Yellow River Basin, the Qinghai-Tibet Plateau and the Guangdong-Hong Kong-Macao Greater Bay Area as the research areas to carry out ecological security assessment respectively. The results show that forest ecology of Yangtze River Basin is in a relatively safe state, grassland ecology and wetland ecology are in a critical state, and desert ecology is in a relatively safe state. It is proposed that the Yangtze River Basin as a whole should be mainly protected without great development, the upstream, midstream and downstream should give priority to prevention, restoration and governance respectively. In the Yellow River Basin, the ecological status of upstream was less safe, the status of midstream and downstream were between less safe and safe. The ecological security of forests and grasslands were critical security, that of wetlands was less safe, and that of deserts was more safe state. It is proposed that the upstream, midstream and downstream of the Yellow River Basin should focus on governance to improve the water conservation, on protection to enhance soil and water conservation, and on risk prevention to improve water and sediment control. In Qinghai-Tibet Plateau, the establishment of an immune mechanism of ecosystem should be valued. It is necessary to strengthen the comprehensive protection and scientific management of the forests, grasslands, wetlands, glaciers and deserts. The participation of the government, enterprises, and the public should be more active. Meanwhile, building a complete, dynamic, and scientific data platform of the ecological security should be heeded. Taking 9 inland cities in Guangdong-Hong Kong-Macao Greater Bay Area as the research object, the assessment index system and model of urban ecological environment and economic development were established. The coupling degree model was used to quantitatively analyze the spatio-temporal evolution of the coupling relationship between the two systems from 2010 to 2018. The results show that the coupling degree and coupling coordination degree between ecological environment and economic development in the nine cities are relatively different, and the relationship between economic development and ecological environmental protection is a key issue that needs to be paid attention to in the future development of the Guangdong-Hong Kong-Macao Greater Bay Area.

The case report summarizes 24 typical cases with innovative value, local characteristics, high public recognition and strong demonstration effect from four aspects: ecological protection and restoration to secure the ecological foundation, establishing national parks to promote beautiful China, continuously deepening reform to enable green development, realizing beautiful environment and people's well-being basic on elaboration of the "Two Mountains" theory. It vividly demonstrates the wisdom and contribution of forestry and grassland fields to safeguarding national ecological security.

Keywords: Ecological Security; Forestry and Grassland; Index System and Method, Yangtze River Basin; Yellow River Basin; Qinghai-Tibet Plateau; Guangdong-Hong Kong-Macao Greater Bay Area

Contents

I General Report

Abstract: Ecological security is an essential part of safeguarding national security, a basic condition for the survival and development of mankind, a solid foundation for a prosperous country and a peaceful people, an important guarantee for sustainable economic and social development. President Xi Jinping emphasizes that when forests and grasses flourish, ecology prospers, and when ecology prospers, civilization prospers, forests and grasslands play a fundamental and strategic role in national ecological security, forests are reservoirs, money stores, grain stores and carbon stores. This paper systematically explains the overall concept of national security and the connotation of national ecological security, expounds the strategic significance of ensuring the ecological security of forest and grass, summarizes the practice and exploration of maintaining national ecological security since the 18th National Congress of the Communist Party of China. Finally, countermeasures and suggestions are put forward from five aspects: enhancing the diversity, stability and sustainability of the ecosystem, strengthening legislation and supervision, strengthening scientific and technological support, raising the awareness of the whole society, and carrying out international exchanges and cooperation, so as to realize the Chinese modernization featuring harmonious coexistence between man and nature.

Keywords: Overall Concept of National Security; Ecological Security; Forestry and Grassland; National Park; Wild Animals and Plants

II   Method Reports

G.2   Concept and Theory of Ecological Security

Ju Liyu, Lin Jin, Tan Xiaoming and Li Yan / 025

Abstract: In order to study ecological security issues, this study elaborates on the relevant theories of ecological security. Firstly, clarify the connotation of ecological security, which mainly includes the self-regulation and maintenance of natural ecosystems, as well as the coordination and stability of the relationship between the socio-economic system and the natural ecosystem. Secondly, an overview of ecological security theory is provided, including sustainable development theory, ecological carrying capacity theory, ecosystem service theory, coordinated development theory of ecological economy and society, system security theory, holism and system theory. Reorganize the basic principles of ecological security, mainly including three basic analytical frameworks: a model framework based on pressure state response (PSR) and its extended modifications, a framework based on the theory of social economic natural composite ecosystems (SENCE), and a model framework based on the connotation of ecological security and specific evaluation object characteristics. Finally, summarize the theoretical basis of ecological security evaluation, which includes subjective method, objective method, and a combination of subjective and objective methods. Provide a theoretical basis for the evaluation of ecological security in the Yangtze River Basin, Yellow River Basin, Qinghai Tibet Plateau, and Greater Bay Area.

Keywords: Ecological Security; Basic Theory; Basic Principles

G . 3   Ecological Security Evaluation Indicator System and Method

Ma Longbo, Mi Feng, Fan Jixiang, Wang Jinlong and Li Yayun / 042

Abstract: In order to evaluate the ecological security of the Yangtze River Basin, the Yellow River Basin, the Qinghai-Tibet Plateau and the Guangdong-Hong Kong-Macao Greater Bay Area, this paper constructed an ecological security indicator system based on the state-pressure framework model, with the five ecological ecosystem indicator systems of forests, grasslands, wetlands, deserts, and snowy areas as the main indicators, and with the type, spatial-temporal, and analytical indicators as the auxiliary indicators. The dual-weight method was used to determine the weights of the indicators, and the polar deviation method was used for the normalization of the indicators to construct the ecological security index by the composite index method, and to be divided into five levels. Ecological security evaluation indicator system and methods can effectively support ecological security state evaluation, ecological security work effectiveness evaluation, accountability and reward.

Keywords: Ecological Security Index; Ecosystems;

G . 4   Technology Support Platform of Ecological Security Evaluation

Wang Longhe, Li Lin, Zheng Haining and Peng Fan / 065

Abstract: The technology support Platform of ecological security evaluation includes three parts: Data Module, Calculation Module, and Expression Module. Data Module: completes the collection of ecological security basic data, ensures that the data collection work meets the principles of authenticity, integrity, timeliness, and uniformity from the work system and data collection process, and provides reliable data support for subsequent research. Calculation Module: Based on the mathematical function library of C # language, the specific implementation of expert consultation method, entropy weight method, and double weight method for national district and county level data, as well as the calculation requirements of different calculation models for the ecological security index ESI, are completed. Analyzing the ecological security disadvantage indicators, ecological work status, and growth potential of a certain region, which is the core of the technical implementation of ecological security evaluation. Expression Module: Collects, stores, manages, calculates, analyzes, displays, and describes geographic distribution data in the regional space. This module can intuitively present the ecological security situation of a region on the principles of practicality, standardization, progressiveness and dynamics, using the location information set by GIS. Finally, realize the visualization and external interaction of ecological security assessment results.

Keywords: C#; GIS; MVC; Database Design

III Regional Reports

G.5 Evaluation Report on the Ecological Security of the

Yangtze River Basin

Li Jie, Yang Binyu, Tang Xu, Wu Weihong and Yang Ling / 089

Abstract: Taking 11 provinces of the Yangtze River Basin as the research scope and the forest, grassland, wetland and desert ecosystems as the research objects, the ecological security of the Yangtze River basin was evaluated with the indicator system based on the state-pressure framework model, the weights determined by dual weight method, standardization using the range method, and the ecological security index calculated by comprehensive method. The results showed that the ecological status of forests in the Yangtze River Basin was in a safer state (0.637), the ecological status of grasslands (0.450) and wetlands (0.422) were in a critical safe state, and the status of deserts (0.682) was in a safer state. Based on this, it is proposed that the Yangtze River Basin as a whole should be mainly protected without great development, the upstream, midstream and downstream should give priority to prevention, restoration and governance respectively.

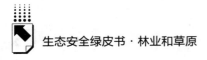

Keywords: Yangtze River Basin; Ecological Security Index; Ecosystems

G.6 Evaluation Report on the Ecological Security of the Yellow River Basin

Jiang Wenbin, Liu Hao, Zhao Guangshuai, Bao Wulantuoya, Feng Yan and Zhang Huijie / 116

Abstract: Taking 9 provinces (regions) of the Yellow River Basin as the study area and forest, grassland, wetland and desert ecosystems as the study objects, the ecological security of the Yellow River basin was evaluated with the indicator system based on the state-pressure framework model, the weights determined by dual weight method, standardization using the range method, and the ecological security index calculated by comprehensive method. The results showed that the ecological status of upstream was less safe, the status of midstream and downstream were between less safe and safe. The ecological security of forests and grasslands were critical security, that of wetlands was less safe, and that of deserts was more safe state. Based on this, it is proposed that the upstream, midstream and downstream should focus on governance to improve the water conservation, on protection to enhance soil and water conservation, and on risk prevention to improve water and sediment control.

Keywords: Yellow River Basin; Ecological Security Index; Ecosystems

G.7 Evaluation Report on the Ecological Security in Qinghai-Tibet Plateau

Jiang Xuemei, Ma Lin, Yang Jinlin, Yang Zhen and Jin Dian / 139

Abstract: Currently, the ecological problems in Qinghai-Tibet Plateau can be summarized as follows: the vulnerability and sensitivity of itself, degradation of forests and grassland, shrink of wetlands and glaciers, sandification and freeze-thaw erosion, and the threatened diversity. Taking Qinghai-Tibet Plateau as the study area, the ecological security statuses of forest, grassland, wetland, desert ecosystems and the snowy area during 2015, 2017 and 2021 were evaluated using dual weight method, the range method, and the comprehensive indicator method. According to the results, the establishment of an immune mechanism of ecosystem should be valued. It is necessary to strengthen the comprehensive protection and scientific management of the forests, grasslands, wetlands, glaciers and deserts. The participation of the government, enterprises, and the public should be more active. Meanwhile, building a complete, dynamic, and scientific data platform of the ecological security should be heeded.

Keywords: Qinghai-Tibet Plateau; Ecological Security Evaluation; Ecological Restoration and Protection; Glacier

G.8 Evaluation Report on the Ecological Security of Urban Agglomeration in Guangdong-Hong Kong-Macao Greater Bay Area   *Gu Yanhong, Yu Tao and Han Xiao* / 176

Abstract: Taking 9 inland cities in Guangdong-Hong Kong-Macao Greater Bay Area as the research object, this study established an assessment index system and an evaluation model of urban ecological environment and economic development systems based on the natural and economic development status. Then it used coupling degree model for exploring the interaction between the two systems. On this basis, it analyzed the spatio-temporal evolution of coupling degree and revealed the key coupling elements during 2010−2018. The results show that: (1) Except Shenzhen, Zhongshan and Zhaoqing, the ecological environment quality in other cities has been enhanced with different degree. (2) The economic development index shows obvious spatial differentiation pattern, indicating a distribution of high in the central region and low in the peripheral area. (3) There are significant differences in the coupling degrees between the ecological environment and economic development in 9 cities, and the key concern is to coordinate the relationship between economic development and ecological environment protection. Finally, the study proposes the following suggestions for ecological civilization construction: (1) Strictly abide by the ecological redline, and strengthen the control of ecological land; (2) Strengthen the protection of ecological resources, and build ecological barrier; (3) Jointly implement emission reduction measures, and improve cooperative governance mechanisms; (4) Focus on green development, and promote the overall development of the Bay Area.

Keywords: Ecological environment; Economic development; Coupling relationship; Ecological security; Ecological civilization

Ⅳ   Case Reports

皮 书

智库成果出版与传播平台

❖ 皮书定义 ❖

皮书是对中国与世界发展状况和热点问题进行年度监测，以专业的角度、专家的视野和实证研究方法，针对某一领域或区域现状与发展态势展开分析和预测，具备前沿性、原创性、实证性、连续性、时效性等特点的公开出版物，由一系列权威研究报告组成。

❖ 皮书作者 ❖

皮书系列报告作者以国内外一流研究机构、知名高校等重点智库的研究人员为主，多为相关领域一流专家学者，他们的观点代表了当下学界对中国与世界的现实和未来最高水平的解读与分析。截至 2022 年底，皮书研创机构逾千家，报告作者累计超过 10 万人。

❖ 皮书荣誉 ❖

皮书作为中国社会科学院基础理论研究与应用对策研究融合发展的代表性成果，不仅是哲学社会科学工作者服务中国特色社会主义现代化建设的重要成果，更是助力中国特色新型智库建设、构建中国特色哲学社会科学"三大体系"的重要平台。皮书系列先后被列入"十二五""十三五""十四五"时期国家重点出版物出版专项规划项目；2013~2023 年，重点皮书列入中国社会科学院国家哲学社会科学创新工程项目。

皮书网

（网址：www.pishu.cn）

发布皮书研创资讯，传播皮书精彩内容
引领皮书出版潮流，打造皮书服务平台

栏目设置

◆ 关于皮书

何谓皮书、皮书分类、皮书大事记、
皮书荣誉、皮书出版第一人、皮书编辑部

◆ 最新资讯

通知公告、新闻动态、媒体聚焦、
网站专题、视频直播、下载专区

◆ 皮书研创

皮书规范、皮书选题、皮书出版、
皮书研究、研创团队

◆ 皮书评奖评价

指标体系、皮书评价、皮书评奖

◆ 皮书研究院理事会

理事会章程、理事单位、个人理事、高级
研究员、理事会秘书处、入会指南

所获荣誉

◆ 2008 年、2011 年、2014 年，皮书网均
在全国新闻出版业网站荣誉评选中获得
"最具商业价值网站"称号；

◆ 2012 年，获得"出版业网站百强"称号。

网库合一

2014年，皮书网与皮书数据库端口合
一，实现资源共享，搭建智库成果融合创
新平台。

皮书网

"皮书说"
微信公众号

皮书微博

权威报告·连续出版·独家资源

皮书数据库
ANNUAL REPORT(YEARBOOK) DATABASE

分析解读当下中国发展变迁的高端智库平台

所获荣誉

- 2020年，入选全国新闻出版深度融合发展创新案例
- 2019年，入选国家新闻出版署数字出版精品遴选推荐计划
- 2016年，入选"十三五"国家重点电子出版物出版规划骨干工程
- 2013年，荣获"中国出版政府奖·网络出版物奖"提名奖
- 连续多年荣获中国数字出版博览会"数字出版·优秀品牌"奖

皮书数据库

"社科数托邦"
微信公众号

成为用户

　　登录网址www.pishu.com.cn访问皮书数据库网站或下载皮书数据库APP，通过手机号码验证或邮箱验证即可成为皮书数据库用户。

用户福利

- 已注册用户购书后可免费获赠100元皮书数据库充值卡。刮开充值卡涂层获取充值密码，登录并进入"会员中心"—"在线充值"—"充值卡充值"，充值成功即可购买和查看数据库内容。
- 用户福利最终解释权归社会科学文献出版社所有。

数据库服务热线：400-008-6695
数据库服务QQ：2475522410
数据库服务邮箱：database@ssap.cn
图书销售热线：010-59367070/7028
图书服务QQ：1265056568
图书服务邮箱：duzhe@ssap.cn

卡号：768457644215
密码：

S 基本子库
UB DATABASE

中国社会发展数据库（下设 12 个专题子库）

　　紧扣人口、政治、外交、法律、教育、医疗卫生、资源环境等 12 个社会发展领域的前沿和热点，全面整合专业著作、智库报告、学术资讯、调研数据等类型资源，帮助用户追踪中国社会发展动态、研究社会发展战略与政策、了解社会热点问题、分析社会发展趋势。

中国经济发展数据库（下设 12 专题子库）

　　内容涵盖宏观经济、产业经济、工业经济、农业经济、财政金融、房地产经济、城市经济、商业贸易等 12 个重点经济领域，为把握经济运行态势、洞察经济发展规律、研判经济发展趋势、进行经济调控决策提供参考和依据。

中国行业发展数据库（下设 17 个专题子库）

　　以中国国民经济行业分类为依据，覆盖金融业、旅游业、交通运输业、能源矿产业、制造业等 100 多个行业，跟踪分析国民经济相关行业市场运行状况和政策导向，汇集行业发展前沿资讯，为投资、从业及各种经济决策提供理论支撑和实践指导。

中国区域发展数据库（下设 4 个专题子库）

　　对中国特定区域内的经济、社会、文化等领域现状与发展情况进行深度分析和预测，涉及省级行政区、城市群、城市、农村等不同维度，研究层级至县及县以下行政区，为学者研究地方经济社会宏观态势、经验模式、发展案例提供支撑，为地方政府决策提供参考。

中国文化传媒数据库（下设 18 个专题子库）

　　内容覆盖文化产业、新闻传播、电影娱乐、文学艺术、群众文化、图书情报等 18 个重点研究领域，聚焦文化传媒领域发展前沿、热点话题、行业实践，服务用户的教学科研、文化投资、企业规划等需要。

世界经济与国际关系数据库（下设 6 个专题子库）

　　整合世界经济、国际政治、世界文化与科技、全球性问题、国际组织与国际法、区域研究 6 大领域研究成果，对世界经济形势、国际形势进行连续性深度分析，对年度热点问题进行专题解读，为研判全球发展趋势提供事实和数据支持。

法律声明

"皮书系列"（含蓝皮书、绿皮书、黄皮书）之品牌由社会科学文献出版社最早使用并持续至今，现已被中国图书行业所熟知。"皮书系列"的相关商标已在国家商标管理部门商标局注册，包括但不限于 LOGO（▨）、皮书、Pishu、经济蓝皮书、社会蓝皮书等。"皮书系列"图书的注册商标专用权及封面设计、版式设计的著作权均为社会科学文献出版社所有。未经社会科学文献出版社书面授权许可，任何使用与"皮书系列"图书注册商标、封面设计、版式设计相同或者近似的文字、图形或其组合的行为均系侵权行为。

经作者授权，本书的专有出版权及信息网络传播权等为社会科学文献出版社享有。未经社会科学文献出版社书面授权许可，任何就本书内容的复制、发行或以数字形式进行网络传播的行为均系侵权行为。

社会科学文献出版社将通过法律途径追究上述侵权行为的法律责任，维护自身合法权益。

欢迎社会各界人士对侵犯社会科学文献出版社上述权利的侵权行为进行举报。电话：010-59367121，电子邮箱：fawubu@ssap.cn。

社会科学文献出版社